Fahrleitungsanlagen
für elektrische Bahnen

Von

Fr. Wilh. Jacobs

———

Mit 400 Abbildungen

München und Berlin 1925
Druck und Verlag von R. Oldenbourg

Vorwort.

Dieses Buch ist aus der Praxis für die Praxis entstanden und soll dem im Beruf stehenden Ingenieur beim Berechnen, Projektieren und Bau von Bahnfahrleitungsanlagen als Hilfsmittel und Ratgeber dienen, auf Grund dessen er alle auf diesem Gebiet vorkommenden Arbeiten schnell, sicher und mit der erforderlichen Genauigkeit erledigen kann. Es sind daher stets diejenigen Wege gezeigt, die die Anforderungen der Praxis unter den obenerwähnten Gesichtspunkten voll erfüllen.

Theoretische Abhandlungen wurden nach Möglichkeit vermieden; nur dort, wo es zur genauen rechnerischen Erfassung erforderlich war, ist das gebracht worden, was zum vollen Verständnis nötig ist.

Eine große Anzahl von Beispielen im Anschluß an die betr. Abschnitte soll dem Benutzer des Werkes die Anwendung vorher gebrachter Anleitungen zeigen. Zahlreiche Abbildungen veranschaulichen ausgeführte Anlagen und Einzelteile.

Den Firmen, die mir Druckstöcke dazu überlassen haben, sage ich hiermit meinen verbindlichsten Dank.

Gleichzeitig danke ich dem Herrn Verleger für das große Interesse und das Verständnis, mit dem er allen meinen Wünschen entgegenkam, sowie den Herren Dipl.-Ing. Spies und Ingenieur Wittmann, die mich bei der Durchsicht des Werkes unterstützten.

Neukölln, im Mai 1924.

Fr. Wilh. Jacobs.

Inhaltsverzeichnis.

I. Entwicklung der Bahnen.

Was das Eisenbahnwesen für unser Leben bedeutet, dürfte wohl jedem auch ohne Zahlenangaben der beförderten Personen und Güter verständlich sein. Durch die Eisenbahnen, die an Stelle der menschlichen und tierischen Bewegungskräfte die Arbeitsleistung der Maschine für das Verkehrswesen einsetzten, ist erst der Verkehr zu der hohen Bedeutung, die er in unserer Lebenshaltung einnimmt, gekommen. Gewiß hat auch früher ein reger Verkehr auf unserer Erde geherrscht, und unternehmungslustige Menschen unternahmen weite Reisen, zu denen sie soviel Monate gebrauchten, wie wir heute Tage. Mit der Entwicklung des Eisenbahnwesens mußte ein neuer Zeitabschnitt für alle Völker der Erde und ein allgemeiner Fortschritt der Menschheit beginnen, denn die Eisenbahnen brachten die Menschen und die Völker persönlich näher zusammen und führten so Industrie und Handel zu einem ungeahnten Aufschwung.

Wenn wir alte Reisebeschreibungen zur Hand nehmen, so ersehen wir auf den ersten Blick, daß die Vorteile der Eisenbahn die Billigkeit, Bequemlichkeit, Beschleunigung, Regelmäßigkeit, Sicherheit und die Pünktlichkeit des Verkehrs sind. Eine Wirkung der Eisenbahn ist besonders die Ausgleichung der Preise, da die Waren überall und in beliebig großer Zahl nach den Orten, in denen sie fehlen, versandt werden können. Es werden daher nicht mehr wie in früheren Zeiten Teuerungen und Hungersnöte entstehen. Wo der Eisenbahn durch das Meer ein Ziel gesetzt ist, überbrückt das Schiff dasselbe, und die Eisenbahn auf dem anderen Erdteil befördert die Ware weiter.

Die durch die Eisenbahn bedingten Verkehrserleichterungen vermehrten die Bildungsmittel, bereicherten die Kenntnisse und Erfahrungen in Wissenschaft und Leben und tragen weiter zur Entfaltung der geistigen Kräfte der Menschheit bei.

Bisher wurden durch Dampf all die vorstehend geschilderten Vorteile erreicht, aber jetzt setzen unsere Ingenieure an dessen Stelle die Elektrizität.

Als Vorläufer unserer Bahnen sind wohl jene Holzbahnen im Harz zu betrachten, auf denen bei Bergwerken mit Rädern versehene hölzerne Kästen auf Holzschienen beladen zu Tal rollten, während sie zu Berg von Menschen geschoben oder von Pferden gezogen wurden. Die zur Zeit der Königin Elisabeth (1558 bis 1603) nach England ausgewanderten deutschen Bergleute sollen die Verwendung von Holzschienen dort in den Bergwerksbetrieben eingeführt haben. Als im Jahre 1767 die Eisenpreise in England außerordentlich niedrig standen, verarbeitete man Eisen zu Schienen. Die eisernen Schienenwege bewährten sich so gut in den Gruben, daß man dieselben auch beibehielt, als die Eisenpreise sich hoben. So entstanden die Eisenbahnen.

Als bewegende Kraft wurden auf den Schienenwegen zunächst die Pferde verwendet. Den ersten Versuch, die Kohlenwagen mittels einer von Dampf getriebenen Maschine fortzubewegen, machte 1804

Abb. 1.

Trevethick auf der Merthyr-Tydfilbahn in Wales. Da man damals allgemein annahm, daß die Reibung der glatten Räder auf den Schienen nicht ausreichte, Steigungen zu überwinden und große Lasten zu befördern, so brachte man diesen Versuchen wenig Vertrauen entgegen. 10 Jahre blieb es bei Versuchen, bis es endlich Georg Stephenson 1814 gelang, auf den Kohlenbahnen von Newcastle Maschinen mit glatten Rädern laufen zu lassen. Als Geburtstag der Eisenbahn kann man den 27. September 1825, an dem Stephenson zum ersten Male mit seiner Lokomotive den Personen- und Güterverkehr auf der Strecke Stockton—Darlington eröffnete, bezeichnen. Als Stephenson mit seiner Lokomotive Rocket im Herbst 1829 bei den Wettfahrten auf der neuerbauten Strecke Liverpool—Manchester den Sieg davongetragen hatte, da war, wie Weber in seiner Schrift „Vom rollenden Flügelrad" sagt, der Schöpfungsakt des Eisenbahnwesens geschlossen. 1830 wurde die Strecke Liverpool—Manchester dem Verkehr übergeben und zehn Jahre später waren bereits alle Hauptplätze Englands durch Schienenstränge verbunden. 1835 wurde in Belgien die Linie Brüssel—Mecheln, Ende desselben Jahres die Linie Nürnberg—Fürth eröffnet. Im Jahre 1838 wurden zwischen Paris und Versailles auf der Eisenbahn bereits 24000 Personen befördert, und heute kann man wohl behaupten, daß die Zahl derjenigen Personen, die täglich die Bahnen benutzen, sich nicht annähernd mehr schätzen läßt. Der Siegeszug der Dampflokomotive ging durch alle Weltteile.

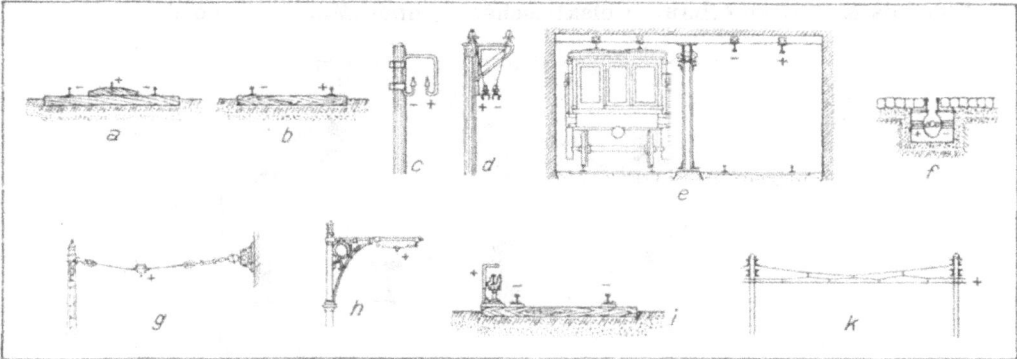

Abb. 2.

a) Flacheisenschienen ohne Isolation in Gleismitte, Ausstellung Berlin 1879,
                                                          Betriebsspannung 130 Volt
b) Gleisschiene als Hin- und Rückleitung, Lichterfelde 1881   »   160 »
c) Zweipol. Fahrdrahtleitung f. Kontaktwagen, Spandauer Berg » 180 »
d) Zweipol. Schlitzrohrleitung Mödling-Hinterbrühl 1883 » 350 »
e) Zweipol. Deckenleitung Untergrundbahn Budapest 1896 » 300 »
f) Zweipol. Schlitzkanalleitung, unterird. Straßenb. Budapest 1896 » 300 »
g) Zeitgemäße einpolige Rollenleitung » 600 »
h) »   »   Bügelleitung » 600 »
i) »   »   Stromschiene f. Hoch- u. Untergrundbahn » 750 »
k) Fahrleitung mit Vielfachaufhängung f. Vollbahnen mit hohen
                                        Geschwindigkeiten » 15000 »

Kaum waren 50 Jahre nach der Erbauung der ersten brauchbaren Dampflokomotive verflossen, da führte Werner v. Siemens 1879 auf der Gewerbeausstellung zu Berlin das erste brauchbare elektrische Fahrzeug vor. Anstatt Oberleitung war eine zwischen den Fahrschienen angeordnete dritte Schiene aus Flacheisen vorgesehen. Die Rückleitung erfolgte bereits durch die Fahrschienen. (Abb. 1.) Ähnliche Anordnungen wurden bei den für Versuchszwecke gebauten elektrischen Bahnen von Egger (Wien 1880), Schiebeck & Plentz (Berlin 1880) und T. A. Edison (Menlo Park 1880) ausgeführt. Am 16. Mai

1881 wurde von Siemens die erste dem Personenverkehr dienende elektrische Bahn in Lichterfelde/Berlin dem Verkehr übergeben. Bei dieser Anlage diente die eine Fahrschiene als Stromzuführungsleitung, während die andere für die Stromrückleitung benutzt wurde. Die erste elektrische Bahn mit Oberleitung aus geschlitzten Röhren baute Werner v. Siemens 1881 für die Weltausstellung zu Paris. 1882 baute die Firma Siemens & Halske die elektrische Bahn von Charlottenburg nach dem Spandauer Bock. Bei dieser Anlage kam ein Kontaktwagen, der auf zwei Oberleitungsdrähten lief, zur Verwendung. Bei den ebenfalls von Siemens & Halske erbauten elektrischen Bahnen Mödling—Vorderbrühl

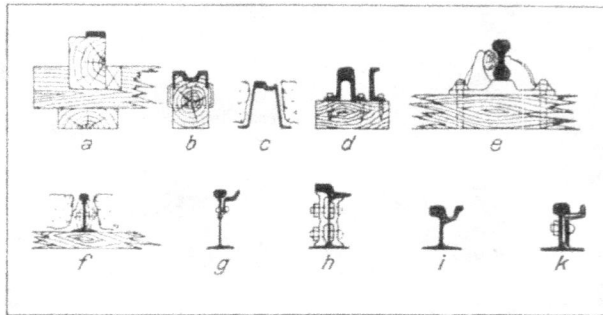

Abb. 3.

a) 1832 Langschwelle mit Flacheisenbelag,
b) 1879 Fischer-Dick, Langschwelle mit Sattelschiene,
c) 1879, Scott, Walzeisenschiene Hohlprofil,
d) Linzar Walzeisenschiene, Hochprofil mit Zwangschiene,
e) Doppelkopfschiene auf Stühlen,
f) Vignolschiene auf Querschwellen,
g) Hartwichschiene mit angenietetem Rollenwinkel,
h) Hochsteg-Nasenschiene,
i) Phönix-Rillenschiene,
k) 1918 Harmann-Schiene.

(1883) und Frankfurt a. M.—Offenbach (1884) wurde die Oberleitung aus geschlitzten Eisenröhren, die an den Masten mit Auslegern befestigt waren und von Spannseilen getragen wurden, hergestellt.

In Nordamerika baute 1884 Henry in Kansas City eine Versuchsbahn, deren Oberleitung aus zwei hartgezogenen Kupferdrähten bestand. 1885 benutzte van Depoele einen an Masten über Mitte Gleis aufgehängten kupfernen Fahrdraht (1000 Volt Spannung), von dem mittels senkrecht nach aufwärts gedrückter Rolle der Strom entnommen wurde. Bei der elektrischen Bahn Anhalter Bahnhof—Kadettenanstalt in Gr.-Lichterfelde (1887) wurde von Siemens & Halske zum erstenmal die Stromabnahme durch einen Gleitbügel zur Anwendung gebracht. Abb. 2

zeigt die Ausführungsformen der Fahrleitung von 1879 an, wie sie durch Siemens & Halske bzw. Siemens-Schuckertwerke entwickelt wurden.

Nachdem Frank J. Sprague van Depoele den Rollenstromabnehmer durch eine schrägliegende Stange verbessert und die Bahn in Richmond 1888 dem Verkehr übergeben hatte, begannen in Nordamerika die

Abb. 4.

a) 1879 Erste Lokomotive, Ausstellung Berlin,
b) 1883 Erster zweiachsiger Personenwagen (16 Sitzplätze), Lichterfelde,
c) 1893 Decksitzwagen (48 Sitzplätze) Tasmania,
d) 1896 Motorwagen (34 Sitzplätze) Bochum-Gelsenkirchen,
e) 1903 Schnellbahnwagen auf Drehgestellen (200 km in der Stunde),
f) 1906 Rheinuferbahn Drehgestellwagen (60 Sitzplätze) 54 km in
      der Stunde,
g) 1906 Sechswagenzug (für 600 Pers.) Hochbahn, Berlin,
h) 1908 Achtwagenzug (508 Sitzpl.) der Stadt- u. Vorortbahn Hamburg.

elektrischen Bahnen sich so stark einzubürgern, daß neun Jahre später bereits 23000 km Gleis und 40000 Wagen vorhanden waren. In Europa betrug 1897 die Gleislänge 1459 km und die Wagenzahl 3100.

Für den Nahverkehr hatten sich viele Straßen- und Lokalbahnen mit Pferde- bzw. Dampfbetrieb entwickelt, die nun für den reinlicheren, schnelleren und billigeren elektrischen Betrieb umgebaut werden konnten.

Abb. 3 zeigt die Straßenbahnschienenprofile von 1832 bis 1920.

Die Entwicklung des elektrischen Betriebes für Bahnen kennt keinen Stillstand, schreitet rüstig fort und entreißt dem Dampf ein Gebiet nach dem anderen. Mußte sich anfangs der elektrische Strom mit der Straßenbahn begnügen, so verdrängte er bald den Dampf von

Abb. 5.

a) 1881 Erste Grubenlokomotive Zanckerode (1 Motor zu 3 PS),
b) Zeitgemäße Grubenbahnlokomotive (2 Motoren zu je 18 PS),
c) 1883 Materialbahnlokomotive Brannenburg (1 Motor zu 8 PS),
d) Zeitgemäße Güterzuglokomotive North—Eastern—Railway (2 Motoren zu je 275 PS),
e) Doppellokomotive mit Güterzug der Riksgränsbahn (2 Motoren zu je 590 PS).

den Vorort- und Nebenbahnen. Heute ersehen wir, daß die elektrische Lokomotive der Dampflokomotive nicht allein an Leistung und Geschwindigkeit überlegen ist, sondern dieselbe ihrer Vorzüge halber anfängt zu verdrängen.

Aus Abb. 4 und 5 ersieht man den Werdegang der elektrischen Fahrzeuge, wie er von S. & H. bzw. S. S. W. entwickelt wurde.

Abb. 6 zeigt eine von den Bergmann-Elektrizitäts-Werken hergestellte 2D1-Lokomotive, die mit einem Motor von 3500 PS ausgerüstet ist. Dieser Einphasen-Wechselstrom-Motor ist bis heute der stärkste und größte Bahnmotor der Welt. Die Lokomotive befördert D-Züge mit einer Fahrgeschwindigkeit von 90 km/h.

Abb. 6.

II. Dimensionierung der Stromzuführungsanlage.

A. Stromverteilung.

Um für eine Bahnanlage den günstigsten Leitungsquerschnitt zu finden, ist zuerst die Stromabnahme festzulegen und nach guter Verteilung der Speisepunkte (Unterstationen) die Stromverteilung zu ermitteln (Abb. 7).

1. Unterlagen.

Hierzu sind verschiedene Unterlagen und Vorarbeiten nötig.

Zuerst muß der projektierende Ingenieur genaue Lage- und Höhenpläne, sowie Angaben über Wagengröße (Fassungsraum), Zugfolge, Fahrgeschwindigkeit, Höhe der Fahrleitung, Gewicht der Schienen pro Meter (Rillen- oder Vignolschienen), Länge der Laschen in Händen haben. Ferner muß derselbe wissen, ob Motorwagen allein oder Wagenzüge, bestehend aus Motorwagen (Lokomotiven) mit Anhängewagen (Güterwagen) für den Verkehr vorzusehen sind.

2. Stromabnahme.

Da bei einer elektrischen Bahnanlage die Stromabnahmen ständig wechseln, so ist man gezwungen, den größten Gesamtstrombedarf und die dazugehörigen Stromabgabestellen (d h. den betr. Stand der Wagen) zu ermitteln. Diese Angaben lassen sich durch einen graphischen Fahrplan leicht ermitteln.

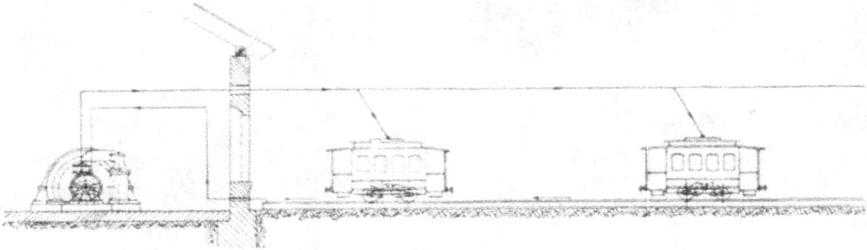

Abb. 7.

3. Strombedarf.

Den Strombedarf eines jeden einzelnen Wagens bzw. Zuges in der Ebene und den verschiedenen Steigungen kann man errechnen nach der Formel:

$$i = \frac{(r + s) \cdot T \cdot V \cdot 736}{\eta \cdot 3{,}6 \cdot 75 \cdot E}.$$

Hierin bedeuten:

r = Traktionskoeffizient
     für Rillenschienen $10 \div 15$ kg/t Zuggewicht,
     für Vignolschienen $4 \div 8$ kg/t Zuggewicht,
s = Steigung $^0/_{00}$,
T = Gewicht des Wagens bzw. Zuges (in Tonnen),
η = Wirkungsgrad,
E = Betriebsspannung,
V = Fahrgeschwindigkeit in Kilometer pro Stunde.

4. Fahrplan.

Den Fahrplan entwirft man, indem man in beliebigem Maßstab die Länge der Strecke als Abszisse, die Zeit als Ordinate wählt.

Läßt man nun den ersten Wagen unter Annahme einer gleichmäßigen Durchschnittsgeschwindigkeit die Strecke durchfahren, so wird derselbe nach x Minuten an der Endstelle der Bahn ankommen.

Es soll zahlenmäßig angenommen werden, daß der erste Wagen um 6⁰⁰ von der Anfangstelle abfährt und nach 20 Minuten, also um 6²⁰, die Endstelle erreicht (Abb. 8).

Dieser Vorgang läßt sich graphisch folgendermaßen darstellen: Man verbindet in dem aufzustellenden graphischen Fahrplan den Zeitpunkt 6⁰⁰ an der Anfangstelle mit demjenigen von 6²⁰ an der Endstelle durch eine gerade Linie. Die Steigung dieser Linie gibt in den gewählten Maßstäben für Zeit und Weg ein Bild für die mittlere Geschwindigkeit.

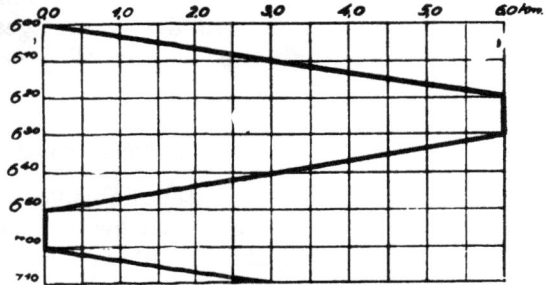

Abb. 8.

Da dieser Wagen an der Endstelle einen bestimmten Aufenthalt (angenommen 10 Minuten) hat, so kann dies nur dadurch dargestellt werden, daß man an der Endstelle eine senkrechte Linie entsprechend einer Zeit von 10 Minuten zieht. Aus dieser senkrechten Linie ersieht man, daß der Wagen keinen Weg zurückgelegt, aber 10 Minuten Zeit verbraucht hat.

Da nun der Wagen um 6³⁰ in Richtung der Anfangstelle abfährt, so wiederholt sich die graphische Eintragung der Rückfahrt wie bei der Hinfahrt. Nimmt man nun an, daß dieser erste Wagen an der Anfangsstelle ebenfalls 10 Minuten Aufenthalt hat, so wird derselbe seine zweite Fahrt nach 60 Minuten antreten. Wäre nun auf dieser Strecke eine Zugfolge von 10 Minuten, so wären 6 Wagen im Betrieb. Sobald man nun die Wagen und Zeiten aller 6 Wagen für die tägliche Betriebzeit in den Fahrplan graphisch einträgt, erhält man den vollständigen

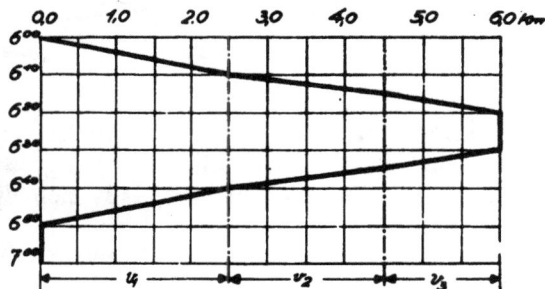

Abb. 9.

graphischen Fahrplan, den man als Unterlage für die Berechnung einer Anlage benutzen muß.

Vorstehend war für die Aufstellung des Fahrplanes eine gleichmäßige durchschnittliche Geschwindigkeit angenommen. Vielfach wird die Geschwindigkeit wechseln, z. B. bei einer Überlandbahn, die auf der freien Strecke eine größere Geschwindigkeit haben wird als in der Stadt (Abb. 9).

In diesem Falle errechnet man die Fahrzeit von der Anfangsstelle der Bahn bis zu dem Ort, an dem die Geschwindigkeit wechselt und trägt graphisch Weg und Zeit in den Fahrplan ein. Ebenso verfährt man bei weiteren Änderungen der Geschwindigkeiten.

Nach dem Vorhergesagten kann man nun auch den Fahrplan graphisch so auftragen, daß die Anfahrtgeschwindigkeit, der Bremsweg, und der Aufenthalt eines jeden Wagens bzw. Zuges auf den Haltestellen ersichtlich ist.

5. Stromermittlung.

Aus dem fertiggestellten Fahrplan ersieht man nun zu jeder beliebigen Zeit den Stand sämtlicher auf der Strecke befindlichen Wagen (Züge). Dementsprechend läßt sich auch zu jeder beliebigen Zeit die Stromabnahme und der Strombedarf ermitteln.

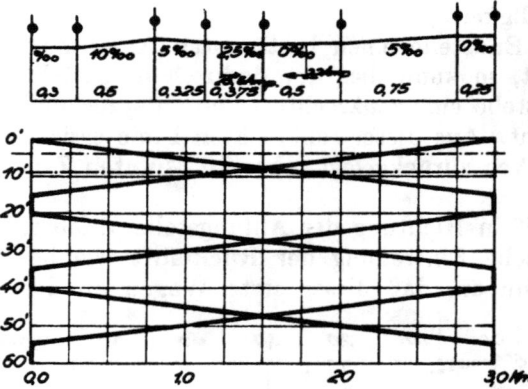

Abb. 10.

Für die Ermittelung des Leitungsquerschnittes ist der größte Strombedarf maßgebend, derselbe kann folgenderweise aus dem Fahrplan entnommen werden (Abb. 10).

Man zieht eine wagerechte Schnittlinie an einer beliebigen Stelle durch den graphischen Fahrplan, der für den entsprechenden Augenblick die Stellung eines jeden Wagens auf dem über den Fahrplan auf getragenen Höhenprofil zeigt und die Stromabnahme feststellt. Durch paralleles Verschieben dieser Schnittlinie (Zeitlinie) erhält man schließlich den größten Wert der Stromentnahme. Sobald dieselbe gefunden ist, läßt sich die Stromverteilung ermitteln.

6. Stromverteilung.

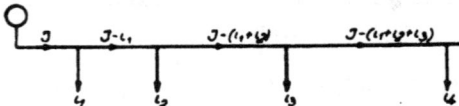

Abb. 11.

Ist nur ein Speisepunkt vorhanden, so läßt sich die Stromverteilung auf einfachste Art feststellen.

Liegt der Speisepunkt an dem einen Ende der Strecke (Abb. 11), so wird der gesamte Strom J bis zur 1. Stromabnahme fließen, von hier aber, um den abgenommenen

Strom i_1 verringert (also $J — i_1$), weiterfließen. Bei der 2. Strom-abnahme wird der Strom $J — i_1$ um i_2 verringert, so daß von hier aus nur noch ein Strom $J — (i_1 + i_2)$ weiterfließt usf.

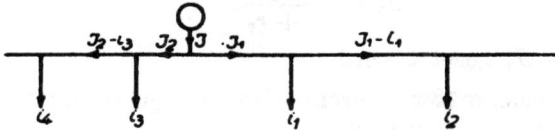

Abb. 12.

Liegt der Speisepunkt in der Mitte der Strecke (Abb. 12), so wird nach jeder Seite die Summe der betreffenden, dort abzunehmenden Stromstärken fließen. Die Stromverteilung wird dann auf jeder Seite erfolgen, wie vorstehend beschrieben.

7. Gleiche Spannung der Speisepunkte.

Sobald nun zwei oder mehrere Speisepunkte vorhanden sind, ist zu ermitteln, wieviel Strom jeder Speisepunkt liefert. Unter der An-nahme, daß die Speisepunkte gleiche Spannung haben, und die Lei-tung einen gleichmäßig durchlaufenden Querschnitt hat, sollen weiter unten einige Zahlenbeispiele durchgerechnet werden.

a) Belastung zwischen zwei Speisepunkten.

Bei zwei Speisepunkten, die beide außerhalb der Stromentnahme liegen (Abb. 13), ist es ersichtlich, daß beide Speisepunkte Strom nach C liefern werden.

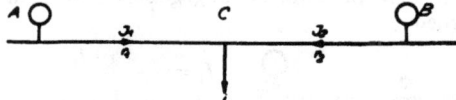

Abb. 13.

In C kann nur eine Spannung herrschen, die kleiner ist als die-jenige in A oder B. Es muß daher der Spannungsverlust von A bis C gleich demjenigen von B bis C sein, d. h. $J_1 r_1 = J_2 r_2$ sein. Nach dem Kirchhoffschen Gesetz ist

$$i = J_1 + J_2,$$
$$J_1 = i — J_2.$$

Für $J_1 r_1 = J_2 r_2$ kann man demnach schreiben

$$(i — J_2) r_1 = J_2 r_2$$
$$i r_1 — J_2 r_1 = J_2 r_2$$
$$i r_1 = J_2 r_1 + J_2 r_2$$
$$i r_1 = J_2 (r_1 + r_2)$$

$$J_2 = \frac{i r_1}{r_1 + r_2} \quad \text{und}$$

$$J_1 = \frac{i r_2}{r_1 + r_2},$$

wenn $J_2 = i - J_1$ gesetzt wird.

Da ein gleichmäßig durchlaufender Querschnitt angenommen wurde, so kann man schreiben:

$$r_1 = \frac{l_1}{cq} \quad \text{und} \quad r_2 = \frac{l_2}{cq} \quad (l \text{ in m, } q \text{ in qmm}).$$

Diese Werte in die Gleichung

$$J_1 = \frac{i r_2}{r_1 + r_2} \quad \text{und} \quad J_2 = \frac{i r_1}{r_1 + r_2}$$

eingesetzt, ergibt

$$J_1 = \frac{i l_2}{l_1 + l_2} = \frac{i l_2}{L} \quad \text{und}$$

$$J_2 = \frac{i l_1}{l_1 + l_2} = \frac{i l_1}{L}.$$

Anmerkung. Sind zwischen 2 Speisepunkten verschiedene Querschnitte (Abb. 14) zu verlegen, so lassen sich entsprechend den Widerständen die nunmehr in Rechnung zu setzenden Streckenlängen ermitteln, da ja

$$r_1 = \frac{l_1}{c q_1}, \quad r_2 = \frac{l_2}{c q_2} \quad \text{usw. ist.}$$

Beispiel: Nach den in Abb. 14 angegebenen Werten soll die Stromverteilung ermittelt werden.

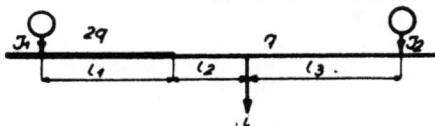

Abb. 14.

$$J_1 = \frac{i \cdot l_3}{\frac{l_1}{2} + l_2 + l_3} \quad \text{oder} \quad \frac{i \cdot 2 \cdot l_3}{l_1 + 2\,(l_2 + l_3)}$$

$$J_2 = \frac{i \left(\frac{l_1}{2} + l_2\right)}{\frac{l_1}{2} + l_2 + l_3} \quad \text{oder} \quad \frac{i\,(l_1 + 2\,l_2)}{l_1 + 2\,(l_2 + l_3)}.$$

Diese beiden Gleichungen lauten genau so wie diejenigen der statischen Momente für einen Träger auf zwei Stützen mit Belastung durch die Einzelkraft P (Abb. 15).

Die Stützenwiderstände A und B ergeben sich aus der Gleichung der statischen Momente. In bezug auf den Drehpunkt B ist

$$A L = P l_2,$$

folglich

$$A = \frac{P l_2}{L}.$$

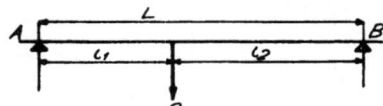

Abb. 15.

In bezug auf den Drehpunkt A ist $BL = Pl_1$, daher

$$B = \frac{Pl_1}{L}.$$

Ist der Stützenwiderstand (Speisepunkt) z. B. A mit Hilfe der Gleichung der statischen Momente ermittelt, so ergibt sich der andere Stützenwiderstand (Speisepunkt) B auch aus der Bedingung:

$$B = P - A = P - \frac{Pl_2}{L} = \frac{Pl_1}{L}.$$

Genau auf dieselbe Weise kann man auch die von den Speisepunkten zu liefernden Stromstärken graphisch ermitteln.

Zu den in nachfolgenden Abb. 16, 18, 20 und 22 angegebenen Belastungen sollen die Stromverteilungen ermittelt werden. Die in Klammern eingesetzten Stromstärken bedeuten die gefundenen Werte, und die Pfeile geben deren errechnete Richtungen an.

1. Beispiel:

Stromabnahme 50 Amp. (Abbildung 16):

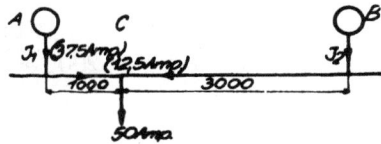

Abb. 16.

Speisepunkt A liefert:

$$J_1 = \frac{50 \cdot 3000}{4000} = \frac{150\,000}{4000} = 37{,}5 \text{ Amp.}$$

Speisepunkt B:

$$J_2 = \frac{50 \cdot 1000}{4000} = \frac{50\,000}{4000} = 12{,}5 \text{ Amp.}$$

oder $\qquad 50 - J_1 = 50 - 37{,}5 = 12{,}5$ Amp.

Graphische Ermittelung (Abb. 17):

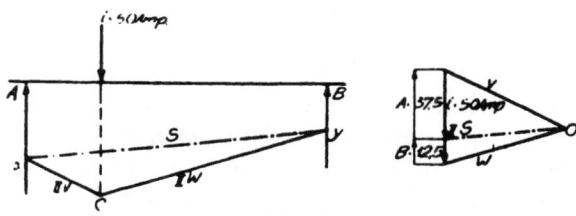

Abb. 17.

In einem beliebigen Maßstab trägt man die Strombelastung 50 Amp. in einer Lotrechten auf, dann wählt man hierzu (ebenfalls beliebig) den Polpunkt O und zieht die beiden Endpolstrahlen V und W. Auf der Stromlieferungslinie des Speisepunktes A wählt man einen beliebigen Punkt x, zieht durch diesen eine Parallele zu V und verlängert nun die Stromabnahmelinie 50 Amp. nach unten, bis dieselbe die Linie *II V* in *C* schneidet. Durch *C* zieht man dann eine Parallele zu *W*, bis dieselbe die Stromlieferungslinie des Speisepunktes *B* in *Y* schneidet. Nachdem man durch eine Schlußlinie *S X* und *Y* verbunden hat, zieht man hierzu eine Parallele durch den Polpunkt. Der Schnittpunkt der beiden Linien *II S* in *i* gibt die Größe der Speisepunkte an.

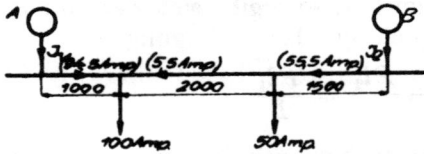

Abb. 18.

2. Beispiel:

Stromabnahme 150 Amp. (Abbildung 18):

Punkt *A* liefert:

$$J_1 = \frac{50 \cdot 1500 + 100 \,(1500 + 2000)}{1000 + 2000 + 1500} = \frac{425\,000}{4500} = 94,5 \text{ Amp.}$$

Punkt *B* liefert:

$$J_2 = \frac{100 \cdot 1000 + 50 \,(2000 + 1000)}{1000 + 2000 + 1500} = \frac{250\,000}{4500} = 55,5 \text{ Amp.}$$

oder

$$100 + 50 - J_1 = 150 - 94,5 = 55,5 \text{ Amp.}$$

Graphische Ermittelung (Abb. 19):

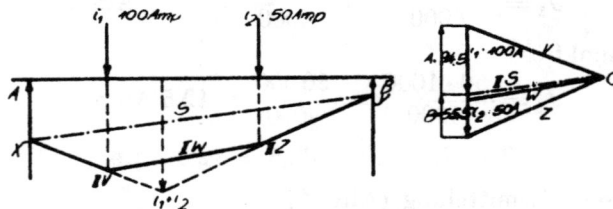

Abb. 19.

Das graphische Verfahren mit mehreren Belastungsströmen ist dasselbe wie mit einem. Man trägt die Summe aller Ströme in einer Lotrechten auf, wählt wieder einen beliebigen Polpunkt *O* und zieht die betreffenden Polstrahlen zu den einzelnen Belastungsströmen. Auf der Linie des Speisepunktes *A* wird Punkt *X* beliebig angenommen, man zieht die betreffenden Parallelen zu den Polstrahlen bis zu deren Schnittpunkten mit den verlängerten Linien der Belastungsströme. Die Schlußlinie *S* gibt die betreffende Größe der Speisepunktströme an. Verlängert man die Linie *II V* und *II Z* bis zu ihrem Schnittpunkt, so erhält man denjenigen Punkt, in dem man sich die Summe aller Belastungsströme abgezweigt denken kann, ohne daß sich die Speisepunktströme *A* bzw. J_1 und *B* bzw. J_2 ändern.

3. Beispiel:

Stromabnahme 100 Amp. (Abb. 20):

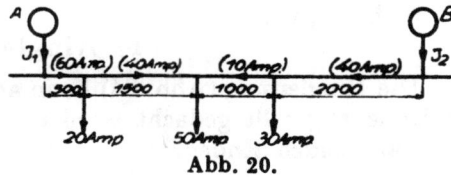

Abb. 20.

Punkt A liefert:

$$J_1 = \frac{30 \cdot 2000 + 50\,(2000 + 1000) + 20\,(2000 + 1000 + 1500)}{500 + 1500 + 1000 + 2000} =$$

$$= \frac{300\,000}{5000} = 60 \text{ Amp.}$$

Punkt B liefert:

$$100 - J_1 = 100 - 60 = 40 \text{ Amp.}$$

Graphische Ermittelung (Abb. 21).

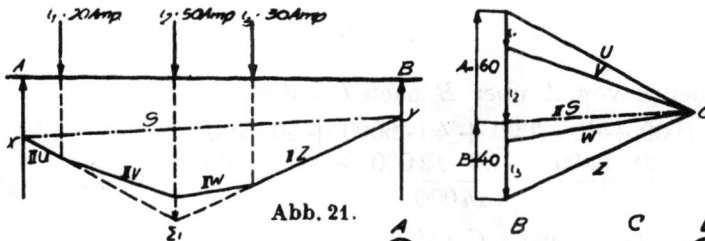

Abb. 21.

4. Beispiel:

Stromabnahme 160 Amp. (Abbildung 22):

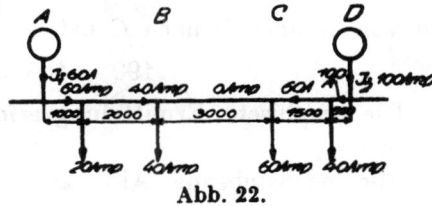

Abb. 22.

A liefert:

$$J_1 = \frac{40 \cdot 500 + 60 \cdot 2000 + 40 \cdot 5000 + 20 \cdot 7000}{8000} = \frac{480\,000}{8000} = 60 \text{ Amp.}$$

B liefert:

$$160 - 60 = 100 \text{ Amp.}$$

Graphische Ermittelung (Abb. 23).

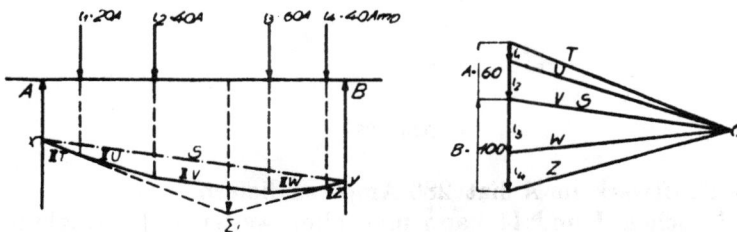

Abb. 23.

5. Beispiel:

b) Ringleitung.

Die Ringleitung (Abb. 24) kann am Speisepunkt aufgeschnitten und als Linie abgerollt gedacht werden. Die Speisung der Leitung erfolgt dann an beiden Enden.

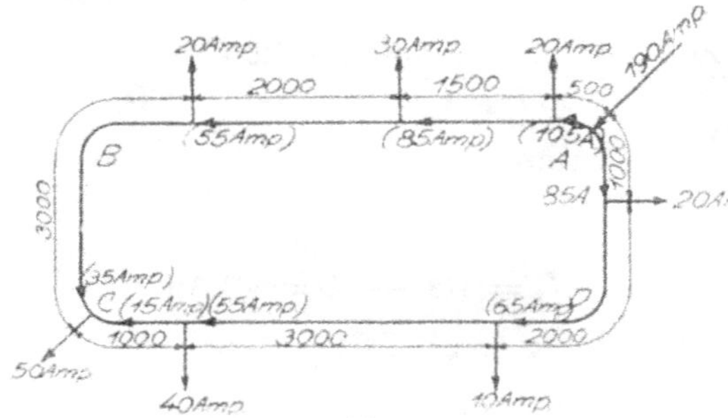

Abb. 24.

Es fließen von A über B nach C usf.

$$\frac{20 \cdot 1000 + 10 \cdot 3000 + 40 \cdot 6000 + 50 \cdot 7000 + {} + 20 \cdot 10\,000 + 30 \cdot 12\,000 + 20 \cdot 13\,500}{14\,000} = 105 \text{ Amp.}$$

und von A über D nach C usf.

$$190 - 105 = 85 \text{ Amp.}$$

Die graphische Ermittelung erfolgt wie in den oben aufgeführten Beispielen.

Für nachstehende Abb. 25 soll die Stromverteilung ermittelt werden.

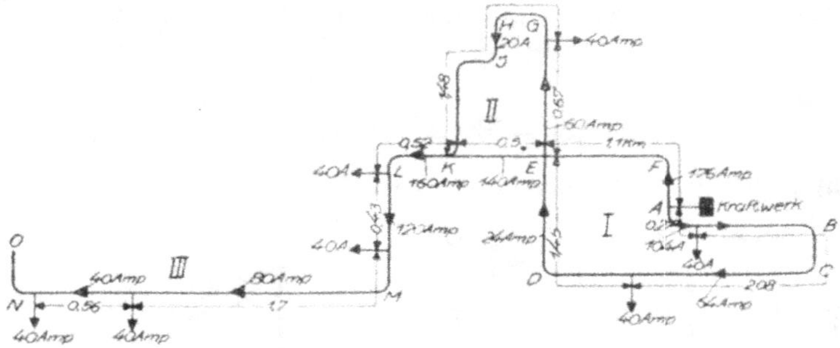

Abb. 25.

Das Kraftwerk in A hat 280 Amp. zu liefern.

Die Maschen I und II kann man ohne weiteres als Ringleitungen betrachten und dementsprechend die Stromverteilung ermitteln. Bei

Berechnung der Masche I nimmt man an, daß im Stoßpunkt E der gesamte Kraftbedarf von Masche II und Strecke III = 200 Amp. abgenommen wird.

Von A über F fließen dann

$$\frac{40 \cdot 270 + 40 \cdot 2350 + 200 \cdot 3800}{4900} = \frac{864\,800}{4900} = 176 \text{ Amp.}$$

Von A über B fließen $280 - 176 = 104$ Amp.

Bei Masche II fließen von E über G

$$\frac{160 \cdot 500 + 40 \cdot 1980}{2650} = \frac{159\,200}{2650} = 60 \text{ Amp.},$$

von E über K fließen $200 - 60 = 140$ Amp.

Diese Stromverteilung kann mit Hilfe von Gleichungen ebenfalls auf leichte Art ermittelt werden und soll unter der Voraussetzung, daß die Leitungsquerschnitte gleich stark sind, nachstehend durchgeführt werden.

Masche I:

Das Kraftwerk in A liefert 280 Amp. In E werden 200 Amp., zwischen A bis B und C bis D je 40 Amp. abgenommen.

Der Strom, der über F nach E fließt, sei J_1, derjenige über BCD nach E J_2; da

$$J_1 + J_2 = \Sigma i = 280 \text{ Amp.},$$

so ist

$$J_2 = 280 - J_1 \text{ Amp.}$$

Da nun in Punkt E nur eine Spannung von X Volt herrschen kann, so muß der Spannungsverlust e_1 von A über F nach E gleich demjenigen von e_2 von A über B nach E sein. Nun ist

$$e_1 = \frac{J_1 \cdot 1100}{c \cdot q}$$

$$e_2 = \frac{(200 - J_1 + 80)\,270 + (200 - J_1 + 40)\,2080 + (200 - J_1)\,1450}{c\,q}.$$

Da $e_1 = e_2$ ist, so kann man setzen

$J_1\,1100 = (200 - J_1 + 80)\,270 + (200 - J_1 + 40)\,2080 + (200 - J_1)\,1450,$
$J_1\,1100 = 864\,800 - 3800\,J_1,$
$4900\,J_1 = 864\,800,$
$\quad J_1 = 176 \text{ Amp.},$
$\quad J_2 = 280 - J_1 = 280 - 176 = 104 \text{ Amp.}$

Masche II:

Punkt E liefert 200 Amp.

Der Strom, der auf der Strecke E bis K fließt, sei J_3, der Spannungsverlust e_3, derjenige auf der Strecke $EGHK$ J_4, der betreffende Spannungsverlust e_4:

$$J_3 + J_4 = \Sigma\, i = 200 \text{ Amp.}$$

$$J_4 = 200 - J_3$$

$$e_3 = \frac{J_3 \cdot 500}{cq}$$

$$e_4 = \frac{(200 - J_3)\, 670 + (160 - J_3)\, 1480}{cq}$$

$$e_3 = e_4$$

$$J_3\, 500 = (200 - J_3)\, 670 + (160 - J_3)\, 1480$$

$$2650\, J_3 = 370\,800$$

$$J_3 = 140 \text{ Amp.}$$

$$J_4 = 200 - J_3 = 200 - 140 = 60 \text{ Amp.}$$

c) Belastung außerhalb der Speisepunkte.

Feststehend ist es, daß in Punkt C (Abb. 26) nur eine Spannung sein kann.

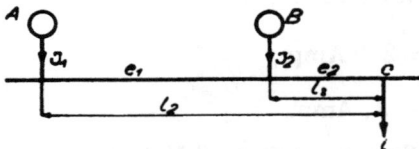

Abb. 26.

Aus diesem Grunde muß der Spannungsverlust von A bis C gleich demjenigen von B bis C sein.

$$e_1 = e_2,$$
$$e_1 = J_1\, r_1, \quad e_2 = J_2\, r_2;$$

bei gleichmäßig durchlaufenden Querschnitt kann

$$e_1 = \frac{J_1 l_1}{cq}; \quad e_2 = \frac{J_2 l_2}{cq}$$

gesetzt werden; folglich

$$\frac{J_1 l_1}{cq} = \frac{J_2 l_2}{cq} \text{ oder } J_1 l_1 = J_2 l_2;$$

nun ist aber nach dem Kirchhoffschen Gesetz

$$i = J_1 + J_2,$$
$$J_1 = i - J_2 \text{ oder } J_2 = i - J_1.$$

J_1 bzw. J_2 in die Gleichung $J_1 l_1 = J_2 l_2$ eingesetzt, ergibt:

$$J_1 l_1 = (i - J_1)\, l_2,$$
$$J_1 l_1 = i l_2 - J_1 l_2,$$
$$J_1 l_1 + J_1 l_2 = i l_2,$$

$$J_1 = \frac{i l_2}{l_1 + l_2}$$

$$J_2 = \frac{i l_1}{l_1 + l_2} \quad \text{oder} \quad J_2 = i - J_1.$$

Sobald außerdem noch eine Belastung zwischen den Speisepunkten ist (Abb. 27), so ermittelt sich die Stromverteilung folgendermaßen:

Vorausgesetzt wird, daß

I) $e_1 = e_2$ und ein gleichmäßig durchlaufender Leitungsquerschnitt verlegt wird.

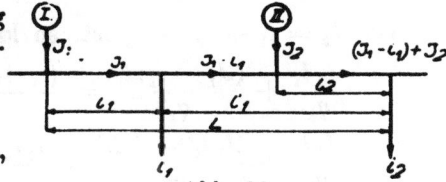

$J_1 + J_2 = i_1 + i_2$,
$J_1 = i_1 + i_2 - J_2$, $\quad J_2 = i_1 + i_2 - J_1$,
$e_1 = J_1 r_1 + (J_1 - i_1) r_1'$,
$e_2 = J_2 r_2$.

Abb. 27.

Bei gleichmäßig durchlaufendem Querschnitt

$$e_1 = \frac{J_1 l_1}{c q} + \frac{(J_1 - i_1) l_1'}{c q}$$

$$e_2 = \frac{J_2 l_2}{c q}$$

$$\frac{J_1 l_1}{c q} + \frac{(J_1 - i_1) l_1'}{c q} = \frac{J_2 l_2}{c q}$$

$$J_2 = i_1 + i_2 - J_1$$

$$J_1 l_1 + (J_1 - i_1) l_1' = (i_1 + i_2 - J_1) l_2$$

$$J_1 l_1 + J_1 l_1' - i_1 l_1' = i_1 l_2 + i_2 l_2 - J_1 l_2$$

$$J_1 l_1 + J_1 l_1' + J_1 l_2 = i_1 l_1' + i_1 l_2 + i_2 l_2$$

$$J_1 (l_1 + l_1' + l_2) = i_1 (l_1' + l_2) + i_2 l_2$$

$$J_1 = \frac{i_2 l_2 + i_1 (l_1' + l_2)}{l_1 + l_1' + l_2} = \frac{i_2 l_2 + i_1 (l_1' + l_2)}{L + l_2};$$

man kann auch schreiben:

$$J_1 = \frac{i_1 l_1' + (i_1 + i_2) l_2}{L + l_2}$$

$$J_2 = i_1 + i_2 - J_1 \quad \text{oder}$$

$$J_2 = \frac{i_1 l_1 + i_2 (l_1 + l_1')}{L + l_2} \quad \text{bzw.} \quad \frac{i_2 l_1' + (i_1 + i_2) l_1}{L + l_2}.$$

II) $e_1 = e_2$, und verschiedene Leitungsquerschnitte verlegt werden sollen:

$$e_1 = \frac{J_1 l_1}{c q_1} + \frac{(J_1 - i_1) l_1'}{c q_1'}$$

2*

$$e_2 = \frac{J_2 l_2}{c q_2}$$

$$e_1 = e_2$$

$$\frac{J_1 l_1}{c q_1} + \frac{(J_1 - i_1) l_1'}{c q_1'} = \frac{J_2 l_2}{c q_2}$$

$$\frac{J_1 l_1}{q_1} + \frac{(J_1 - i_1) l_1'}{q_1'} = \frac{J_2 l_2}{q_2}.$$

Da $J_2 = i_1 + i_2 - J_1$ ist, so kann die Gleichung lauten:

$$\frac{J_1 l_1}{q_1} + \frac{(J_1 - i_1) l_1'}{q_1'} = \frac{(i_1 + i_2 - J_1) l_2}{q_2}$$

$$\frac{J_1 l_1}{q_1} + \frac{J_1 l_1' - i_1 l_1'}{q_1'} = \frac{i_1 l_2 + i_2 l_2 - J_1 l_2}{q_2}$$

$$\frac{J_1 l_1}{q_1} + \frac{J_1 l_1'}{q_1'} - \frac{i_1 l_1'}{q_1'} = \frac{i_1 l_2}{q_2} + \frac{i_2 l_2}{q_2} - \frac{J_1 l_2}{q_2}$$

$$\frac{J_1 l_1}{q_1} + \frac{J_1 l_1'}{q_1'} + \frac{J_1 l_2}{q_2} = \frac{i_1 l_1'}{q_1'} + \frac{i_1 l_2}{q_2} + \frac{i_2 l_2}{q_2}$$

$$J_1 \left(\frac{l_1}{q_1} + \frac{l_1'}{q_1'} + \frac{l_2}{q_2} \right) = i_1 \left(\frac{l_1'}{q_1'} + \frac{l_2}{q_2} \right) + i_2 \frac{l_2}{q_2}$$

$$J_1 = \left[i_1 \left(\frac{l_1'}{q_1'} + \frac{l_2}{q_2} \right) + i_2 \frac{l_2}{q_2} \right] : \left[\frac{l_1}{q_1} + \frac{l_1'}{q_1'} + \frac{l_2}{q_2} \right].$$

$J_2 = i_1 + i_2 - J_1$ oder entsprechend der vorstehenden Rechnung abgeleitet

$$J_2 = \left[i_1 \frac{l_1}{q_1} + i_2 \left(\frac{l_1}{q_1} + \frac{l_1'}{q_1'} \right) \right] : \left[\frac{l_1}{q_1} + \frac{l_1'}{q_1'} + \frac{l_2}{q_2} \right].$$

Liegen beide Belastungen außerhalb der Speisepunkte, so kann folgendes Verfahren angewendet werden:

1. Unter der Annahme, daß der Speisepunkt U_1 auch Strom für i_2 mitliefert (Abb. 28).

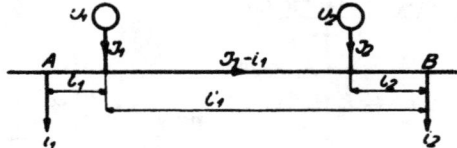

Abb. 28.

U_1 liefert dann einen Strom von J_1 Amp. Dieser Strom setzt sich zusammen aus den Strömen

$$i_1 \text{ und } (J_1 - i_1).$$

U_2 liefert J_2 Amp.

Der Spannungsabfall bis A sei

$$e_1 = \frac{i_1 l_1}{c\,q_1};$$

derjenige bis B sei

$$e_2 = \frac{(J_1 - i_1)\,l_1'}{c\,q_1'} + \frac{J_2\,l_2}{c\cdot q_2}.$$

Unter der Voraussetzung, daß $e_1 = e_2$ ist, und ein gleichmäßig durchlaufender Querschnitt verwendet wird, ergibt sich

$$i_1\,l_1 = (J_1 - i_1)\,l_1' + J_2\,l_2,$$

da

$$J_1 + J_2 = i_1 + i_2,$$

so ist

$$J_2 = i_1 + i_2 - J_1$$

$$i_1 l_1 = J_1 l_1' - i_1 l_1' + i_1 l_2 + i_2 l_2 - J_1 l_2$$

$$J_1(l_1' - l_2) = i_1(l_1 + l_1' - l_2) - i_2\,l_2$$

$$J_1 = \frac{i_1(l_1 + l_1' - l_2) - i_2 l_2}{l_1' - l_2}.$$

J_2 errechnet sich entsprechend zu

$$J_2 = \frac{i_2 l_1' - i_1 l_1}{l_1' - l_2};$$

bei ungleichen Querschnitten erhält man

$$e_1 = e_2 = \frac{i_1 l_1}{c\,q_1} = \frac{(J_1 - i_1)\,l_1'}{c\,q_1'} + \frac{J_2\,l_2}{c\,q_2}$$

$$J_1 = \left[i_1\left(\frac{l_1}{q_1} + \frac{l_1'}{q_1'} - \frac{l_2}{q_2} \right) - \frac{i_2 l_2}{q_2} \right] : \left[\frac{l_1'}{q_1'} - \frac{l_2}{q_2} \right].$$

$$J_2 = \left[\frac{i_2 l_1'}{q_1'} - \frac{i_1 l_1}{q_1} \right] : \left[\frac{l_1'}{q_1'} - \frac{l_2}{q_2} \right].$$

2. Unter der Annahme, daß der Speisepunkt U_2 auch Strom für i_1 mitliefert (Abb. 29):

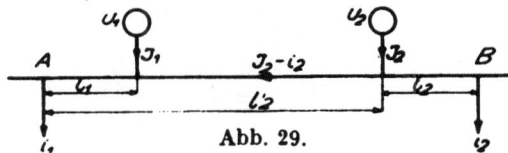

Abb. 29.

U_2 liefert dann $J_2 = i_2 + J_2 - i_2$ Amp.

U_1 nur J_1; e_1 sei $= e_2$

$$e_1 = \frac{J_1 l_1}{c\,q_1} + \frac{(J_2 - i_2)\,l_2'}{c\,q_2'} = e_2 = \frac{i_2 l_2}{c\,q_2}$$

$$q_1 = q_2' = q_2$$
$$J_1\, l_1 + J_2\, l_2' - i_2\, l_2' = i_2\, l_2$$
$$J_1 + J_2 = i_1 + i_2$$
$$J_1 = i_1 + i_2 - J_2$$
$$J_2 = i_1 + i_2 - J_1;$$

aus dieser Gleichung ergibt sich

$$J_1 = \frac{i_1\, l_2' - i_2\, l_2}{l_2' - l_1}$$

$$J_2 = \frac{i_2\,(l_2 - l_1 + l_2') - i_1\, l_1}{l_2' - l_1}\,;$$

bei nicht gleichen Querschnitten

$$J_1 = \left[\frac{i_1\, l_2'}{q_2'} - \frac{i_2\, l_2}{q_2}\right] : \left[\frac{l_2'}{q_2'} - \frac{l_1}{q_1}\right]$$

$$J_2 = \left[i_2\left(\frac{l_2}{q_2} - \frac{l_1}{q_1} + \frac{l_2'}{q_2'}\right) - \frac{i_1\, l_1}{q_1}\right] : \left[\frac{l_2'}{q_2'} - \frac{l_1}{q_1}\right].$$

Es bleibt sich bei Anwendung der Verfahren 1 und 2 gleich, welchen Weg man einschlägt und welchen Speisepunkt man zur Stromlieferung zweier Stromabnahmen sich denkt. Die Rechnung ergibt, welcher Speisepunkt tatsächlich nach beiden Richtungen Strom abgibt.

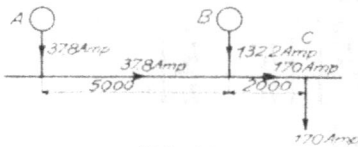

Abb. 30.

Zahlenbeispiel: Für die in Abb. 30 eingetragene Strombelastung soll die Stromverteilung ermittelt werden.

In C werden 170 Amp. abgenommen.

Wenn B J_2 Amp. liefert, dann gibt A $J_1 = 170 - J_2$ ab.

$$e_1 = e_2$$

$$e_2 = \frac{J_2 \cdot l_2}{c\,q} = \frac{2000\,J_2}{c\,q}$$

$$e_1 = \frac{(170 - J_2)\, l_1}{c\,q} = \frac{(170 - J_2)\,7000}{c\,q}$$

$$e_1 = e_2 = \frac{(170 - J_2)\,7000}{c\,q} = \frac{2000\,J_2}{c\,q}$$

$$= (170 - J_2)\,7000 = 2000\,J_2$$

$$J_2 = 132{,}2\ \text{Amp.}$$

A liefert: $J_1 = 170 - 132{,}2 = 37{,}8$ Amp.

Für Abb. 31 ist die Stromverteilung zu ermitteln. Die Spannung beträgt 1000 Volt Gleichstrom. In der Oberleitung ist ein Spannungsabfall von 20% zulässig.

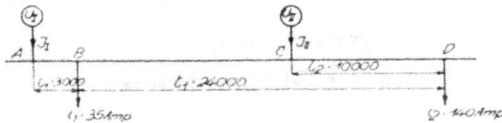

Abb. 31.

Zur vorläufigen Bestimmung der Querschnitte soll angenommen werden, daß der Umformer U_I nach B 35 Amp. und nach D 38 Amp. liefert, der Umformer U_{II} nur nach D 102 Amp. liefert. Die Werte von 38 und 102 Amp. erhält man durch Aufstellen der Gleichungen

1) $(J_1 - 35)\,27000 = J_2 \cdot 10000$

$\quad J_2 = 2{,}7\,J_1 - 94{,}5$

2) $J_1 - 35 + J_2 = 140$

$\quad J_1 - 35 + 2{,}7\,J_1 - 94{,}5 = 140$

$\quad J_1 = \dfrac{269{,}5}{3{,}7} = 73\ \text{Amp.}$

$\quad J_1 - 35 + J_2 = 140$

$\quad 73 - 35 + J_2 = 140$

$\quad J_2 = 140 - 73 + 35 = 102\ \text{Amp.}$

Teilstrom für $l_1 = J_1 - 35 = 73 - 35 = 38$ Amp.;

für die Gleichung:

$$ J_1 = \left[i_1\left(\frac{l_1'}{q_1'} + \frac{l_2}{q_2} \right) + i_2 \frac{l_2}{q_2} \right] : \left[\frac{l_1}{q_1} + \frac{l_1'}{q_1'} + \frac{l_2}{q_2} \right] $$

werden die Querschnitte q_1, q_1' und q_2, für die dazugehörigen Längen l_1, l_1' und l_2 benötigt. Es ist zu beachten, daß diese Querschnitte größtenteils nur Teilquerschnitte sind, durch die nur ein zu ihnen gehöriger Teilstrom fließen soll. So fließt von A nach B durch den Querschnitt q_1 (der für diese Berechnung allerdings kein Teilquerschnitt ist) ein Teilstrom von 35 Amp. und ein weiterer von A über B hinaus nach D von 38 Amp. Der Querschnitt von q_1' ist von C bis D ein Teilquerschnitt für 38 Amp. Für die Strecke C bis D ist q_2 ein Teilquerschnitt für den von U_{II} gelieferten Teilstrom von 102 Amp.

Der Querschnitt von A bis B ist also q_1 und wird von den Teilströmen 35 und 38 Amp. durchflossen. Der Querschnitt B bis C ist q_1' und wird von einem Strom von 38 Amp. durchflossen. Der Querschnitt C bis D ist $q_1' + q_2$ und von den Teilströmen 38 und 102 Amp. durchflossen.

Strecke A bis B:

$$q_1 = \frac{(35 + 38)\,3000}{57 \cdot 200} = \frac{73 \cdot 3000}{57 \cdot 200} = 19 \text{ qmm}$$

gewählt 80 qmm.

Der Spannungsverlust für 80 qmm beträgt

$$e_1 = \frac{73 \cdot 3000}{57 \cdot 80} = 48 \text{ Volt.}$$

Wenn der für 73 Amp. vorgesehene Querschnitt 80 qmm beträgt, so ist entsprechend für 38 Amp. der Querschnitt 41,5 qmm und für 35 Amp. 38,5 qmm

$$e_{38} = \frac{38 \cdot 3000}{57 \cdot 41,5} = 48 \text{ Volt}$$

$$e_{35} = \frac{35 \cdot 3000}{57 \cdot 38,5} = 48 \text{ Volt.}$$

Strecke B bis D:

Da bereits für die Strecke A bis B ein Spannungsverlust von 48 Volt für die bis nach D durchfließenden 38 Amp. vorhanden ist, so sind, um 20% Spannungsverlust nicht zu überschreiten, von den 20% = 200 Volt diese 48 Volt abzuziehen. Man darf also für B bis D nur mit einem Spannungsverlust von 200 — 48 = 152 Volt rechnen.

$$q_1' = \frac{38 \cdot 24000}{57 \cdot 152} = 105 \text{ qmm}$$

gewählt werden 100 qmm

$$e_1' = \frac{38 \cdot 24000}{57 \cdot 100} = 160 \text{ Volt.}$$

Der Spannungsverlust von A bis D für die betreffenden 38 Amp. beträgt also 48 + 160 = 208 Volt = 20,8%, d. h. der zulässige Spannungsverlust ist mit 8 Volt überschritten.

Strecke C bis D:

$$q_2 = \frac{102 \cdot 10000}{57 \cdot 200} = 90 \text{ qmm}$$

gewählt 100 qmm

$$e_2 = \frac{102 \cdot 10000}{57 \cdot 100} = 179 \text{ Volt, d. h. } 17,9\%.$$

Durch den Spannungsverlust $e_2 = 17,9\%$ ist $e_1 = 20,8\%$ ausgeglichen.

U_I liefert:

$$J_1 = \left[i_1 \left(\frac{l_1'}{q_1'} + \frac{l_2}{q_2} \right) + i_2 \frac{l_2}{q_2} \right] : \left[\frac{l_1}{q_1} + \frac{l_1'}{q_1'} + \frac{l_2}{q_2} \right]$$

$$J_1 = \frac{35 \left(\dfrac{24000}{100} + \dfrac{10000}{100} \right) + 140 \dfrac{10000}{100}}{\dfrac{3000}{80} + \dfrac{24000}{100} + \dfrac{10000}{100}}$$

$$J_1 = \frac{35 \cdot 340 + 140 \cdot 100}{377,5} = \frac{25900}{377,5} = 69 \text{ Amp.}$$

$$J_1 + J_2 = i_1 + i_2 = 69 + J_2 = 35 + 140$$

$$J_2 = 35 + 140 - 69 = 106 \text{ Amp.}$$

oder

$$J_2 = \left[i_1 \frac{l_1}{q_1} + i_2 \left(\frac{l_1}{q_1} + \frac{l_1'}{q_1'} \right) \right] : \left[\frac{l_1}{q_1} + \frac{l_1'}{q_1'} + \frac{l_2}{q_2} \right]$$

$$J_2 = \frac{35 \dfrac{3000}{80} + 140 \left(\dfrac{3000}{80} + \dfrac{24000}{100} \right)}{\dfrac{3000}{80} + \dfrac{24000}{100} + \dfrac{10000}{100}}$$

$$J_2 = \frac{35 \cdot 37,5 + 140 \cdot 277,5}{377,5} = \frac{40162,5}{377,5} = 106 \text{ Amp.}$$

$$J_1 + J_2 = i_1 + i_2 = 69 + 106 = 35 + 140 = 175 \text{ Amp.}$$

Die Stromverteilung ergibt sich aus Abb. 32.

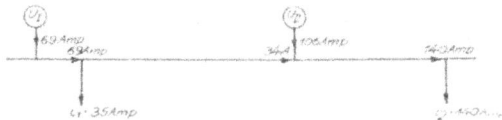

Abb. 32.

Für Abb. 33 soll die Stromverteilung gesucht werden bei gleichmäßig durchlaufendem Querschnitt.

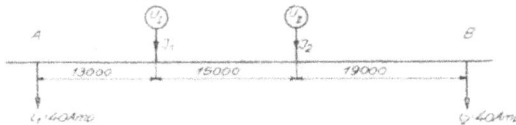

Abb. 33.

1. Es soll angenommen werden, daß U_I Strom für i_2 abgibt (Abbildung 34).

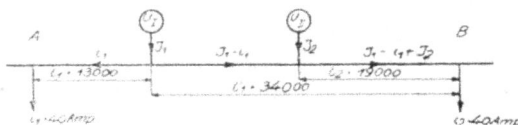

Abb. 34.

$$J_1 = \frac{i_1(l_1 + l_1' - l_2) - i_2 l_2}{l_1' - l_2}$$

$$J_1 = \frac{40(13000 + 34000 - 19000) - 40 \cdot 19000}{34000 - 19000} = \frac{360}{15}$$

$$J_1 = 24 \,\text{Amp.}$$

Aus diesem Resultat geht hervor, daß U_I nur nach A 24 Amp. liefert, und daß U_{II} noch 16 Amp. nach A liefern muß

$$J_2 = \frac{i_2 l_1' - i_1 l_1}{l_1' - l_2} = \frac{40 \cdot 34000 - 40 \cdot 13000}{34000 - 19000}$$

$$J_2 = \frac{840}{15} = 56 \,\text{Amp.}$$

J_2 liefert demnach nach B 40 und nach A 16 Amp.

2. Es soll nun angenommen werden, daß U_{II} Strom nach A und B liefert (Abb. 35).

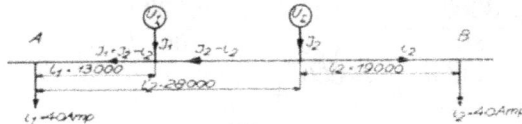

Abb. 35.

$$J_2 = \frac{i_2(l_2 - l_1 + l_2') - i_1 l_1}{l_2' - l_1}$$

$$J_2 = \frac{40(19000 - 13000 + 28000) - 40 \cdot 13000}{28000 - 13000}$$

$$J_2 = \frac{840}{15} = 56 \,\text{Amp.}$$

$$J_1 = \frac{i_1 l_2' - i_2 l_2}{l_2' - l_1} = \frac{40 \cdot 28000 - 40 \cdot 19000}{28000 - 13000}$$

$$= \frac{360}{15} = 24 \,\text{Amp.}$$

Da $l_2 > l_1$ ist, so konnte man voraussehen, daß U_{II} Strom nach A liefern würde.

d) Stromrückgewinnung.

Bei Bahnanlagen, bei denen starke Steigungen vorkommen, nutzt man häufig die zu Tal fahrenden Wagen zur Stromrückgewinnung aus. Hierdurch kann man Stromersparnisse und kleinere Fahrdraht-querschnitte erreichen, d. h. man kann Bau und Betrieb billiger ge-stalten.

An nachstehender Abb. 36 soll die Stromverteilung bei Stromrück-gewinnung gezeigt werden.

1. Einseitige Belastung:

In Abb. 36 befinden sich drei Wagen auf der Strecke, von denen die beiden ersten Strom entnehmen, während der dritte Strom zurückliefert.

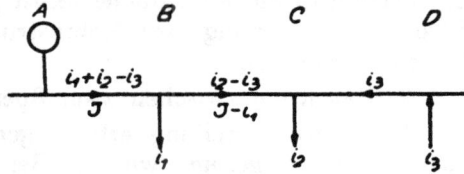

Abb. 36.

Die Kraftquelle liefert $J = i_1 + i_2 - i_3$ Amp.

Von der Kraftquelle A bis B fließen J oder $i_1 + i_2 - i_3$ Amp., von B bis C $(J - i_1)$ oder $i_2 - i_3$, zwischen C und D fließt ein Strom i_3, aber, wie schon das negative Vorzeichen angibt, in den anderen Strömen entgegengesetzter Richtung und zwar von D nach C.

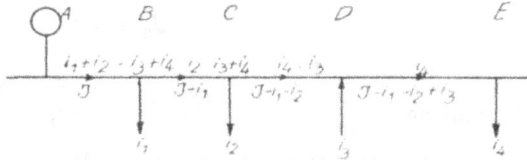

Abb. 37.

In Abb. 37 befinden sich vier Wagen auf der Strecke, von denen die beiden ersten und der vierte Strom entnehmen, während der dritte Strom liefert.

i_3 soll jedoch kleiner sein als i_4.

Die Kraftquelle liefert $J = i_1 + i_2 - i_3 + i_4$ Amp.

Von A fließen bis B J oder $i_1 + i_2 - i_3 + i_4$, von B nach C $J - i_1$ oder $i_2 - i_3 + i_4$ Amp., von C nach D $J - i_1 - i_2$ oder $i_4 - i_3$ Amp. und von D nach E $J - i_1 - i_2 + i_3$ oder i_4 Amp., da i_3 kleiner als i_4 ist, so fließen sämtliche Teilströme in Richtung A bis E.

Sobald i_3 größer als i_4 ist, stellt sich die Stromverteilung, wie Abbildung 38 zeigt, dar.

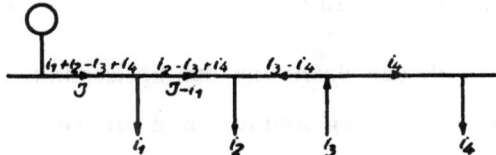

Abb. 38.

i_3 deckt in diesem Falle nicht allein den Strom von i_4, sondern liefert auch noch Strom $i_3 - i_4$ nach i_2. Sollte die Belastung i_2 keinen Strom abnehmen, d. h. gerade auf einer Haltestelle sich befinden, so fließt der Strom $i_3 - i_4$ nach i_1. Es kann sogar vorkommen, daß der Rückstrom in die Kraftquelle selbst gelangen kann. Es sind daher bei Stromrückgewinnung dort Meßinstrumente mit Ausschlag nach beiden Seiten vorzusehen.

2. Belastung zwischen zwei Speisepunkten.

Die Stromverteilung erfolgt genau so, wie bereits ohne Stromrückgewinnung gezeigt wurde. Bei Stromrückgewinnung ist nur zu beachten, daß die Strommomente der Verbraucher positiv und diejenigen der Strom zurückliefernden Fahrzeuge, entsprechend ihrer entgegengesetzten Richtung, negativ einzusetzen sind.

Nach Abb. 39 ergibt sich folgende Stromlieferung der Kraftquelle:

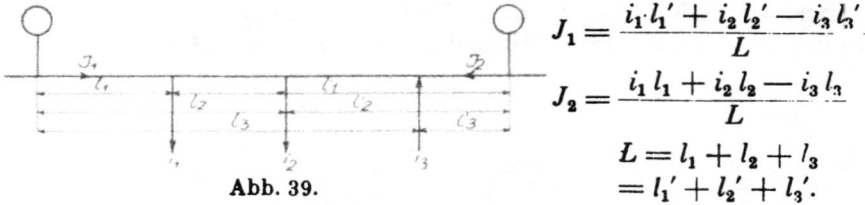

$$J_1 = \frac{i_1 l_1' + i_2 l_2' - i_3 l_3'}{L}$$

$$J_2 = \frac{i_1 l_1 + i_2 l_2 - i_3 l_3}{L}$$

$$L = l_1 + l_2 + l_3 = l_1' + l_2' + l_3'.$$

Abb. 39.

Für Abb. 40 soll die Stromverteilung ermittelt werden.

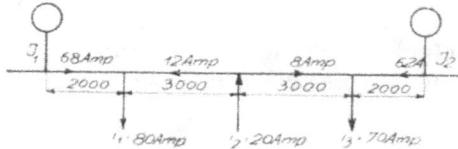

Abb. 40.

$$J_1 = \frac{70 \cdot 2000 - 20 \cdot 5000 + 80 \cdot 8000}{10000} = \frac{680000}{10000} = 68\ A$$

$$J_2 = \frac{80 \cdot 2000 - 20 \cdot 5000 + 70 \cdot 8000}{10000} = \frac{620000}{10000} = 62\ A$$

$$\overline{\qquad\qquad 130\ A}$$

$$\Sigma\, i = 80 - 20 + 70 = 130\ A.$$

8. Ungleiche Spannung der Speisepunkte.

a) Belastung zwischen denselben.

Da im Betriebe die Speisepunkte wohl selten die gleiche Spannung haben, so soll auch die hierdurch bedingte Rechnungsart gezeigt werden (Abb. 41).

Die Spannung in A sei größer als in B:

$$E_1 > E_2.$$

In Punkt C kann nur eine Spannung E_3 vorhanden sein. Dieselbe muß kleiner sein als diejenige der Speisepunkte. Man kann daher schreiben

$$E_3 = E_1 - e_1 = E_2 - e_2,$$

wenn e_1 der Spannungsverlust von A bis C und e_2 derjenige von B bis C ist.

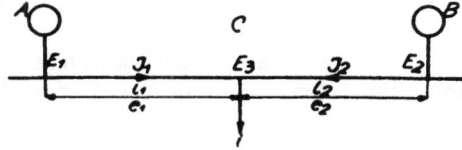

Abb. 41.

Da nun

$$i = J_1 + J_2,$$

hieraus

$$J_1 = i - J_2$$

und

$$J_2 = i - J_1$$

ist, und ferner

$$e_1 = J_1 r_1 \text{ und } e_2 = J_2 r_2$$

ist, so kann man für

$$E_1 - e_1 = E_2 - e_2$$

schreiben

$$E_1 - J_1 r_1 = E_2 - J_2 r_2$$

oder, um eine einfache Gleichung, deren eine Seite J_1 bzw. J_2 ist, zu erhalten, setzt man die betreffenden Werte für J_1 bzw. J_2 ein.

$$E_1 - J_1 r_1 = E_2 - (i - J_1)\, r_2$$
$$E_1 - (i - J_2)\, r_1 = E_2 - J_2 r_2$$
$$E_1 - E_2 = J_1 r_1 - i r_2 + J_1 r_2$$
$$E_1 - E_2 = J_1 (r_1 + r_2) - i r_2$$
$$J_1 (r_1 + r_2) = E_1 - E_2 + i r_2$$
$$J_1 = \frac{E_1 - E_2}{r_1 + r_2} + \frac{i r_2}{r_1 + r_2};$$

da

$$r_1 + r_2 = R$$

ist, so ist

$$J_1 = \frac{E_1 - E_2}{R} + \frac{i r_2}{R}.$$

Die Gleichung nach J_2 aufgelöst:

$$J_2 = \frac{E_2 - E_1}{R} + \frac{i r_1}{R}.$$

$\dfrac{E_1 - E_2}{R}$ bzw. $\dfrac{E_2 - E_1}{R}$ nennt man den Leiterstrom, weil derselbe den Leiter im gleichen Sinne durchfließt, und zwar von dem einen

Speisepunkt (mit der höheren Spannung) weg (positiv) und zu dem anderen Speisepunkt (mit der niedrigeren Spannung) zu (negativ).

$\dfrac{i\,r_1}{R}$ bzw. $\dfrac{i\,r_2}{R}$ nennt man Komponentenströme.

Bei gleichmäßig durchlaufendem Querschnitt kann man die Komponentenströme auch in der Form

$$\frac{i\,l_1}{L} \quad \text{bzw.} \quad \frac{i\,l_2}{L}$$

schreiben, wenn

$$L = l_1 + l_2$$

ist, demnach

$$J_1 = \frac{E_1 - E_2}{R} + \frac{i\,l_2}{L}$$

$$J_2 = \frac{E_2 - E_1}{R} + \frac{i\,l_1}{L}.$$

Aus den beiden vorstehenden Gleichungen ersieht man, daß der Leiterstrom nur von dem Spannungsunterschied der beiden Speisepunkte und von dem Leitungswiderstand abhängig ist, sonst aber in keiner Weise durch den Belastungsstrom beeinflußt wird.

Dasselbe gilt auch für beliebig viele Belastungsströme (Abb. 42).

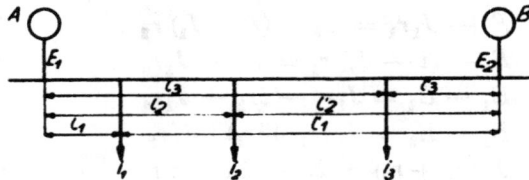

Abb. 42.

Die Komponentenströme werden genau so ermittelt wie die Speisepunktströme (Auflagedrücke eines Trägers mit Einzelbelastungen)

$$J_1 = \frac{E_1 - E_2}{R} + \frac{i_1 r_1{}'}{R} + \frac{i_2 r_2{}'}{R} + \frac{i_3 r_3{}'}{R}$$

$$J_1 = \frac{E_1 - E_2}{R} + \frac{\Sigma\,i r'}{R}$$

$$J_2 = \frac{E_2 - E_1}{R} + \frac{i_1 r_1}{R} + \frac{i_2 r_2}{R} + \frac{i_3 r_3}{R}$$

$$J_2 = \frac{E_2 - E_1}{R} + \frac{\Sigma\,i r}{R}.$$

Bei gleichmäßig durchlaufendem Querschnitt kann geschrieben werden:

$$J_1 = \frac{E_1 - E_2}{R} + \frac{\Sigma \, i \, l'}{L}$$

$$J_2 = \frac{E_2 - E_1}{R} + \frac{\Sigma \, i \, l}{L}.$$

Zahlenbeispiel: Für das bereits durchgerechnete Beispiel mit zwei Speisepunkten und gleicher Spannung derselben (Abb. 22) sollen die Speisepunktströme bei ungleicher Spannung der Speisepunkte ermittelt werden. Um die Rechnung einfacher zu gestalten, soll nur mit der Hin- und nicht mit der Schienenrückleitung gerechnet werden (Abb. 43).

Spannung in A 550 Volt, in B 540 Volt.

Der Leitungsquerschnitt sei 65 qmm, Speisepunkt A liefert dann:

$$J_1 = \frac{E_1 - E_2}{R} + \frac{\Sigma \, i \, l}{L};$$

setzt man

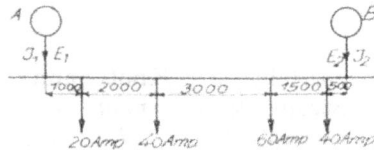

Abb. 43.

$$R = \frac{L}{c \, q} = \frac{8000}{57 \cdot 65},$$

so erhält man:

$$\frac{10 \cdot 57 \cdot 65}{8000} + \frac{40 \cdot 500 + 60 \cdot 2000 + 40 \cdot 5000 + 20 \cdot 7000}{8000} =$$

$$= 4{,}63 + 60 \text{ Amp.} = 64{,}63 \text{ Amp.}$$

Speisepunkt B liefert:

$$J_2 = \frac{E_2 - E_1}{R} + \frac{\Sigma \, i \, l}{L} =$$

$$-\frac{10 \cdot 57 \cdot 65}{8000} + \frac{20 \cdot 1000 + 40 \cdot 3000 + 60 \cdot 6000 + 40 \cdot 7500}{8000} =$$

$$= -4{,}63 + 100 \text{ Amp.} = 95{,}37 \text{ Amp.}$$

Der Leiterstrom, der von A nach B fließt, beträgt 4,63 Amp. Die Komponentenströme sind dieselben wie die Speiseleitungsströme im früheren Beispiel.

$$A \text{ lieferte dort } 60 \text{ Amp.}$$
$$B \quad \text{,,} \quad \text{,,} \quad 100 \quad \text{,,}$$

Man sieht hieraus, daß bei ungleichen Spannungen im Gegensatz zu gleichen Spannungen in den Speisepunkten der eine Strom größer, der andere entsprechend kleiner wird.

b) Knotenpunktberechnung durch Gleichungen.

Die Stellen, an denen drei oder mehrere Speisepunkte mit ihren Leitungen zusammenstoßen, nennt man Knotenpunkte.

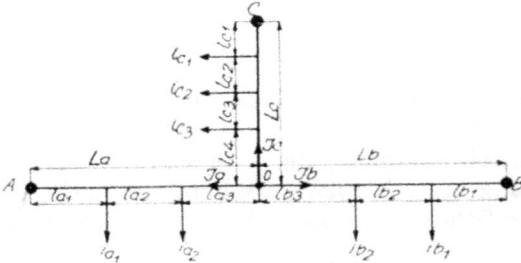

Abb. 44.

Hier soll, wie Abb. 44 zeigt, ein Knotenpunkt mittels Gleichungen berechnet werden.

Die Spannung an den Speisepunkten A, B und C sei E, diejenigen im Knotenpunkt O sei E_o, der Spannungsunterschied zwischen A bzw. B bzw. C sei $E - E_o$ $= e_o$. Nimmt man nun an, daß zunächst der Knotenpunkt O ebenfalls Speisepunkt sei, und daß alle Ströme von O nach A, B und C fließen, und bezeichnen diese Ströme mit J_a, J_b, J_c, so liefert unter Berücksichtigung, daß ein Spannungsunterschied zwischen A, B und C einerseits und O anderseits ist,

O nach A

$$J_a = \frac{E_0 - E}{R_a} + \frac{\Sigma\, i_a l_a}{L_a}$$

O nach B

$$J_b = \frac{E_0 - E}{R_b} + \frac{\Sigma\, i_b l_b}{L_b}$$

O nach C

$$J_c = \frac{E_0 - E}{R_c} + \frac{\Sigma\, i_c l_c}{L_c}\ .$$

Da die einzelnen Leiter gleichmäßig durchlaufende Querschnitte haben, so sind in den Ausdrücken für die Komponentenströme die betreffenden Längen anstatt der Widerstände eingesetzt.

Nach dem Kirchhoffschen Gesetz ist die algebraische Summe aller Ströme in O Null

$$J_a + J_b + J_c = 0,$$

folglich

$$\frac{E_0 - E}{R_a} + \frac{\Sigma\, i_a l_a}{L_a} + \frac{E_0 - E}{R_b} + \frac{\Sigma\, i_b l_b}{L_b} + \frac{E_0 - E}{R_c} + \frac{\Sigma\, i_c l_c}{L_c} = 0$$

hieraus

$$-\frac{E_0 - E}{R_a} - \frac{E_0 - E}{R_b} - \frac{E_0 - E}{R_c} = \frac{\Sigma\, i_a l_a}{L_a} + \frac{\Sigma\, i_b l_b}{L_b} + \frac{\Sigma\, i_c l_c}{L_c}$$

oder

$$\frac{E-E_0}{R_a} + \frac{E-E_0}{R_b} + \frac{E-E_0}{R_c} = \sum \frac{\Sigma i l}{L};$$

setzt man in diese Gleichung $E - E_o = e_o$,

$$R_a = \frac{L_a}{c\,q_a}, \quad R_b = \frac{L_b}{c\,q_b}, \quad R_c = \frac{L_c}{c\,q_c},$$

so erhält man:

$$\frac{e_0 \cdot c\,q_a}{L_a} + \frac{e_0\,c\,q_b}{L_b} + \frac{e_0\,c\,q_c}{L_c} = \sum \frac{\Sigma i l}{L}$$

$$e_0\,c \left(\frac{q_a}{L_a} + \frac{q_b}{L_b} + \frac{q_c}{L_c} \right) = \sum \frac{\Sigma i l}{L}$$

$$e_0\,c \sum \frac{q}{L} = \sum \frac{\Sigma i l}{L}$$

$$e_0 = \frac{\sum \dfrac{\Sigma i l}{L}}{c \sum \dfrac{q}{L}}.$$

Diesen Wert in die Gleichungen

$$J_a = \frac{E_0 - E}{R_a} + \frac{\Sigma i_a l_a}{L_a}$$

$$J_b = \frac{E_0 - E}{R_b} + \frac{\Sigma i_b l_b}{L_b}$$

$$J_c = \frac{E_0 - E}{R_c} + \frac{\Sigma i_c l_c}{L_c}$$

eingesetzt ergibt

$$E - E_o = e_o$$

folglich

$$E_o - E = - e_o$$

$$J_a = - e_0 \frac{c\,q_a}{L_a} + \frac{\Sigma i_a l_a}{L_a}$$

$$J_b = - e_0 \frac{c\,q_b}{L_b} + \frac{\Sigma i_b l_b}{L_b}$$

$$J_c = - e_0 \frac{c\,q_c}{L_c} + \frac{\Sigma i_c l_c}{L_c}.$$

Aus den Momentengleichungen ist zu ersehen, daß die Ströme (positiv) in Richtung des Drehpunktes fließen, dementsprechend fließen die als positiv errechneten Ströme (Drehpunkte waren A, B und C) vom Knotenpunkt O weg, die negativen dagegen O zu.

Zahlenbeispiel: Die Stromverteilung soll nach Abb. 45 ermittelt werden. Die Spannung beträgt 500 Volt, der Spannungsverlust 10%. Die einzelnen Leitungen haben gleichmäßig durchlaufenden Querschnitt.

Um festzustellen, welche Ströme dem Knotenpunkt zufließen bzw. welche Ströme von demselben wegfließen, sind die Gleichungen

$$J_1 = \frac{E_0 - E}{R_1} + \frac{\Sigma\, i_1\, r_1}{R_1} \quad \text{oder} \quad - e_0\, \frac{c\, q_1}{L_1} + \frac{\Sigma\, i_1\, l_1}{L_1}$$

$$J_2 = \frac{E_0 - E}{R_2} + \frac{\Sigma\, i_2\, r_2}{R_2} \quad \text{oder} \quad - e_0\, \frac{c\, q_2}{L_2} + \frac{\Sigma\, i_2\, l_2}{L_2}$$

$$J_3 = \frac{E_0 - E}{R_3} + \frac{\Sigma\, i_3\, r_3}{R_3} \quad \text{oder} \quad - e_0\, \frac{c\, q_3}{L_3} + \frac{\Sigma\, i_3\, l_3}{L_3}$$

aufzulösen.

Berechnung des Wertes

$$e_0 = \frac{\Sigma \dfrac{\Sigma\, i\, l}{L}}{c\, \Sigma\, \dfrac{q}{L}}.$$

Um e_0 zu errechnen, müssen zuerst die Querschnitte bestimmt werden. Unter der Annahme, daß die Leitungen in O nicht verbunden sind und jeder Umformer nur seinen Leitungsstrang speist, ergeben sich folgende Querschnitte:

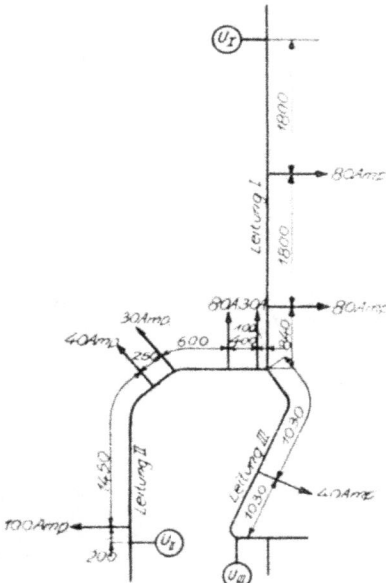

Abb. 45.

$$q_1 = \frac{80 \cdot 1800 + 80 \cdot 3600}{57 \cdot 50} = \frac{432\,000}{57 \cdot 50} = 150\ \text{qmm}$$

$$q_2 = \frac{100 \cdot 200 + 40 \cdot 1650 + 30 \cdot 1900 + 80 \cdot 2500 + 30 \cdot 2900}{57 \cdot 50} =$$

$$= \frac{430\,000}{57 \cdot 50} = 150\ \text{qmm}$$

$$q_3 = \frac{40 \cdot 1030}{57 \cdot 50} = \frac{41\,200}{57 \cdot 50} = 14{,}5\ \text{qmm}.$$

Da der kleinste Querschnitt 50 qmm ist, so wurde $q_3 = 50$ qmm gewählt.

Berechnung des Ausdruckes $\Sigma\, \dfrac{\Sigma\, i\, l}{L}$.

Der Knotenpunkt O liefert nach I:

$$\frac{\Sigma\, i_1\, l_1}{L_1} = \frac{80 \cdot 1800 + 80 \cdot 3600}{4440} = \frac{432\,000}{4440} = 97{,}3\ \text{Amp.}$$

nach II:

$$\frac{\Sigma\, i_2 l_2}{L_2} = \frac{100 \cdot 200 + 40 \cdot 1650 + 30 \cdot 1900 + 80 \cdot 2500 + 30 \cdot 2900}{3000} =$$

$$= \frac{430\,000}{3000} = 143,3 \text{ Amp.}$$

nach III:

$$\frac{\Sigma\, i_3 l_3}{L_3} = \frac{40 \cdot 1030}{2060} = \frac{41\,200}{2060} = 20,0 \text{ Amp.}$$

$$\Sigma \frac{\Sigma\, i\, l}{L} = 97,3 + 143,3 + 20,0 = 260,6 \text{ Amp.}$$

Berechnung des Ausdruckes $\Sigma \dfrac{q}{L}$

$$\frac{q_1}{L_1} = \frac{150}{4440} = 0,03378$$

$$\frac{q_2}{L_2} = \frac{150}{3000} = 0,05$$

$$\frac{q_3}{L_3} = \frac{50}{2060} = 0,02427$$

$$\Sigma \frac{q}{L} = 0,03378 + 0,05 + 0,02427 = 0,10805$$

$$e_0 = \frac{\Sigma \dfrac{\Sigma\, i\, l}{L}}{c\, \Sigma \dfrac{q}{L}} = \frac{260,6}{57 \cdot 0,10805} = 42,4 \text{ Volt}$$

$$J_1 = - e_0\, c\, \frac{q_1}{L_1} + \frac{\Sigma\, i_1 l_1}{L_1}$$

$$= - 42,4 \cdot 57 \cdot 0,03378 + 97,3$$

$$= - 81,5 + 97,3 = + 15,8 \text{ Amp.}$$

$$J_2 = - e_0\, c\, \frac{q_2}{L_2} + \frac{\Sigma\, i_2 l_2}{L_2}$$

$$= - 42,4 \cdot 57 \cdot 0,05 + 143,3$$

$$= - 120,6 + 143,3 = + 22,7 \text{ Amp.}$$

$$J_3 = - e_0\, c\, \frac{q_3}{L_3} + \frac{\Sigma\, i_3 l_3}{L_3}$$

$$= - 42,4 \cdot 57 \cdot 0,02427 + 20,0$$

$$= - 58,5 + 20,0 = - 38,5 \text{ Amp.}$$

Nach dem Kirchhoffschen Gesetz ist

$$J_1 + J_2 + J_3 = 0$$

3*

folglich

$$15,8 + 22,7 - 38,5 = 0.$$

Die Stromverteilung ergibt sich, wie nachstehende Abb. 46 zeigt.

Es soll nun untersucht werden, ob die der Berechnung zugrunde gelegten Querschnitte für die errechnete Stromverteilung ausreichend sind.

$$q_1 = \frac{80 \cdot 1800 + 64,2 \cdot 3600}{57 \cdot 50} = \frac{375120}{57 \cdot 50} \cong 130 \, \text{qmm}$$

$$q_2 = \frac{100 \cdot 200 + 40 \cdot 1650 + 30 \cdot 1900 + 80 \cdot 2500 + 7,3 \cdot 2900}{57 \cdot 50} =$$

$$= \frac{364170}{57 \cdot 50} \cong 130 \, \text{qmm}$$

$$q_3 = \frac{40 \cdot 1030 + 38,5 \cdot 2060}{57 \cdot 50} = \frac{120370}{57 \cdot 50} \cong 50 \, \text{qmm}.$$

c) Geschlossene Leitung mit zwei Speise- und zwei Knotenpunkten.

Im nachstehenden soll eine geschlossene Leitung, wie Abb. 47 zeigt, mit zwei Speisepunkten und zwei Knotenpunkten untersucht werden.

Die Spannung in A und B sei E, in $C = E_1$, in $D = E_2$; $E - E_1 = e_1$, $E - E_2 = e_2$.

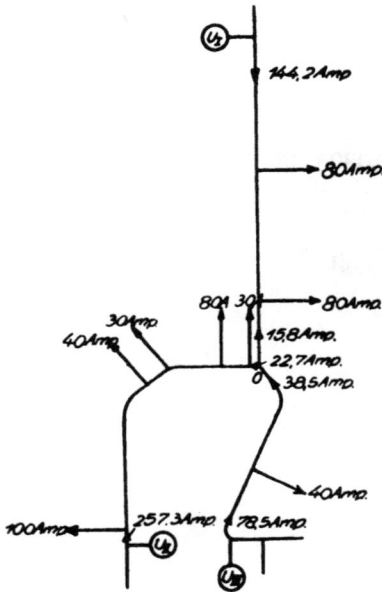

Abb. 46.

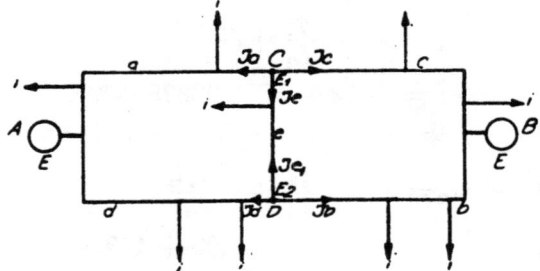

Abb. 47.

Die algebraische Summe aller Ströme in den Knotenpunkten C bzw. D ist Null.

Nimmt man wiederum an, daß alle Ströme von den Knotenpunkten wegfließen, so liefert Knotenpunkt C:

$$1) \quad J_a = \frac{E_1 - E}{R_a} + \frac{\Sigma \, i_a r_a}{R_a}$$

$$2) \quad J_c = \frac{E_1 - E}{R_c} + \frac{\Sigma\, i_c\, r_c}{R_c}$$

$$3) \quad J_e = \frac{E_1 - E_2}{R_e} + \frac{\Sigma\, i_e\, r_e}{R_e}$$

Knotenpunkt D

$$1) \quad J_b = \frac{E_2 - E}{R_b} + \frac{\Sigma\, i_b\, r_b}{R_b}$$

$$2) \quad J_d = \frac{E_2 - E}{R_d} + \frac{\Sigma\, i_d\, r_d}{R_d}$$

$$3) \quad J_{e1} = \frac{E_2 - E_1}{R_{e1}} + \frac{\Sigma\, i_{e1}\, r_{e1}}{R_{e1}}$$

$$J_a + J_c + J_e = 0,$$

folglich

$$\frac{E_1 - E}{R_a} + \frac{\Sigma\, i_a\, r_a}{R_a} + \frac{E_1 - E}{R_c} + \frac{\Sigma\, i_c\, r_c}{R_c} + \frac{E_1 - E_2}{R_e} + \frac{\Sigma\, i_e\, r_e}{R_e} = 0$$

oder

$$\frac{E - E_1}{R_a} + \frac{E - E_1}{R_c} + \frac{E_2 - E_1}{R_e} = \frac{\Sigma\, i_a\, r_a}{R_a} + \frac{\Sigma\, i_c\, r_c}{R_c} + \frac{\Sigma\, i_e\, r_e}{R_e}.$$

Bei Annahme eines gleichmäßig durchlaufenden Querschnittes der einzelnen Leitungsstränge kann für die Komponentenströme anstatt der Widerstände die betreffende Länge gesetzt werden. Für den Widerstand des Leiterstromes kann man schreiben

$$R = \frac{L}{c\, q}.$$

Den Ausdruck $E_1 - E_2$ kann man folgendermaßen umformen, indem man $E - E_2$ von $E - E_1$ abzieht, man erhält dann

$$E - E_1 - (E - E_2) = e_1 - e_2$$
$$E_2 - E_1 = e_1 - e_2.$$

Setzt man die nunmehr gefundenen Ausdrücke in die vorstehende Gleichung

$$\frac{e_1\, c\, q_a}{L_a} + \frac{e_1\, c\, q_c}{L_c} + \frac{(e_1 - e_2)\, c \cdot q_e}{L_e} = \frac{\Sigma\, i_a\, l_a}{L_a} + \frac{\Sigma\, i_c\, l_c}{L_c} + \frac{\Sigma\, i_e\, l_e}{L_e}$$

oder

$$e_1\, c \left(\frac{q_a}{L_a} + \frac{q_c}{L_c} + \frac{q_e}{L_e} \right) = e_2\, c\, \frac{q_e}{L_e} + \Sigma\, \frac{\Sigma\, i\, l}{L};$$

$$e_1 \cdot \Sigma\, \frac{q}{L} = e_2\, \frac{q_e}{L_e} + \frac{1}{c} \cdot \Sigma\, \frac{\Sigma\, i\, l}{L};$$

da auch

$$J_b + J_d + J_{e1} = 0,$$

so erhält man, wenn man in vorstehende Gleichung die entsprechenden Werte einsetzt, schließlich

$$e_2 \cdot \Sigma \frac{q}{L} = e_1 \frac{q_e}{L_e} + \frac{1}{c} \sum \frac{\Sigma\, i\, l}{L}.$$

Die gefundenen Werte in die Gleichungen für J_a, J_c, J_e, J_b, J_d und J_{e1} eingesetzt, ergeben die von bzw. zu den Knotenpunkten fließenden Ströme.

Zahlenbeispiel: Für Abb. 48 soll die Stromverteilung ermittelt werden. Die Spannung in den Speisepunkten A und B beträgt 500 Volt. Der zulässige Spannungsabfall beträgt 10%. Die einzelnen Querschnitte sollen gleichmäßig durchlaufend sein.

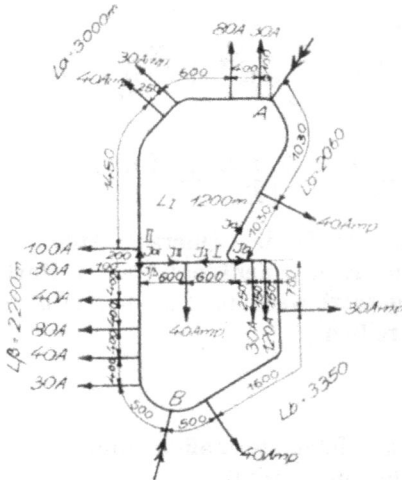

Abb. 48.

Die Spannung in A und B sei E; in

I E_1 und II E_2.

$$E - E_1 = e_1; \quad E - E_2 = e_2$$
$$E - E_1 - (E - E_2) = e_1 - e_2$$
$$E_2 - E_1 = e_1 - e_2.$$

Knotenpunkt I liefert:

$$J_a + J_b + J_I$$

$$J_a = \frac{E_1 - E}{R_a} + \frac{\Sigma\, i_a\, r_a}{R_a}$$

$$J_b = \frac{E_1 - E}{R_b} + \frac{\Sigma\, i_b\, r_b}{R_b}$$

$$J_I = \frac{E_1 - E_2}{R_I} + \frac{\Sigma\, i_I\, r_I}{R_I}$$

$$J_a + J_b + J_I = 0$$

$$\frac{E_1 - E}{R_a} + \frac{\Sigma\, i_a\, r_a}{R_a} + \frac{E_1 - E}{R_b} + \frac{\Sigma\, i_b\, r_b}{R_b} + \frac{E_1 - E_2}{R_I} + \frac{\Sigma\, i_I\, r_I}{R_I} = 0$$

$$\frac{E - E_1}{R_a} + \frac{E - E_1}{R_b} + \frac{E_2 - E_1}{R_I} = \frac{\Sigma\, i_a\, r_a}{R_a} + \frac{\Sigma\, i_b\, r_b}{R_b} + \frac{\Sigma\, i_I\, r_I}{R_I}$$

$$R_I = R_{II}, \quad L_I = L_{II}$$

für die Leiterströme:

$$R = \frac{L}{c\,q}$$

für die Komponentenströme

$$R \cong L, \quad r \cong l$$

$$\frac{e_1\, c \cdot q_a}{L_a} + \frac{e_1\, c\, q_b}{L_b} + \frac{(e_1 - e_2)\, c\, q_I}{L_I} = \frac{\Sigma\, i_a\, l_a}{L_a} + \frac{\Sigma\, i_b\, l_b}{L_b} + \frac{\Sigma\, i_I \cdot l_I}{L_I}$$

$$e_1 \left(\frac{q_a}{L_a} + \frac{q_b}{L_b} + \frac{q_I}{L_I} \right) - e_2 \frac{q_I}{L_I} = \frac{1}{c} \sum \frac{\sum i\, l}{L}.$$

Um vorläufig einen annähernden Querschnitt zu berechnen, soll angenommen werden, daß jeder Stromabnahme auf dem kürzesten Weg der Strom geliefert wird, daß Speisepunkt A über I und B nach 1 bis zur Stromabnahme 120 Amp. liefern und zwar A 55, B 65 Amp.

Für die Stromabnahme auf I bis II soll A 20 Amp. liefern.

$$q_a = \frac{40 \cdot 1030 + 20 \cdot 2060 + 30 \cdot 2310 + 55 \cdot 2460}{57 \cdot 50} = \frac{287\,000}{57 \cdot 50} \sim 100 \text{ qmm}$$

$$q_b = \frac{40 \cdot 500 + 30 \cdot 2100 + 65 \cdot 2950}{57 \cdot 50} = \frac{274\,750}{57 \cdot 50} \sim 100 \text{ qmm}$$

$q_I \sim 50$ qmm.

Die Gleichung lautet jetzt:

$$e_1 \left(\frac{100}{2060} + \frac{100}{3350} + \frac{50}{1200} \right) - e_2 \frac{50}{1200} =$$

$$= \frac{1}{57} \left(\frac{41\,200}{2060} + \frac{530\,000}{3350} + \frac{24\,000}{1200} \right)$$

$$e_1 \left(\frac{100}{2060} + \frac{100}{3350} + \frac{50}{1200} \right) - e_2 \frac{50}{1200} = \frac{198}{57}$$

$$e_1 \cdot (0{,}0486 + 0{,}0298 + 0{,}0417) - e_2 \cdot 0{,}0417 = 3{,}48$$

$$e_1 \cdot 0{,}1202 - e_2 \, 0{,}0417 = 3{,}48$$

$$e_1 = \frac{3{,}48 + e_2 \cdot 0{,}0417}{0{,}1202}.$$

Der Wert für e_2 errechnet sich genau so wie derjenige für e_1.

Es wird angenommen, daß A und B nach bzw. über II bis zur Stromabnahme 100 Amp. speisen, und zwar soll A 80 und B 20 Amp. für diese Abnahme liefern. Die Querschnitte errechnen sich zu:

$$q_\alpha = \frac{30 \cdot 100 + 80 \cdot 500 + 30 \cdot 1100 + 40 \cdot 1350 + 80 \cdot 2800}{57 \cdot 50} =$$

$$= \frac{354\,000}{57 \cdot 50} \sim 130 \text{ qmm}$$

$$q_\beta = \frac{30 \cdot 500 + 40 \cdot 900 + 80 \cdot 1300 + 40 \cdot 1700 + 30 \cdot 2100 + 20 \cdot 2400}{57 \cdot 50} =$$

$$= \frac{334\,000}{57 \cdot 50} \sim 130 \text{ qmm}$$

$q_{II} \sim 50$ qmm

$$J_\alpha + J_\beta + J_{II} = 0$$

$$J_\alpha = \frac{E_2 - E}{R_\alpha} + \frac{\sum i_\alpha r_\alpha}{R_\alpha}$$

$$J_\beta = \frac{E_2 - E}{R_\beta} + \frac{\Sigma\, i_\beta\, r_\beta}{R_\beta}$$

$$J_{II} = \frac{E_2 - E_1}{R_{II}} + \frac{\Sigma\, i_{II}\, r_{II}}{R_{II}}$$

$$\frac{E - E_2}{R_a} + \frac{E - E_2}{R_\beta} + \frac{E_1 - E_2}{R_{II}} = \frac{\Sigma\, i_a\, r_a}{R_a} + \frac{\Sigma\, i_\beta\, r_\beta}{R_\beta} + \frac{\Sigma\, i_{II}\, r_{II}}{R_{II}}$$

$$R_I = R_{II}, \; L_I = L_{II}$$
$$E - E_2 = e_2$$
$$E_1 - E_2 = e_2 - e_1$$

für die Leiterströme
$$R = \frac{L}{c\,q}$$

für die Komponentenströme $R \cong L$, $r \cong l$ eingesetzt ergibt:

$$e_2\left(\frac{q_a}{L_a} + \frac{q_\beta}{L_\beta} + \frac{q_{II}}{L_{II}}\right) - e_1\frac{q_{II}}{L_{II}} = \sum \frac{\Sigma\, i\, l}{L} \cdot \frac{1}{c}$$

$$e_2\left(\frac{130}{3000} + \frac{130}{2200} + \frac{50}{1200}\right) - e_1 \cdot 0{,}0417 =$$

$$= \left(\frac{410\,000}{3000} + \frac{286\,000}{2200} + \frac{24\,000}{1200}\right)\frac{1}{57}$$

$$e_2\,(0{,}0433 + 0{,}059 + 0{,}0417) - e_1 \cdot 0{,}0417 = 286{,}7\,\frac{1}{57}$$

$$e_2 \cdot 0{,}144 - e_1 \cdot 0{,}0417 = 5{,}02$$

$$e_2 = \frac{5{,}02 + e_1 \cdot 0{,}0417}{0{,}144}.$$

In die Gleichung e_1 der Wert für e_2 eingesetzt ergibt

$$e_1 = \frac{3{,}48 + 0{,}0417\left(\dfrac{5{,}02 + e_1 \cdot 0{,}0417}{0{,}144}\right)}{0{,}1202}$$

$$e_1 = 45{,}6$$

$$e_2 = \frac{(45{,}6 \cdot 0{,}0417 + 5{,}02)}{0{,}144} = 48{,}0 \text{ Volt.}$$

Die gefundenen Werte für e_1 und e_2 sind, um die Stromverteilung zu finden, in die Gleichungen J_a, J_b, J_I, J_a, J_β und J_{II} einzusetzen.

$$J_a = \frac{E_1 - E}{R_a} + \frac{\Sigma\, i_a\, r_a}{R_a} = -e_1 c\,\frac{q_a}{L_a} + \frac{\Sigma\, i_a\, l_a}{L_a}$$

$$J_a = -45{,}6 \cdot 57\,\frac{100}{2060} + 20{,}0 = -126{,}2 + 20{,}0 = -106{,}2 \text{ Amp.}$$

$$J_b = \frac{E_1 - E}{R_b} + \frac{\Sigma\, i_b\, r_b}{R_b} = -e_1 c\,\frac{q_b}{L_b} + \frac{\Sigma\, i_b\, l_b}{L_b}$$

$$J_b = -45{,}6 \cdot 57 \cdot \frac{100}{3350} + 158{,}0 = -77{,}5 + 158{,}0 = 80{,}5 \text{ Amp.}$$

$$J_{\mathrm{I}} = \frac{E_1 - E_2}{R_{\mathrm{I}}} + \frac{\Sigma\, i_{\mathrm{I}}\, r_{\mathrm{I}}}{R_{\mathrm{I}}} = (e_2 - e_1)\, c\, \frac{q_{\mathrm{I}}}{L_{\mathrm{I}}} + \frac{\Sigma\, i_{\mathrm{I}}\, l_{\mathrm{I}}}{L_{\mathrm{I}}}$$

$$J_{\mathrm{I}} = (48{,}0 - 45{,}6) \cdot 57 \cdot \frac{50}{1200} + 20{,}0 = + 5{,}7 + 20{,}0 = 25{,}7 \text{ Amp.}$$

$$J_a + J_b + J_{\mathrm{I}} = 0 \qquad - 106{,}2 + 80{,}5 + 25{,}7 = 0$$

$$J_{\alpha} = \frac{E_2 - E}{R_{\alpha}} + \frac{\Sigma\, i_{\alpha}\, r_{\alpha}}{R_{\alpha}} = - e_2\, c\, \frac{q_{\alpha}}{L_{\alpha}} + \frac{\Sigma\, i_{\alpha}\, l_{\alpha}}{L_{\alpha}}$$

$$J_{\alpha} = - 48{,}0 \cdot 57 \, \frac{130}{3000} + 136{,}7 = - 119{,}0 + 136{,}7 = + 17{,}7 \text{ Amp.}$$

$$J_{\beta} = \frac{E_2 - E}{R_{\beta}} + \frac{\Sigma\, i_{\beta}\, r_{\beta}}{R_{\beta}} = - e_2\, c\, \frac{q_{\beta}}{L_{\beta}} + \frac{\Sigma\, i_{\beta}\, l_{\beta}}{L_{\beta}}$$

$$J_{\beta} = - 48{,}0 \cdot 57 \, \frac{130}{2200} + 130{,}0 = - 162{,}0 + 130{,}0 = - 32{,}0 \text{ Amp.}$$

$$J_{\mathrm{II}} = \frac{E_2 - E_1}{R_{\mathrm{II}}} + \frac{\Sigma\, i_{\mathrm{II}}\, r_{\mathrm{II}}}{R_{\mathrm{II}}} = (e_1 - e_2)\, c\, \frac{q_{\mathrm{II}}}{L_{\mathrm{II}}} + \frac{\Sigma\, i_{\mathrm{II}}\, l_{\mathrm{II}}}{L_{\mathrm{II}}}$$

$$J_{\mathrm{II}} = (45{,}6 - 48{,}0)\, 57 \, \frac{50}{1200} + 20{,}0 = - 5{,}7 + 20{,}0 = + 14{,}3$$

$$J_{\alpha} + J_{\beta} + J_{\mathrm{II}} = 0 \qquad + 17{,}7 - 32{,}0 + 14{,}3 = 0.$$

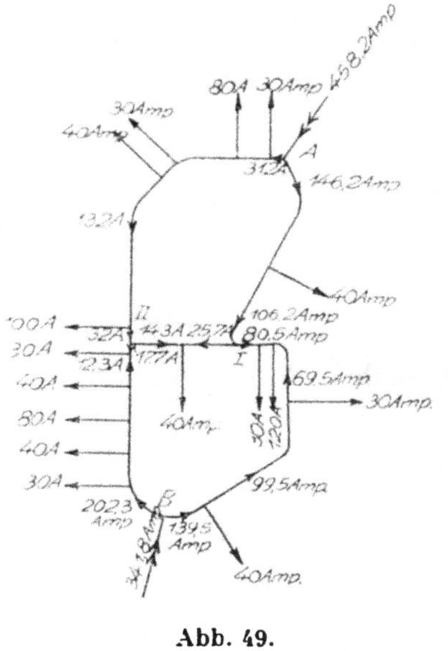

Abb. 49.

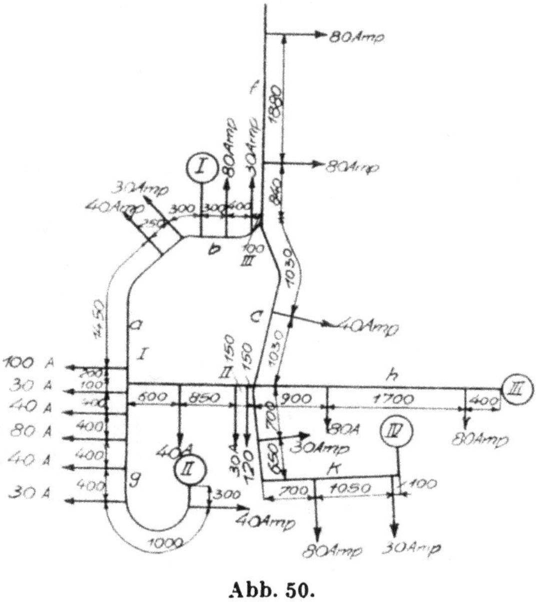

Abb. 50.

Die Stromverteilung ergibt sich, wie vorstehende Abb. 49 zeigt. Für Abb. 50 soll die Stromverteilung ermittelt werden. Die Spannung soll 500 Volt und der Spannungsabfall 10% für die Oberleitung betragen.

Im vorhergehenden Beispiel wurde der Rechnungsgang von Anfang an durchgeführt. Hier in diesem Beispiel soll jedoch von den für
e_1 und e_2 ermittelten Gleichungen ausgegangen werden (S. 37 u. 38).

Es sei:

$$E - E_1 = e_1$$
$$E - E_2 = e_2$$
$$E - E_1 - (E - E_2) = e_1 - e_2$$
$$E_2 - E_1 = e_1 - e_2$$

$$e_1 \cdot \sum \frac{q}{L} = e_2 \frac{q_x}{L_x} + \frac{1}{c} \sum \frac{\Sigma i l}{L}$$

$$e_2 \cdot \sum \frac{q}{L} = e_1 \frac{q_x}{L_x} + \frac{1}{c} \sum \frac{\Sigma i l}{L}.$$

Bei Anwendung dieser beiden Gleichungen ist stets darauf zu achten,
daß dieselben unter der Annahme aufgestellt wurden, daß sämtliche
Ströme von dem Knotenpunkt wegfließen, und daß die Drehpunkte
für die Strommomente die Gegenpunkte von den betreffenden Knotenpunkten sind.

(Das Zeichen x bezieht sich auf die Leitung zwischen den Knotenpunkten.)

Zur Lösung der Gleichungen sind die Werte für q und L zu ermitteln. Um den vorläufigen Querschnitt zu errechnen, soll angenommen werden, daß jedem Stromabnehmer der Strom auf dem kürzesten
Wege zugeführt wird.

Dementsprechend soll speisen:

$$U\,I \begin{cases} \text{Leitung } a \text{ ganz} \\ \quad,, \quad g \text{ mit 30 Amp.} \\ \quad,, \quad d \text{ ,, } 40 \quad ,, \\ \quad,, \quad b \text{ ganz} \\ \quad,, \quad f \quad ,, \\ \quad,, \quad c \text{ mit 30 Amp.} \end{cases}$$

$$U\,II \qquad ,, \qquad g \text{ ganz mit Ausnahme von 30 Amp.}$$

$$U\,III \begin{cases} ,, \quad h \text{ ganz} \\ ,, \quad d \text{ mit 60 Amp.} \\ ,, \quad c \text{ ,, } 10 \quad ,, \end{cases}$$

$$U\,IV \begin{cases} ,, \quad k \text{ ganz} \\ ,, \quad d \text{ mit 90 Amp.} \end{cases}$$

Die Querschnitte errechnen sich dann zu

$$q_a = \frac{30 \cdot 300 + 40 \cdot 550 + 100 \cdot 2000 + 70 \cdot 2200}{57 \cdot 50} =$$

$$= \frac{385\,000}{57 \cdot 50} \cong 140 \text{ qmm}$$

$$q_s = \frac{40 \cdot 300 + 30 \cdot 1300 + 40 \cdot 1700 + 80 \cdot 2100 + 40 \cdot 2500}{57 \cdot 50}$$

$$= \frac{387\,000}{57 \cdot 50} \cong 140 \text{ qmm.}$$

Um die Querschnitte für b, c und f zu errechnen, soll der Spannungsabfall der einzelnen Leitungen gesucht werden.

$$e = \frac{i\,l}{c\,q}.$$

Für Leitung b $e = \dfrac{80 \cdot 300 + 30 \cdot 700 + 190 \cdot 800}{57 \cdot 170}$

$$= \frac{197\,000}{57 \cdot 170} = 20{,}4 \text{ Volt}$$

für Leitung f $e = \dfrac{80 \cdot 840 + 80 \cdot 2720}{57 \cdot 170}$

$$= \frac{284\,800}{57 \cdot 170} = 29{,}4 \text{ Volt}$$

für Leitung c $e = \dfrac{30 \cdot 1030}{57 \cdot 50} = \dfrac{30900}{57 \cdot 50} = 10{,}85 \text{ Volt.}$

Der Spannungsverlust für die Leitung b und f beträgt $20{,}4 + 29{,}4 = 49{,}8$ Volt, derjenige für b und c $20{,}4 + 10{,}9 = 31{,}3$ Volt.

Die in Rechnung eingesetzten Querschnitte genügen also.

$$q_b = 170 \text{ qmm}$$
$$q_c = 50 \quad \text{,,}$$
$$q_f = 170 \quad \text{,,}$$

Für die Strecken d, h und k soll der Spannungsverlust und der dadurch bedingte Querschnitt ermittelt werden.

$$e_h = \frac{80 \cdot 400 + 80 \cdot 2100 + 70 \cdot 3000}{57 \cdot 200} = \frac{410\,000}{57 \cdot 200} = 36 \text{ Volt}$$

$$e_{d'h} = \frac{30 \cdot 150 + 30 \cdot 300}{57 \cdot 50} = \frac{13500}{57 \cdot 50} = 4{,}75 \text{ Volt}$$

Der Spannungsverlust

$$e_h + e_d = 36 + 4{,}75 = 40{,}75 \text{ Volt.}$$

$$e_k = \frac{30 \cdot 100 + 80 \cdot 1150 + 30 \cdot 2500 + 90 \cdot 3200}{57 \cdot 200} = \frac{458\,000}{57 \cdot 200} = 41 \text{ Volt,}$$

$$e_{k'd} = \frac{60 \cdot 150 + 30 \cdot 300}{57 \cdot 50} = \frac{18000}{57 \cdot 50} = 6{,}3 \text{ Volt.}$$

Der Spannungsverlust

$$e_k + e_{d.} = 41 + 6{,}3 = 47{,}3 \text{ Volt}$$

dementsprechend

$$q_d = 50 \text{ qmm}$$
$$q_h = 200 \quad ,,$$
$$q_k = 200 \quad ,,$$

Die einzelnen Streckenlängen betragen

$$a = 2200 \text{ m}$$
$$b = 800 \quad ,,$$
$$c = 2060 \quad ,,$$
$$d = 1750 \quad ,,$$
$$g = 3000 \quad ,,$$
$$h = 3000 \quad ,,$$
$$k = 3200 \quad ,,$$

Da Punkt *III* kein Knotenpunkt ist und nur als Stromabnehmer zu berücksichtigen ist, so kommt dieser Punkt in der Berechnung der Stromverteilung nicht in Betracht.

Berechnen des Ausdruckes $\sum \dfrac{q}{L}$

für Knotenpunkt *I*

$$\frac{q_a}{L_a} = \frac{140}{2200} = 0{,}0636$$

$$\frac{q_d}{L_d} = \frac{50}{1750} = 0{,}0285$$

$$\frac{q_g}{L_g} = \frac{140}{3000} = 0{,}0466$$

$$\sum \frac{q}{L} = 0{,}1387.$$

Knotenpunkt *II*

$$\frac{q_{b+c}}{L_{b+c}} = \frac{170}{2860} = 0{,}0595$$

(Der tatsächlich mittlere Wert — denn *b* und *c* haben verschiedene Querschnitte — würde eine geringe Verschiebung dieses Wertes angeben.)

$$\frac{q_d}{L_d} = \frac{50}{1750} = 0{,}0285$$

$$\frac{q_h}{L_h} = \frac{200}{3000} = 0{,}0666$$

$$\frac{q_k}{L_k} = \frac{200}{3200} = 0{,}0625.$$

$$\sum \frac{q}{L} = 0{,}2171.$$

Berechnung des Ausdruckes $\sum \dfrac{i\,l}{L}$

für Knotenpunkt I

$$J_a = \frac{30 \cdot 300 + 40 \cdot 550 + 100 \cdot 2000}{2200} = \frac{231\,000}{2200} = 105 \text{ Amp.}$$

$$J_d = \frac{120 \cdot 150 + 30 \cdot 300 + 40 \cdot 1150}{1750} = \frac{73000}{1750} = 42 \text{ Amp.}$$

$$J_g = \frac{40 \cdot 300 + 30 \cdot 1300 + 40 \cdot 1700 + 80 \cdot 2100 + 40 \cdot 2500 + 30 \cdot 2900}{3000} =$$

$$= \frac{474\,000}{3000} = 158 \text{ Amp.}$$

für Knotenpunkt II

$$J_{bc} = \frac{80 \cdot 300 + 30 \cdot 700 + 160 \cdot 800 + 40 \cdot 1830}{2860} = \frac{246\,200}{2860} = 86{,}2 \text{ Amp.}$$

$$J_d = \frac{40 \cdot 600 + 30 \cdot 1450 + 120 \cdot 1600}{1750} = \frac{259\,500}{1750} = 148 \text{ Amp.}$$

$$J_h = \frac{80 \cdot 400 + 80 \cdot 2100}{3000} = \frac{200\,000}{3000} = 66{,}6 \text{ Amp.}$$

$$J_k = \frac{30 \cdot 100 + 80 \cdot 1150 + 30 \cdot 2500}{3200} = \frac{170\,000}{3200} = 53{,}2 \text{ Amp.}$$

Die errechneten Werte in die Gleichungen für e_1 und e_2 eingesetzt, ergibt:

$$e_1 \cdot 0{,}1387 = e_2 \cdot 0{,}0285 + \frac{1}{57}\,305$$

$$e_1 \cdot 0{,}1387 = e_2 \cdot 0{,}0285 + 5{,}36$$

$$e_2 \cdot 0{,}2171 = e_1 \cdot 0{,}0285 + \frac{1}{57}\,354$$

$$e_2 = \frac{e_1 \cdot 0{,}0285 + 6{,}21}{0{,}217}$$

$$e_1 \cdot 0{,}1387 = \frac{e_1 \cdot 0{,}0285 + 6{,}21}{0{,}217}\,0{,}0285 + 5{,}36$$

$$e_1 = \frac{e_1 \cdot 0{,}00374 + 6{,}175}{0{,}1387}$$

$$e_1 = e_1 \cdot 0{,}027 + 44{,}5$$

$$e_1 - e_1 \cdot 0{,}027 = 44{,}5$$

$$e_1\,(1 - 0{,}027) = 44{,}5$$

$$e_1 = \frac{44{,}5}{0{,}973} = 45{,}8 \text{ Volt}$$

$$e_2 = \frac{45,8 \cdot 0,0285 + 6,21}{0,217}$$

$$e_2 = \frac{1,3 + 6,21}{0,217}$$

$$e_2 = 34,6 \text{ Volt.}$$

Die Werte von e_1 und e_2 werden nun in die Gleichungen eingesetzt:

Knotenpunkt *I*.

$$J_a, \ J_{b+c}, \ J_d, \ J_g, \ J_h \text{ und } J_e.$$

$$J_a = - e_1 c \frac{q_a}{L_a} + \frac{\Sigma i_a l_a}{L_a}$$

$$J_a = - 45,8 \cdot 57 \cdot 0,0636 + 105 = - 166 + 105 = - 61 \text{ Amp.},$$

$$J_g = - e_1 c \frac{q_g}{L_g} + \frac{\Sigma i_g \cdot l_g}{L_g}$$

$$J_g = - 45,8 \cdot 57 \cdot 0,0466 + 158 = - 121 + 158 = + 37 \text{ Amp.}$$

$$J_d = (e_2 - e_1) c \frac{q_d}{L_d} + \frac{\Sigma i_d \cdot l_d}{L_d}$$

$$J_d = (34,6 - 45,8) \, 57 \cdot 0,0285 + 42 = - 18 + 42 = + 24 \text{ Amp.}$$

$$J_a + J_d + J_g = 0$$

$$- 61 + 37 + 24 = 0.$$

Knotenpunkt *II*.

$$J_{b+c} = - e_2 c \frac{q_{b+c}}{L_{b+c}} + \frac{\Sigma i_{b+c} l_{b+c}}{L_{b+c}}$$

$$J_{b+c} = 34,6 \cdot 57 \cdot 0,0595 + 86,2 = - 117 + 86,2 = - 30,8 \text{ Amp.}$$

$$J_d = (e_1 - e_2) c \frac{q_d}{L_d} + \frac{\Sigma i_d l_d}{L_d}$$

$$J_d = (45,8 - 34,6) \, 57 \cdot 0,0285 + 148 = + 18 + 148 = + 166 \text{ Amp.}$$

$$J_h = - e_2 c \frac{q_h}{L_h} + \frac{\Sigma i_h l_h}{L_h}$$

$$J_h = - 34,6 \cdot 57 \cdot 0,0666 + 66,6 = - 131,6 + 66,6 = - 65 \text{ Amp.}$$

$$J_k = - 34,6 \cdot 57 \cdot 0,0625 + 53,2 = - 123,4 + 53,2 = - 70,2 \text{ Amp.}$$

$$J_{b+c} + J_d + J_h + J_k = 0$$

$$- 30,8 + 166 - 65 - 70,2 = 0.$$

Die Stromverteilung ergibt sich, wie nachstehende Abb. 51 zeigt.

Mit Hilfe von Momentengleichungen lassen sich nach dem vorstehenden Verfahren Netze mit beliebig vielen Knotenpunkten berechnen. Je mehr Knotenpunkte jedoch vorhanden sind, desto mehr Gleichungen sind aufzustellen, und desto langwieriger wird die Berechnung.

Da jedoch derartig schwierige Stromermittelungen selten vorkommen, so wird das im vorstehenden gezeigte Verfahren für die Berechnung der Stromverteilung im allgemeinen genügen. Die Transfiguration von Netzen, die Reduktionsmethode von Friek, die Methode von Seydel usw. konnten in diesem kleinen Werk wegen Raummangels nicht aufgenommen werden.

Derjenige Leser, der Freude an derartigen Ermittlungen hat, wird nicht verfehlen, sich hierin weiter auszubilden.

Gleichzeitig sei das vorzügliche Werk von Herzog-Feltmann

„Die Berechnung elektrischer
   Leitungsnetze"

erwähnt.

Der vorstehende Rechnungsgang gilt für die Stromverteilung der Gleichstrombahnanlagen. Ebenso einfache und doch genaue Berechnungen für Einphasen-Wechselstrombahnen auszuführen, ist bis heute nicht gelungen. Man ist zurzeit noch nicht in der Lage, hierfür eine einwandfreie Rechnungsart aufzustellen. Sämtliche aufgestellten Berechnungen sind nur Näherungsverfahren, beanspruchen

Abb. 51.

das Vielfache an Zeit und geben doch keine besseren Ergebnisse, als wenn die Rechnung ebenso wie für Gleichstrom durchgeführt wird. Es liegt ja stets eine gewisse Unsicherheit in der Rechnung, die dadurch bedingt ist, daß die Stromabnahmestellen sich infolge von Verspätungen u. a. m. verschieben können. Außerdem kommt noch hinzu, daß für die Fahr- und Speiseleitungsdrähte die normalisierten Querschnitte vorzusehen sind und, wenn nicht zufällig ein normalisierter errechnet wird, durchschnittlich der nächstgrößere Querschnitt zu wählen ist.

Da dies Buch für die Praxis geschrieben ist und dem Projekteningenieur bei genügender Genauigkeit den kürzesten Weg zeigen soll, so erübrigt es sich, langwierige und für die Praxis zwecklose Rechnungsarten vorzuführen.

Aus vorstehenden Gründen kann für die Stromverteilung der Einphasen-Wechselstrombahnen ohne weiteres der für Gleichstrombahnen angegebene Rechnungsgang angewendet werden.

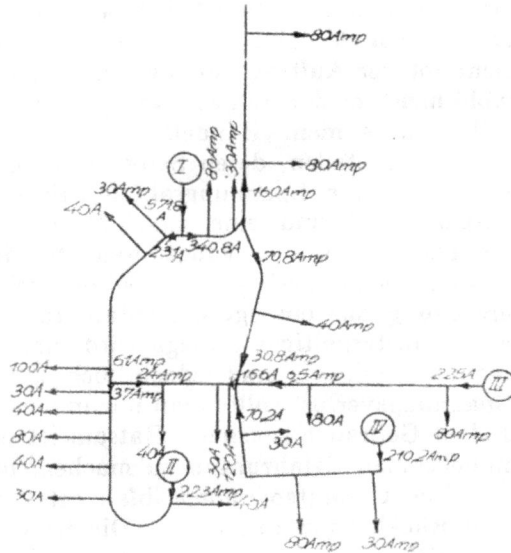

B. Spannungsabfall und Querschnitt.

Die Ermittelung der Stromverteilung wird, wie bereits früher erwähnt, deshalb ausgeführt, um den günstigsten Leitungsquerschnitt zu erhalten. Der erforderliche Querschnitt hängt von dem Moment Stromstärke × Weg, von der Leitfähigkeit des zu verwendenden Materials und von dem Spannungsabfall ab. Stromstärke und Weglänge sind vorgeschriebene und errechnete Werte; das Leitungsmaterial (Fahrdraht- und Speiseleitungen), das vorgeschrieben oder zu wählen ist, hat eine bestimmte Leitfähigkeit bzw. einen bestimmten spezifischen Widerstand. Nur der Spannungsabfall hängt von Annahme und Ansicht ab. Schreibt der Auftraggeber den Spannungsabfall nicht vor, so muß (was wohl meistens der Fall sein wird) der projektierende Ingenieur die Wahl selbst vornehmen. Handelt es sich darum, eine Bahnanlage möglichst billig herzustellen, deren Stromerzeugung sehr billig ist, so kann man einen größeren Spannungsabfall zulassen, da in diesem Falle Kupfer gespart wird und eine annehmbare Rentabilität vorauszusehen ist. Anders stellt es sich jedoch, wenn für den Bau einer Anlage reichliche Geldmittel zur Verfügung stehen und bei einer nicht so günstigen Stromerzeugung auf eine gute Rentabilität der Anlage gesehen wird. Bei einer mustergültigen Anlage wird man mit $\sim 10\%$ Spannungsverlust rechnen. Zulässig sind jedoch noch 35%. Von einem derartigen hohen Spannungsverlust sollte man nur in den äußersten und ganz besonderen Fällen Gebrauch machen. Ratsam ist es, um später im Betrieb keine unliebsamen Erfahrungen zu machen, nicht über 20% hinauszugehen.

Der Gesamtspannungsabfall setzt sich aus demjenigen der Hin- und Rückleitung zusammen. Die Hinleitung einer Bahnanlage besteht aus Fahrdraht und Speiseleitung, die Rückleitung fast immer aus Schienen, deren Stöße mit sog. Schienenverbindern überbrückt sind. In den seltensten Fällen hat man doppelpolige Oberleitungen, d. h. je einen Fahrdraht für die Hin- und Rückleitung angewendet. Der Grund hierfür war und ist hauptsächlich die ungünstige Beeinflussung an den Instrumenten der Observatorien usw. durch die vagabundierenden Ströme. Die vagabundierenden Ströme können unter Umständen einen sehr ungünstigen Einfluß auf die längs der Gleise liegenden Gas- und Wasserleitungen, Bleikabel u. dgl. haben. Unter anderem hat man, um den Spannungsabfall in den Schienen zu vermindern, parallel zu den Schienen einen Kupferleiter gezogen. Es soll jedoch hier gleich gesagt werden, daß eine zum Schienenstrang parallel geschaltete Kupferleitung selbst bei bedeutendem Querschnitt nicht viel zur Verminderung des Spannungsabfalles beiträgt.

Für den in der Rückleitung zulässigen Spannungsabfall gibt es in den verschiedenen Ländern besondere Bestimmungen.

Der Spannungsverlust in Hin- und Rückleitung ist von den verlegten Querschnitten der Fahrleitung und der Schienen abhängig.

Hinleitung.

Die bekannte Formel, nach der der Spannungsabfall bzw. der Querschnitt für die Hinleitung berechnet wird, ist

$$e = c \, \frac{\Sigma \, i \, l}{q} \quad \text{bzw.} \quad q = c \, \frac{\Sigma \, i \, l}{e}$$

Will man den Spannungsabfall errechnen, so muß man den Querschnitt schätzen oder umgekehrt den Spannungsabfall schätzen und den Querschnitt errechnen. Vielfach sind durch gestellte Bedingungen einzelne Angaben gemacht, des öfteren empfiehlt es sich, den Spannungsabfall in den Schienen zuerst zu errechnen, da durch die vorgesehene Gleisanlage bereits der Spannungsabfall bedingt ist. Wenn man dann diesen Wert von dem zulässigen Gesamtspannungsabfall abzieht, so erhält man den für die Hinleitung verbliebenen Spannungsabfall. Der Verlust in den Schienen läßt sich durch das zu verwendende Material und durch den Querschnitt der Schienenverbinder etwas herabdrücken.

Um den mittleren Spannungsabfall für die Hinleitung einer bestimmten Strecke zu ermitteln, kann man entweder einen gleichmäßig durchlaufenden oder einen abgestuften Querschnitt, der entsprechend dem ihn durchfließenden und nach dem Ende zu schwächer werdenden Strom abnimmt, annehmen. In beiden Fällen muß das Kupfergewicht dasselbe bleiben. Praktisch wird, da für die Fahrdrähte bestimmte Querschnittsformen bestehen, sich dies nicht vollständig durchführen lassen.

Einige Querschnittsformen sind weiter unten angegeben. Bei einfachen Strecken wird man versuchen, mit einem gleichmäßig durchlaufenden Querschnitt auszukommen. Andernfalls wird man auf eine bestimmte Länge der Strecke zwei Fahrdrähte legen und, soweit es die Querschnittsberechnung zuläßt, den Rest der Strecke mit einem Fahrdraht versehen. An Stelle des eben erwähnten zweiten Fahrdrahtes kann natürlich auch eine Speiseleitung verlegt werden, jedoch dürfte es sich der besseren Stromentnahme wegen empfehlen, zwei Fahrdrähte zu verwenden. Billiger wird die Verlegung der Speiseleitung anstatt des zweiten Fahrdrahtes nicht, da in diesem Falle die Mehrkosten für Materialien wie Traversen, Isolatoren usw. hinzukommen. In vielen Fällen wird die Berechnung des Spannungsabfalles einen Querschnitt bis ans Streckenende ergeben, den man nur mit zwei Fahrdrähten erreicht. Aber auch dies reicht nicht für alle Fälle aus. Häufig muß man außerdem noch eine oder mehrere Speiseleitungen dazu verlegen, die man entsprechend dem ständig abgenommenen Strom abstuft.

Die Stromverteilung sei, wie Abb. 52 zeigt, ermittelt worden,

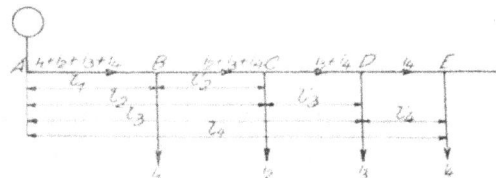

Abb. 52.

der notwendige Querschnitt für die Hinleitung soll bei einem Spannungsabfall e gesucht werden.

Die Formel für den Querschnitt lautet

$$q = \frac{c \, \Sigma \, i \, l}{e}.$$

Die Strommomente kann man bilden:

1. $i_1 l_1 + i_2 l_2 + i_3 l_3 + i_4 l_4$
2. $(i_1 + i_2 + i_3 + i_4) \, l_1 + (i_2 + i_3 + i_4) \, l_2' + (i_3 + i_4) \, l_3' + i_4 l_4'.$

Beide Arten Strommomente können gewählt werden. Es bleibt sich für den Gang der Rechnung gleich, ob man die Strommomente (nach der ersten Aufstellung) aus den einzelnen Teilströmen und den von diesen durchflossenen Wegen (in diesem Falle stets von A aus), oder ob man (nach der zweiten Aufstellung) die Momente aus den die betreffenden Teilstrecke durchfließenden Gesamtströmen bildet. (Für den letzten Fall ist für die Gesamtströme $i_1 + i_2 + i_3 + i_4$ die Teilstrecke A bis B, für $i_2 + i_3 + i_4$ die Teilstrecke B bis C, für $i_3 + i_4$ die Teilstrecke C bis D usf.)

Für einfache Berechnungen ist der erste Weg zu empfehlen. Sobald aber die Aufstellung der Momente schwieriger wird oder abgestufte Querschnitte in Frage kommen, empfiehlt sich der zweite Weg, da leicht Fehler vermieden werden und die Schienenrückleitung mit Hilfe der bereits gebildeten Momente, wie weiter unten gezeigt wird, errechnet werden kann.

Man kann also für das vorstehende Beispiel die Formel

$$q = \frac{c \, \Sigma \, i \, l}{e}$$

schreiben:

1. $\quad q = \dfrac{c \, (i_1 l_1 + i_2 l_2 + i_3 l_3 + i_4 l_4)}{e}$

2. $\quad q = \dfrac{c \, (i_1 + i_2 + i_3 + i_4) \, l_1 + (i_2 + i_3 + i_4) \, l_2' + (i_3 + i_4) \, l_3' + i_4 l_4'}{e}$

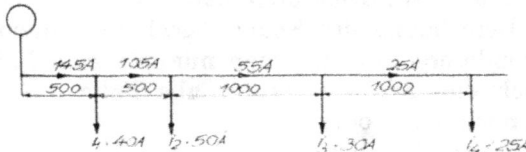

Abb. 53.

Beispiel 1. Für Abb. 53 soll bei einem Spannungsabfall von etwa 10% in der Hinleitung und bei einer Spannung von 500 Volt der Fahrdrahtquerschnitt ermittelt werden.

$$q = \frac{c\Sigma i l}{e} \quad \text{Spannung 500 Volt. Spannungsabfall } e = 10\%$$
$$e = 50 \text{ Volt}$$

$$c \text{ für hartgezogenen Kupferdraht} = \frac{1}{57}.$$

1. $$q = \frac{40 \cdot 500 + 50 \cdot 1000 + 30 \cdot 2000 + 25 \cdot 3000}{57 \cdot 50} =$$
$$= \frac{205\,000}{57 \cdot 50} = 72 \text{ qmm}$$

2. $$q = \frac{145 \cdot 500 + 105 \cdot 500 + 55 \cdot 1000 + 25 \cdot 1000}{57 \cdot 50} =$$
$$= \frac{205\,000}{57 \cdot 50} = 72 \text{ qmm}.$$

Die zunächstliegenden Fahrdrahtquerschnitte sind 65 und 80 qmm. Es soll nun untersucht werden, wie groß der Spannungsverlust bei 65 und bei 80 qmm Querschnitt ist.

$$e_{65} = \frac{c\Sigma i l}{q} = \frac{40 \cdot 500 + 50 \cdot 1000 + 30 \cdot 2000 + 25 \cdot 3000}{57 \cdot 65} =$$
$$= \frac{205\,000}{57 \cdot 65} = 55,4 \text{ Volt d. h. } 11,5\%$$

$$e_{80} = 145 \cdot 500 \text{ usw.} \qquad = \frac{205\,000}{57 \cdot 80} = 45 \text{ Volt d. h. } 9\%.$$

Bei Verlegung eines Fahrdrahtes von 65 qmm Querschnitt (= 0,5793 kg für den lfd. m) werden für die 3 km lange Strecke 0,5793 · 3000 = 1738 kg verbraucht, bei Verlegung eines Fahrdrahtes von 80 qmm Querschnitt (= 0,713 kg für den lfd. m) dagegen 0,713 · 3000 = 2139 kg. Die Differenz 2139 — 1738 = 401 kg bedeutet eine Kupferersparnis. Das Gewicht 401 kg mit dem zurzeit geltenden Kupferpreis multipliziert gibt den augenblicklichen Geldwert an.

Beispiel 2: Für Abb. 54 soll die notwendige Kupfermenge für die Hinleitung bei einem Spannungsverlust von ∿14% ermittelt werden. Spannung 500 Volt Gleichstrom.

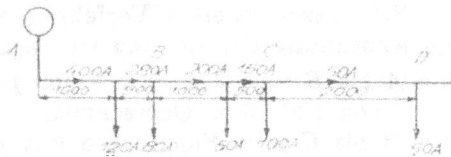

Abb. 54.

Vorgesehen wird ein abgestufter Querschnitt, und zwar soll die Abstufung in B und C erfolgen.

Beide Wege zur Bildung der Strommomente sollen gezeigt werden.

$$e = c \frac{\Sigma i l}{q}$$

4*

1. $e = \dfrac{120 \cdot 1000 + (80 + 200)\,1500}{57 \cdot 320} + \dfrac{50 \cdot 1000 + (100 + 50) \cdot 1500}{57 \cdot 200} +$

$+ \dfrac{50 \cdot 2000}{57 \cdot 100} = \dfrac{540\,000}{57 \cdot 320} + \dfrac{275\,000}{57 \cdot 200} + \dfrac{100\,000}{57 \cdot 100} =$

$= 29,5 + 24 + 17,5 = 71$ Volt d. h. $14,2\%$.

Bei Bildung der Strommomente ist zu berücksichtigen, daß bei der Abstufung in B nicht allein mit der Stromabnahme von 80 Amp. gerechnet werden darf, sondern auch die noch weiterfließenden Stromstärken $50 + 100 + 50 = 200$ Amp. in Rechnung gesetzt werden müssen. Dasselbe gilt sinngemäß auch für die Abstufung in C.

Bei dieser Rechnungsart muß man sich also die Strecke in soviel Abschnitte (an den Abstufungen natürlich) zerlegt denken, als verschiedene Querschnitte vorkommen.

Ebenfalls muß, wie bereits erwähnt, der weiter nach den folgenden Abschnitten fließende Strom als Belastung an dem Schnittpunkt berücksichtigt werden. Unterläßt man dies, so unterschlägt man für den betreffenden Abschnitt den tatsächlich darin fließenden Strom.

Bei Bildung der Strommomente für die einzelnen Abschnitte muß man stets von dem betreffenden Schnittpunkt ausgehen.

Abb. 55 wird zur weiteren Erläuterung dienen.

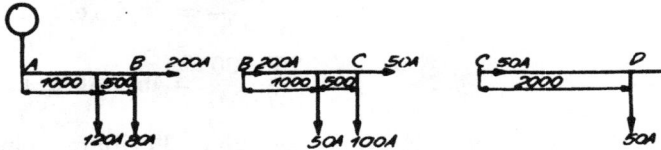

Abb. 55.

2. $e = \dfrac{400 \cdot 1000 + 280 \cdot 500}{57 \cdot 320} + \dfrac{200 \cdot 1000 + 150 \cdot 500}{57 \cdot 200} + \dfrac{50 \cdot 2000}{57 \cdot 100} =$

$= \dfrac{540\,000}{57 \cdot 320} + \dfrac{275\,000}{57 \cdot 200} + \dfrac{100\,000}{57 \cdot 100} = 29,5 + 24 + 17,5 = 71$ Volt d. h. $14,2\%$.

Bei diesem zweiten Verfahren werden Fehler leichter vermieden. Die Anordnung der Leitung ist folgende:

Von A bis B zwei Fahrdrähte von je 100 qmm und eine Speiseleitung von 120 qmm Querschnitt.

Von B bis C zwei Fahrdrähte von je 100 qmm.

Von C bis D ein Fahrdraht von je 100 qmm.

An Kupfer wird gebraucht:

5000 m Fahrdraht, 100 qmm Querschn. ($= 0,8913$ kg für d. lfd. m) $= 4457$ kg

3000 „ Fahrdraht, 100 qmm Querschnitt . . . . $= 2674$ „

1500 „ Speiseleitung, 120 qmm Querschn. ($= 1,068$ kg f. d. lfd. m $= 1600$ „

$\overline{8731\text{ kg}}$

Beispiel 3. Für die in Abb. 56 angegebene Stromverteilung soll der notwendige Querschnitt bei einem Spannungsverlust von $\sim 15\%$ und einer Spannung von 500 Volt ermittelt werden.

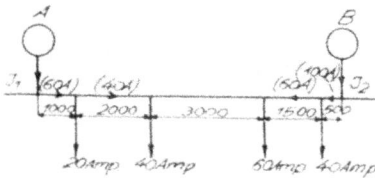

Abb. 56.

$$q = c\,\frac{\Sigma\,i\,l}{e}$$

$$c = \frac{1}{57}$$

$e = 15\%$ von $500 = 75$ Volt.

Von A aus:

$$q_A = \frac{60 \cdot 1000 + 40 \cdot 2000}{57 \cdot 75} = \frac{140\,000}{57 \cdot 75} = \sim 33\ \text{qmm}$$

$$q_B = \frac{100 \cdot 500 + 60 \cdot 1500}{57 \cdot 75} = \frac{140\,000}{57 \cdot 75} = \sim 33\ \text{qmm}.$$

Da der kleinste zur Verwendung gelangende Fahrdraht 50 qmm Querschnitt hat, so wird $q = 50$ qmm für die Strecke AB festgelegt. In der Mitte fließt in diesem Falle kein Strom, und es genügt daher hierfür unter der Annahme, daß die angegebene Stromverteilung die schwerste Belastung der Strecke darstellt, ein Querschnitt von 50 qmm. Wenn jedoch irgendwelche Bedenken wegen der Mittelstrecke entstehen, so ist es selbstverständlich, daß ein entsprechender Schnitt durch den Fahrplan gelegt wird, und zwar zu der Zeit, in der ein bzw. mehrere Wagen die stärkste Belastung der betreffenden Strecke verursachen. Es ist stets zu beachten, daß sämtliche Belastungen veränderlich sind und nur Geltung haben für den Zeitpunkt, den der Schnitt durch den Fahrplan angibt. Hinzu kommt noch, daß praktisch der Standort der Wagen wohl kaum jemals mit dem theoretisch festgelegten Schnitt genau übereinstimmen wird.

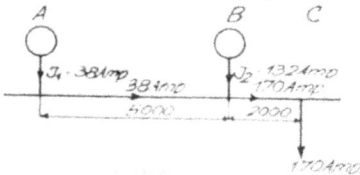

Abb. 57.

Beispiel 4. Für die in Abb. 57 dargestellte Strecke, die mit 750 Volt Gleichstrom betrieben wird, ist ein Rillenfahrdraht von 53 qmm Querschnitt verlegt worden. Es soll der Spannungsabfall in der Oberleitung ermittelt werden.

$$e = c\,\frac{\Sigma\,i\,l}{q}$$

$$e_{A-B} = \frac{38 \cdot 5000}{57 \cdot 53} = \frac{190\,000}{57 \cdot 53} = 62,9\ \text{Volt d. h. } 8,4\%$$

$$e_{B-C} = \frac{170 \cdot 2000}{57 \cdot 53} = \frac{340\,000}{57 \cdot 53} = 112,6\ \text{Volt d. h. } 15\%.$$

Wenn wir die Teilströme $J_1 = 38$ und $J_2 = 132$ Amp. verfolgen, so ergibt sich folgendes:

Der Teilstrom $J_1 = 38$ Amp. fließt von A über B nach C, $J_2 = 132$ Amp. von B nach C.

$$e_{J_1} = \frac{38 \cdot 7000}{57 \cdot 53} = \frac{266\,000}{57 \cdot 53} = 88 \text{ Volt d. h. } 11{,}8\%$$

$$e_{J_2} = \frac{132 \cdot 2000}{57 \cdot 53} = \frac{264\,000}{57 \cdot 53} = 87{,}5 \text{ Volt d. h. } 11{,}6\%.$$

Ein Vergleich der gesamten Strommomente und des gesamten Spannungsverlustes muß das gleiche Resultat ergeben.

$$\Sigma i \cdot l = 190\,000 + 340\,000 = 266\,000 + 264\,000 = 530\,000 \text{ mAmp.}$$
$$\Sigma e = 62{,}9 + 112{,}6 = 88 + 87{,}5 = 175{,}5 \text{ Volt bzw.}$$
$$8{,}4 + 15 = 11{,}8 + 11{,}6 = 23{,}4\%.$$

Für die Strecke A bis B beträgt der Spannungsverlust 8,4%.

Für die Strecke B bis C beträgt der Spannungsverlust 15%.

Für die in Abb. 58 angegebene Stromverteilung soll der bei 15% Spannungsverlust in der Hinleitung notwendige Querschnitt gesucht werden. Spannung 1200 Volt Gleichstrom.

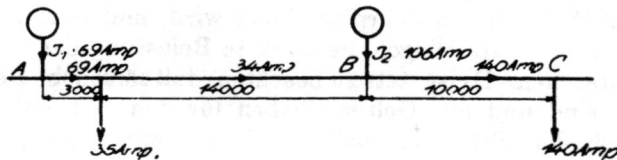

Abb. 58.

$$q_A = \frac{69 \cdot 3000 + 34 \cdot 14000}{57 \cdot 180} = \frac{683\,000}{57 \cdot 180} = 66{,}5 \text{ qmm}$$

$$q_B = \frac{140 \cdot 10000}{57 \cdot 180} = \frac{1\,400\,000}{57 \cdot 180} = 136 \text{ qmm.}$$

Für die Strecke A bis B wird man den 66,5 qmm zunächst liegenden Fahrdrahtquerschnitt von 65 qmm wählen, während man für B bis C zwei Fahrdrähte von je 65 = 130 qmm .Querschnitt verwenden wird.

$$e_A = \frac{69 \cdot 3000 + 34 \cdot 14\,000}{57 \cdot 65} = \frac{683\,000}{57 \cdot 65} = 185 \text{ Volt d. h. } 15{,}4\%$$

$$e_B = \frac{140 \cdot 10000}{57 \cdot 2 \cdot 65} = \frac{1\,400\,000}{57 \cdot 130} = 189 \text{ Volt d. h. } 15{,}7\%.$$

Schienenrückleitung.

Der Spannungsverlust in der Schienenrückleitung muß so klein als möglich gehalten werden. Die Verbindung des Schienenstoßes muß möglichst gut hergestellt und sämtliche zur Verfügung stehende Schienenstränge zur Stromleitung herangezogen werden.

Die Berechnung des Spannungsabfalles läßt sich verschiedentlich auf einfachste Art ermitteln. In Amerika z. B. hat man einen Zuschlag von 20 bis 70 % zum Widerstand der Fahrleitung genommen, je nach. der Schwere der Schienen, der Ausdehnung und Belastung der Anlage. Als guter Mittelwert für Durchschnittsverhältnisse wird häufig ein Zuschlag von 40 % genommen. Um einen schnellen nicht maßgeblichen Überschlag zu erhalten, kann man diese Schätzung anwenden, die einen reichlichen Spielraum der Willkür und Erfahrung dem projektierenden Ingenieur überläßt. Für eine ernsthaftere Berechnung sollte stets der alte Grundsatz gelten, daß man überall rechnen soll, anstatt zu schätzen, wo die erzielbare größere Genauigkeit durch verhältnismäßig geringen Zeitaufwand erkauft wird. Der Spannungsverlust in der Rückleitung stellt keinen hohen Wert dar, man könnte sich also mit der Schätzung begnügen. Aber es ist bekannt, daß die Größe des Spannungsverlustes in den Schienen einen Anhalt für die Stärke der vagabundierenden Ströme in dem benachbarten Erdreich gibt.

Die Leitfähigkeit der Schienen soll zu etwa $1/7$ des Kupfers $= 8$ angenommen werden, da nun das spezifische Gewicht etwa 7,75 ist, hat eine Schiene von q qmm Querschnitt und 1 m Länge das Gewicht

$$g = \frac{q \cdot 7,75}{1000} \text{ kg}$$

und ihr Widerstand ist pro km

$$R = \frac{1000}{8\,q} = \frac{7,75}{8\,g} = \frac{0,97}{g} \text{ Ohm pro km Schiene.}$$

Um eine einfache, wenn auch etwas zu hohe Zahl zu erhalten, kann man auch schreiben $\frac{1}{g}$ Ohm pro km Schiene.

Für 1 km Gleis also $\frac{1}{2\,g}$ Ohm.

Hierbei sind jedoch die Widerstände der Schienenstöße nicht berücksichtigt. Diese Widerstände werden selbst bei der besten Konstruktion und der saubersten Ausführung der Schienenverbinder erheblich voneinander abweichen. Dieser Fehler wird teilweise dadurch herabgemindert, daß die Laschen eine (wenn auch nur kleine) Überbrückung der Schienenstöße darstellen.

Zu dem für 1 km Gleis gefundenen Widerstand von $\frac{1}{2g}$ Ohm ist also der Widerstand des Verbinders selbst hinzuzuzählen. Hierbei ist Rücksicht auf die Länge der Schienen zu nehmen. Bei einer Schienenlänge von 12 m sind demnach 1000 : 12 ∽ 84 Schienenstöße pro km vorhanden, bei 1 km Gleis infolgedessen 2 × 84 Stöße.

Eine sehr einfache Berechnung des Spannungsabfalls in den Schienen findet man im Ertel, „Handbuch für den Bau und die Unterhaltung der Oberleitung elektrischer Bahnen".

$$e = \frac{c \cdot i \cdot l}{129 \cdot g}$$

c = spezifischer Widerstand für Stahl = 0,12.

g = Gewicht des lfd. m Gleises = 2 × Gewicht von 1 m Schiene; und zwar ergibt sich diese Formel aus

$$e = c \frac{i l}{q} \qquad q = \frac{1000 \cdot g}{7,75} = 129\,g.$$

q = Querschnitt des Gleises in qmm.

Nachstehende Formel dürfte dem Schienenwiderstand am nächsten kommen:

1. Für 1 km Gleis ohne Schienenverbinder

$$R_1 = \frac{c \cdot (L - l)\, n}{2\, q_s} \text{ Ohm}$$

worin bedeuten:

c = spezifischer Widerstand der Schienen ∽ 0,12.

L = Länge der Schiene in m.

l = Länge des Schienenverbinders in m.

n = Anzahl der Schienenstöße auf 1 km Schienenstrang.

q_s = Querschnitt der Schiene = $\frac{1000\,g}{7,8}$ in qmm (g = Gewicht der Schiene pro lfd. m).

Für den Widerstand kommt die Länge der Schiene abzüglich der Länge des Schienenverbinders (an jedem Ende der Schiene ½ Verbinder) in Betracht.

2. Für auf 1 km Gleis verlegte Schienenverbinder $R_2 = \frac{c\,l\,n}{2\,q_v}$, worin bedeuten:

c = spezifischer Widerstand des Kupfers = $\frac{1}{60}$

l = Länge des Schienenverbinders in m.

n = Anzahl der Schienenverbinder auf 1 km Schienenstrang.

q_v = Querschnitt des Schienenverbinders (nicht unter 50 qmm).

Gesamtwiderstand von 1 km Gleis:

$$R = R_1 + R_2 = \frac{c\,(L-l)\,n}{2\,q_s} + \frac{c\,l\,n}{2\,q_v}.$$

In dieser Rechnung ist der Widerstand, der an der Befestigung zwischen Schienen und Verbinder entsteht, vernachlässigt, was jedoch ziemlich belanglos ist.

Für die vorstehenden fünf Beispiele zur Ermittelung des Fahrdrahtquerschnittes sollen die dazugehörigen Spannungsabfälle in den Schienen ermittelt werden.

Zu Beispiel 1: Das Gewicht der verlegten Schienen beträgt 35 kg pro lfd. m, die Länge derselben 12 m, der Querschnitt des Schienenverbinders 50 qmm, die Länge desselben 800 mm.

$$R = \frac{0,12 \cdot 11,2 \cdot 84}{2 \cdot 4500} + \frac{0,8 \cdot 84}{60 \cdot 2 \cdot 50} = 0,01254 + 0,01179 = 0,02433 \text{ Ohm}$$
$$\text{pro km Gleis}$$

$$e = (145 \cdot 0,5 + 105 \cdot 0,5 + 55 \cdot 1,0 + 25 \cdot 1,0)\,0,02433 = 205 \cdot 0,02433 =$$
$$= \sim 5 \text{ Volt.}$$

Da nun bereits in Beispiel 1 die Strommomente in m · Amp gebildet waren, so konnten dieselben für die Schienenrückleitung unter Umrechnung in km benutzt werden.

$$R = \frac{205\,000}{1000} \cdot 0,02433 = 205 \cdot 0,02433 = \sim 5 \text{ Volt.}$$

Zu Beispiel 2: Angaben für Schienen und Verbinder wie vorstehend.

$$R = 0,02433 \text{ Ohm pro km Gleis.}$$

Die Strommomente ergaben dort unter 2:

$$540\,000 + 275\,000 + 100\,000 = 915\,000 \text{ m · Amp.}$$

$$e = \frac{915\,000}{1000} \cdot 0,02433 = 22,3 \text{ Volt.}$$

Zu Beispiel 3: Angaben über Schienen und Schienenverbinder wie vorher.

a) von A aus $e = (60 \cdot 1,0 + 40 \cdot 2,0)\,0,02433 = 140 \cdot 0,02433 = 3,4$ V,
   von B aus $e = (100 \cdot 0,5 + 60 \cdot 1,5)\,0,02433 = 140 \cdot 0,02433 = 3,4$ V;

b) nach der Formel

$$e = \frac{c\,\Sigma\,i\,l}{129\,g}$$

von A aus

$$e = 0,12 \frac{20 \cdot 1000 + 40 \cdot 3000}{129 \cdot 2 \cdot 35} = \frac{140\,000}{129 \cdot 70}\,0,12 = 1,86 \text{ Volt}$$

oder die andere Bildung der Strommomente

$$= 0,12 \cdot \frac{60 \cdot 1000 + 40 \cdot 2000}{129 \cdot 2 \cdot 35} = \frac{140\,000}{129 \cdot 70} 0,12 = 1,86 \text{ Volt}$$

von B aus

$$e = 0,12 \frac{40 \cdot 500 + 60 \cdot 2000}{129 \cdot 2 \cdot 35} = \frac{140\,000}{129 \cdot 70} \cdot 0,12 = 1,86 \text{ Volt.}$$

Zu Beispiel 4:

Schienengewicht 25,4 kg pro m. Laschenlänge 680 mm.
Querschnitt des Schienenverbinders 50 qmm.
Querschnitt der Schienen

$$q_s = \frac{25,4 \cdot 1000}{7,8} = 3260 \text{ qmm.}$$

Länge des Schienenverbinders = Laschenlänge $+$ 220 mm = 680 $+$ 220 = 900 mm.

a) $R = \dfrac{c\,(L-l)\,n}{2\,q_s} + \dfrac{c\,l\,n}{2\,q_v} = \dfrac{0,12 \cdot 11,1 \cdot 84}{2 \cdot 3260} + \dfrac{0,9 \cdot 84}{60 \cdot 50 \cdot 2} =$

$\qquad\qquad = 0,01715 + 0,0126 = 0,02975 \text{ Ohm pro km.}$

Strecke A bis B: $e = 38 \cdot 5 \cdot 0,02975 = 5,65$ Volt.
Strecke B bis C: $e = 170 \cdot 2 \cdot 0,02975 = 10,1$ Volt.

b) Nach Formel

$$e = \frac{c \, \Sigma \, i \, l}{129 \cdot 2\,g}$$

ergibt sich ein Spannungsabfall von

$$\text{Strecke } A\text{—}B: \; e = \frac{0,12 \cdot 38 \cdot 5000}{129 \cdot 2 \cdot 25,4} = 3,5 \text{ Volt}$$

$$\text{Strecke } B\text{—}C: \; e = \frac{0,12 \cdot 170 \cdot 2000}{129 \cdot 2 \cdot 25,4} = 6,2 \text{ Volt.}$$

c) Im weiter vorstehenden war der Schienenwiderstand zu $\dfrac{1}{2\,g}$ Ohm pro km Gleis angegeben, es soll hiernach ebenfalls der Spannungsverlust der Rückleitung errechnet werden.

$R = \dfrac{1}{2\,g} +$ Widerstand des Schienenverbinders (wie unter a) errechnet)

Strecke A bis B: $e = \dfrac{38 \cdot 5}{2 \cdot 25,4} + 38 \cdot 0,01715 = 3,74 + 0,65 = 4,39$ Volt

Strecke B bis C: $e = \dfrac{170 \cdot 2}{2 \cdot 25,4} + 170 \cdot 0,01715 = 6,7 + 2,9 = 9,6$ Volt

d) Geschätzt zu 40% des Widerstandes in der Fahrleitung:

Strecke A bis B: $e = 40\%$ von 62,5 Volt = 25 Volt.

Strecke B bis C: $e = 40\%$ von 112,5 Volt = 45 Volt.

Aus den vier vorhergehenden Arten der Berechnung des Spannungsabfalles geht kein gleiches Resultat hervor. Die unter a) aufgeführte Rechnungsart, die die ausführlichste ist, muß als maßgebend angesehen werden. Ihr am nächsten kommt diejenige unter c). Die Schätzung des Spannungsverlustes unter d) gibt ein völlig unbrauchbares Resultat für eine genaue Berechnung. Auch wenn man anstatt 40% 20% zum Widerstand der Fahrleitung zuschlagen würde, ergeben sich noch viel zu hohe Werte wie 12,5 und 22,2 Volt. Es kann bei letzterem Verfahren leicht vorkommen, daß sich stärkere Fahrdrahtquerschnitte ergeben, als notwendig sind. Hierdurch wiederum wird die Anlage verteuert, und man scheidet aus der Konkurrenz aus. In Amerika, wo der Materialwert keine so große Rolle spielt wie in Europa, läßt sich diese Schätzung eher befürworten.

Zu Beispiel 5: Angaben für Schienen und Verbinder wie vorher.

A bis B: $e = (69 \cdot 3,0 + 34 \cdot 14)\,0,02975 = 683 \cdot 0,02975 = 20,3\ \text{V}$.

B bis C: $e = 140 \cdot 10 \cdot 0,02975 = 1400 \cdot 0,02975 = 41,6\ \text{Volt}$.

C. Berechnung einiger Leitungsanlagen.

Beispiel 1. Für einen Hüttenbetrieb ist ein Doppelgleis billigst mit Oberleitung zu versehen. Vom Bergwerk aus fährt ein Lastzug in Richtung der Umformerstation und ein Leerzug in umgekehrter Richtung, so daß zwei Züge sich auf der Strecke befinden. Die Betriebsspannung beträgt 220 Volt, das Schienengewicht 7 kg pro lfd. m. Die ungünstigste Belastung ergibt sich aus Abb. 59.

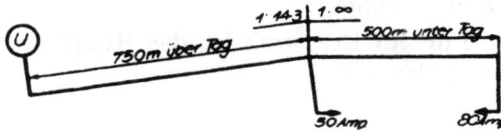

Abb. 59.

Es ist ersichtlich, daß für die schwache Belastung und den kurzen Weg bereits ein Kupferdraht genügen würde, der zweite Fahrdraht könnte aus Eisen bestehen.

Spannungsverlust:

1. Oberleitung:

$$e = \frac{50 \cdot 750}{57 \cdot 65} + \frac{80 \cdot 1250}{57 \cdot 65} = 38,0\ \text{Volt}.$$

2. Schienenrückleitung:

$$e = \frac{50 \cdot 750 \cdot 0{,}12}{129 \cdot 4 \cdot 7} + \frac{80 \cdot 1250 \cdot 0{,}12}{129 \cdot 4 \cdot 7} = 4{,}6 \text{ Volt}$$

$$\underline{42{,}6 \text{ Volt} \sim 19{,}3\%}$$

für den denkbar ungünstigsten Fall.

Da der spezifische Widerstand für Kupfer $\sim 0{,}0175 \left(c = \frac{1}{57}\right)$ und derjenige für Eisen $\sim 0{,}12$ ist, so ist der Eisenquerschnitt, wenn

$$\frac{0{,}0175}{q_k} = \frac{0{,}12}{q_e} : \quad q_e = \frac{50 \cdot 0{,}12}{0{,}0175} = 342 \text{ qmm}$$

($q_k = 50$ qmm angenommen).

342 : 50 = 6,84 $\sim$ 7 mal so groß als derjenige des Kupfers.

Die Strecke ist zweigleisig. Wenn für das eine Gleis ein Kupferfahrdraht von 50 qmm vorgesehen wird, so bleiben für das zweite Gleis 15 qmm Kupfer übrig, die durch $15 \times 7 = 105$ qmm Eisenfahrdraht ersetzt werden.

Die Berechnung des Spannungsabfalles bei nur einem Kupferfahrdraht von 50 qmm stellt sich auf

1. Oberleitung:

$$e = \frac{50 \cdot 750}{57 \cdot 50} + \frac{80 \cdot 1250}{57 \cdot 50} = 48{,}2 \text{ Volt}$$

2. Schienenrückleitung:

$$e = \qquad \underline{4{,}6 \text{ Volt}}$$

$$\underline{52{,}8 \text{ Volt} \sim 24\%.}$$

Da der vorstehend berechnete Spannungsabfall für den denkbar ungünstigsten Belastungsfall angenommen wurde, so genügt ein Kupferfahrdraht von 50 qmm und ein Eisenfahrdraht von 78,5 qmm Querschnitt (10 mm Durchm.).

Beispiel 2. Für ein Bergwerk ist der Hauptstollen mit Oberleitung zu versehen (Abb. 60).

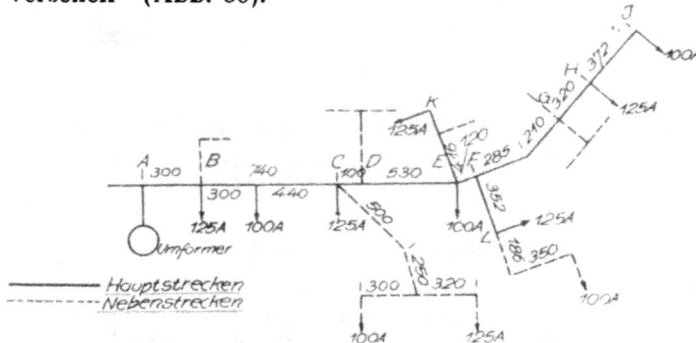

Abb. 60.

Angaben:

Strecke 3553 m lang, zweigleisig.
Spurweite: 536 mm.
Schienengewicht: 18 kg/m.
Schienenlänge: 5 bis 6 m.
Laschenlänge: 335 mm.
Spannung am Umformer: 220 Volt.
11 Züge in Fahrt.
Leerzug 100 Amp.
Lastzug 125 Amp.

Widerstand der Schienen pro km Gleis:

Die Länge des für eine Schiene in Betracht kommenden Widerstandes ist $6{,}00 - 0{,}555 = 5{,}445$ m.

Anzahl der Schienenstöße pro km Schiene $= \dfrac{1000}{6} = 167$.

Querschnitt der Schiene $q = \dfrac{18 \cdot 1000}{7{,}8} = 2300$ qmm.

Widerstand einer Schiene pro km Schiene

$$W = \frac{c \cdot l \cdot n}{q} = \frac{1}{5} \cdot \frac{5{,}445 \cdot 167}{2300} \sim 0{,}08 \text{ Ohm.}$$

Widerstand eines Gleises pro km $= \dfrac{1}{2} \cdot 0{,}08 = 0{,}04$ Ohm.

Widerstand der Schienenverbinder von 100 qmm Querschnitt für 1 km Gleis:

$$W = \frac{c \cdot l \cdot n}{q} = \frac{1}{2} \cdot \frac{1 \cdot 0{,}555 \cdot 167}{59 \cdot 100} = 0{,}00785 \text{ Ohm.}$$

Gesamtwiderstand des Gleises pro km $0{,}04 + 0{,}00785 = 0{,}048$ Ohm.
Spannungsverlust auf der Hauptstrecke vom Schacht bis J.

A. Oberleitung:

1. Strecke A bis C.

$$e = \frac{125 \cdot 300 + 100 \cdot 600 + 1025 \cdot 1040}{57 \cdot 8 \cdot 100} = \frac{1\,163\,500}{57 \cdot 800} = 25{,}5 \text{ Volt}$$

2. Strecke C bis E.

$$e = \frac{675 \cdot 630}{57 \cdot 6 \cdot 100} = \frac{425\,250}{57 \cdot 6 \cdot 100} \qquad\qquad = 12{,}5 \text{ „}$$

3. Strecke E bis F.

$$e = \frac{450 \cdot 120}{57 \cdot 5 \cdot 100} = \frac{54000}{57 \cdot 5 \cdot 100} \qquad\qquad = 1{,}9 \text{ „}$$

4. Strecke F bis G.

$$e = \frac{225 \cdot 495}{57 \cdot 4 \cdot 100} = \frac{111\,375}{57 \cdot 4 \cdot 100} \qquad\qquad = 4,9 \text{ Volt}$$

5. Strecke G bis H.

$$e = \frac{225 \cdot 320}{57 \cdot 3 \cdot 100} = \frac{72000}{57 \cdot 3 \cdot 100} \qquad\qquad = 4,2 \text{ „}$$

6. Strecke H bis J.

$$e = \frac{100 \cdot 372}{57 \cdot 100} = \frac{37200}{57 \cdot 100} \qquad\qquad = 6,5 \text{ „}$$

$$\overline{}$$
55,5 Volt.

B. Schienen:

Strecke A bis J zweigleisig.

$$e = \frac{1}{2}(125 \cdot 0,3 + 100 \cdot 0,6 + 350 \cdot 1,04 + 225 \cdot 1,67 + 225$$
$$\cdot 1,79 + 125 \cdot 2,605 + 100 \cdot 2,977)\,0,048 =$$
$$\frac{1}{2} \cdot 1863 \cdot 0,048 = 44,7 \text{ Volt.}$$

Gesamtspannungsverlust $55,5 + 44,7 = 100,2$ Volt $\sim 45,5\%$.

Spannungsverlust bei Annahme eines gleichmäßig durchlaufenden Querschnittes von 600 qmm.

A. In der Oberleitung.

Strecke A bis J.

$$e = \frac{125 \cdot 300 + 100 \cdot 600 + 350 \cdot 1040 + 225 \cdot 1670 + 225 \cdot 1790 + 125 \cdot 2605 + 100 \cdot 2977}{57 \cdot 6 \cdot 100} = \frac{1\,863\,000}{57 \cdot 6 \cdot 100} = 54,5 \text{ Volt.}$$

B. In den Schienen.

1. Strecke A bis C: $e = \frac{1}{2} \cdot 1163 \cdot 0,048 = 27,90$ Volt.
2. „ C „ E: $e = \frac{1}{2} \cdot 425 \cdot 0,048 = 10,20$ „
3. „ E „ F: $e = \frac{1}{2} \cdot 54 \cdot 0,048 = 1,30$ „
4. „ F „ G: $e = \frac{1}{2} \cdot 111 \cdot 0,048 = 2,54$ „
5. „ G „ H: $e = \frac{1}{2} \cdot 72 \cdot 0,048 = 1,73$ „
6. „ H „ J: $e = \frac{1}{2} \cdot 37 \cdot 0,048 = 0,90$ „

$$\overline{}$$
44,57 Volt.

Gesamtspannungsverlust $54,5 + 44,57 = 99,07$ Volt $\sim 45,2\%$

Gewicht des Kupferdrahtes.

A. Bei abgestuften Querschnitten.

1. Strecke A bis C:

800 qmm und 1040 m $= 0,89 \cdot 8 \cdot 1040 \ldots = 7404,8$ kg.

2. Strecke C bis E:

600 qmm und 630 m = $0,89 \cdot 6 \cdot 630$ . . . . = 3364,2 kg

3. Strecke E bis F:

500 qmm und 120 m = $0,89 \cdot 5 \cdot 120$ . . . . = 534,0 „

4. Strecke F bis G:

400 qmm und 495 m = $0,89 \cdot 4 \cdot 495$ . . . . = 1762,2 „

5. Strecke G bis H:

300 qmm und 320 m = $0,89 \cdot 3 \cdot 320$ . . . . = 854,4 „

6. Strecke H bis J:

100 qmm und 372 m = $0,89 \cdot 1 \cdot 372$ . . . . = 331,0 „

14250,6 kg.

B. Bei gleichen Querschnitten von 600 qmm.

Strecke A bis J:

600 qmm und 2977 m = $0,89 \cdot 6 \cdot 2977$ = 15897,0 kg

Das Mehrgewicht des Kupferdrahtes bei gleichmäßig durchgehenden Querschnitten gegenüber den abgestuften Querschnitten setzt sich zusammen:

Strecke E bis F: $0,89 \cdot 1 \cdot 120 =$ 106 kg

„ F „ G: $0,89 \cdot 2 \cdot 495 =$ 880 „

„ G „ H: $0,89 \cdot 3 \cdot 320 =$ 856 „

„ H „ J: $0,89 \cdot 5 \cdot 372 = 1660$ „

3502 kg

Abzüglich des Mehrgewichtes der

Strecke A bis B: $0,89 \cdot 2 \cdot 1040 = 1851$ kg

Mehrgewicht = **1651 kg**

Gewicht unter B gleichmäßige Querschnitte

von 600 qmm = 15897 kg

„ „ A abgestufte Querschnitte = 14250 „

Mehrgewicht = **1647 kg**

Die Differenz bei der Rechnung beträgt 4 kg. Da eine Anlage für elektrischen Lokomotivbetrieb mit derartigen starken Kupferquerschnitten niemals mit Preßluftlokomotiven konkurrieren kann, so soll versucht werden, ob mit nachstehenden Angaben nach Fortfall der Nebenstrecken ein günstigeres Resultat erzielt wird. Belastung der Strecke nach Abb. 61.

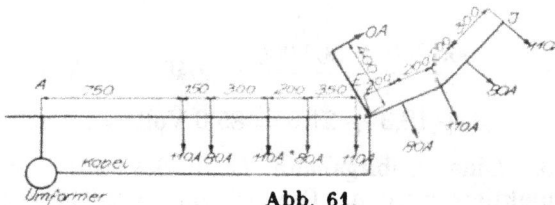

Abb. 61.

Spannung am Umformer 275 Volt.
10 Züge, davon 9 in Fahrt.
Leezug 80 Amp.
Lastzug 110 Amp.

Gleichzeitig soll untersucht werden, ob die Anlage nicht technisch einfacher hergestellt werden kann. Und zwar soll errechnet werden, welcher Spannungsverlust und Querschnitt sich ergibt, wenn in Punkt E eine einschaltbare Streckentrennung eingebaut und die Strecke E bis J durch ein besonderes Kabel gespeist wird (Abb. 61)

1. Strecke Umformerstation bis Trennungsschalter.

Spannungsverlust:

Oberleitung:

$$e = \frac{110 \cdot 750 + 80 \cdot 900 + 110 \cdot 1200 + 80 \cdot 1400 + 110 \cdot 1750}{57 \cdot 2 \cdot 100} =$$

$$= \frac{591\,000}{57 \cdot 200} = 52{,}0 \text{ Volt.}$$

Schienenrückleitung:

$$e = \frac{1}{2}\,(110 \cdot 0{,}75 + 80 \cdot 0{,}9 + 110 \cdot 1{,}2 + 80 \cdot 1{,}4 +$$

$$+ 110 \cdot 1{,}75)\,0{,}0489 = \frac{1}{2}\,(591 \cdot 0{,}048) \qquad = 14{,}2 \text{ „}$$

$$\overline{\qquad\qquad\qquad}$$

66,2 Volt
d. h. $\sim$ 23 %.

2. Strecke Umformer—Speisekabel—Trennungsschalter bis Ende.

Spannungsverlust:

Speisekabel:

$$e = \frac{380 \cdot 1750}{60 \cdot 240} = \frac{665\,000}{60 \cdot 240} = 46{,}3 \text{ Volt.}$$

Oberleitung:

$$e = \frac{80 \cdot 200 + 110 \cdot 400 + 80 \cdot 600 + 110 \cdot 900}{57 \cdot 200} = \frac{207\,000}{57 \cdot 200} = 18{,}3 \text{ Volt.}$$

Rückleitung:

$$e = \frac{1}{2}\,\frac{665\,000 + 207\,000}{1000} \cdot 0{,}048 = 21 \text{ Volt}$$

$$\Sigma e = 46{,}3 + 18{,}3 + 21{,}0 = 85{,}6 \text{ Volt} = 31 \%.$$

Beispiel 3. Eine Gebirgsbahn (Abb. 62) soll für 1000 Volt Gleichstrom projektiert werden. Die Schienenlänge beträgt 15 m, das

Schienengewicht 21,96 kg pro lfd. m. Die Länge des unter den Laschen zu verlegenden Schienenverbinders ist 350 mm. Der Spannungsabfall darf nicht über 20% betragen.

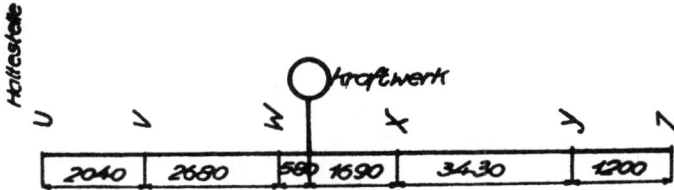

Abb. 62.

Ermittlung des Widerstandes der Schienenrückleitung.

Der Schienenlänge von 15 m (auf der freien Strecke) entspricht eine Zahl von $\dfrac{1000}{15} = 67$ Stößen auf 1 km Schiene.

Die Entfernung der zur Aufnahme der Schienenverbinder bestimmten Bohrungen beträgt 312 mm. Unter Vernachlässigung des zwischen Schiene und Lasche vorhandenen Leitungsvermögens ergibt sich somit eine für die Stromrückleitung nutzbare Eisenlänge von $1000 - 67 \cdot 0{,}312 = 979{,}1$ m. Da das verwendete Schienenmaterial nicht näher bekannt ist, soll für den spezifischen Widerstand ein mittlerer Wert $\dfrac{1}{5{,}4}$ zugrunde gelegt werden.

Aus dem Gewicht für 1 lfd. m Schiene von 21,96 kg errechnet sich unter Annahme eines spezifischen Gewichts von 7,8 der Querschnitt derselben zu $\dfrac{21{,}96}{7{,}8} \cdot 1000 = 2800$ qmm.

Demnach beträgt der nutzbare Widerstand von 1 km Schiene

$$w = c\,\frac{l}{q} = \frac{1}{5{,}4} \cdot \frac{979{,}1}{2800} = 0{,}0649 \text{ Ohm.}$$

Die 67 auf 1 km Schiene entfallenden (doppelten) Schienenverbinder von je 350 mm Länge und je 50 qmm Kupferquerschnitt stellen einen Widerstand von

$$w = c\,\frac{l}{q} = \frac{1}{57} \cdot 67 \cdot \frac{0{,}350}{2 \cdot 50} = 0{,}0041 \text{ Ohm.}$$

Der Gesamtwiderstand von 1 km Schiene beläuft sich also auf: $0{,}0649 + 0{,}0041 = 0{,}0690$ Ohm und derjenige von 1 km Gleis auf:

$$\frac{0{,}0690}{2} = 0{,}0345 \text{ Ohm.}$$

Hierbei ist der Spannungsverlust infolge des Übergangswiderstandes zwischen den Stöpseln der Schienenverbinder und der Schiene vernachlässigt bzw. gleichgesetzt dem Gewinn an Spannung, welcher der Leitfähigkeit der Laschenverbindung entspricht.

Bei einer zusammenhängend gedachten Schiene würde der Widerstand für 1 km betragen:

$$\frac{1}{5,4} \cdot \frac{1000}{2800} = 0,0662 \text{ Ohm}$$

oder für 1 km Gleis

$$\frac{0,0662}{2} = 0,0331 \text{ Ohm.}$$

Die durch den Einbau der Schienenverbinder verursachte Widerstandserhöhung macht mithin 0,0345 — 0,0331 = 0,0014 Ohm oder

$$\frac{0,0014}{0,0331} \cdot 100 = 4,22 \text{%}.$$

Berechnung der Speiseleitungen.

Betriebsleitung = 1000 Volt.

Die bezüglich der betriebstechnisch und wirtschaftlich günstigsten Anordnung der Streckenspeisung angestellten Untersuchungen führten zu folgender Lösung:

1. Verwendung eines Fahrdrahtes 80 qmm Querschnitt
2. Streckentrennung in X derart, daß zwei unabhängige, voneinander dauernd isolierte Streckenabschnitte:

   a) U bis X,
   b) X bis Z

   entstehen, die im übrigen im Bedarfsfalle durch einen Schalter miteinander verbunden werden können.
3. Verlegung folgender Speiseleitungen:

   a) Speiseleitung von 100 qmm Querschnitt vom Kraftwerk für Haltestelle X;
   b) Speiseleitung von 100 qmm Querschnitt vom Kraftwerk zur Haltestelle Y,
   c) Speiseleitung von 100 qmm Querschnitt vom Kraftwerk zur Haltestelle W,
   d) Speiseleitung von 50 qmm Querschnitt vom Kraftwerk für Haltestelle V.
4. Verlegung von 2 Rückleitungen von je 100 qmm Querschnitt von der Strecke bis zum Kraftwerk.

A. Berechnung unter Zugrundelegung des maßgeblichen Fahrplanes, d. h. desjenigen für regelmäßigen Betrieb.

Um die wirtschaftlich günstigste Kupfermenge zu berechnen, wurde zunächst der Fahrplan daraufhin untersucht, ob zu irgendeiner Tageszeit etwa eine außergewöhnliche Belastung eintreten kann. Diese Untersuchung führte zu dem Ergebnis, daß zwischen 6 Uhr 20 und 7 Uhr 50 abends eine gegenüber den sonstigen Tagesbelastungen etwas höhere auftritt. Diese letztere wurde für die Berechnung zunächst ausgeschieden, denn wenn man auf diese eine, seltener vorkommende Höchstbelastung hin die Anlagen bemißt, würde man eine unnötig teure Anlage bekommen. Vielmehr wurden solche Belastungen zugrunde gelegt, die während der übrigen Tagesstunden, d. h. während der den wirtschaftlichen Ausschlag gebenden Betriebszeit, als Höchstbelastungen ermittelt wurden. Auf diese Weise ergibt sich der größte Spannungsabfall für die einzelnen Streckenabschnitte wie folgt:

I. Streckenabschnitt Y bis Z (Abb. 63).

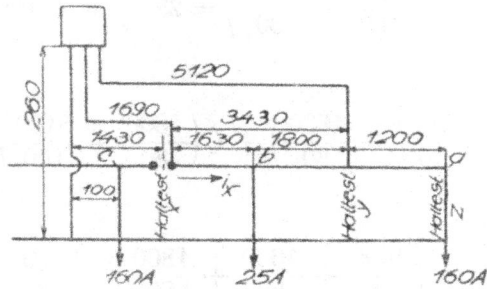

Abb. 63.

Die für diesen Streckenabschnitt ungünstigste Belastung tritt z. B. vormittags 11 Uhr 17 Min. ein. Zu dieser Zeit befindet sich ein Zug in etwa 1,2 km Entfernung von Y (bei a) in der Steigung von 20⁰/₀₀, welcher ca. 160 Amp. verbraucht; ein zweiter Zug fährt 1,8 km von Y im Gefälle von 6⁰/₀₀ mit etwa 25 Amp. Stromverbrauch; ein dritter Zug befindet sich bei c und verbraucht 160 Amp.

Ausgangspunkt für die Berechnung ist, daß der Spannungsabfall von der Stromabnahmestelle b aus über X bis zum Kraftwerk gleich dem von b aus über Y bis zum Kraftwerk ist.

Der durch das Speisekabel X der Strecke zufließende Strom sei $= i_x$; alsdann sind die für die Berechnung in Frage kommenden Ströme:

1. im Speisekabel X sowie auf der Strecke X bis $b = i_x$,
2. zwischen Y und $b = 25 - i_x$,
3. im Speisekabel $Y = 160 + (25 - i_x)$.

Der Spannungsabfall b beträgt über X berechnet:

$$e = \frac{c\, l\, i_x}{q} = \frac{1}{57}\frac{1690 \cdot i_x}{100} + \frac{1}{57} \cdot \frac{1630 \cdot i_x}{80}$$

= Spannungsabfall in der Speiseleitung + Spannungsabfall im Fahrdraht; über Y berechnet, beträgt er:

5*

$$\frac{1}{57}\,(160 + 25 - i_x)\,\frac{5120}{100} + \frac{1}{57}\,(25 - i_x) \cdot \frac{1800}{80}$$

= Spannungsabfall in der Speiseleitung + Spannungsabfall im Fahrdraht
und es ergibt sich, da beide Werte gleich sind:

$$\frac{1}{57}\,i_x\left(\frac{1690}{100} + \frac{1630}{80}\right) = \frac{1}{57}\left[(25 - i_x)\,\frac{1800}{80} + (160 + 25 - i_x) \cdot \frac{5120}{100}\right]$$

oder

$$i_x\left(\frac{1690}{100} + \frac{1630}{80}\right) = (25 - i_x)\,\frac{1800}{80} + (160 + 25 - i_x)\,\frac{5120}{100}$$

$$i_x\left(\frac{1690}{100} + \frac{1630}{80}\right) = 25\,\frac{1800}{80} - i_x\,\frac{1800}{80} + 160\,\frac{5120}{100} +$$
$$+ 25\,\frac{5120\cdot}{100} - i_x\,\frac{5120}{100}$$

$$i_x\left(\frac{1690}{100} + \frac{1630}{80}\right) = 25\,\frac{1800}{80} + 160\,\frac{5120}{100} + 25\,\frac{5120}{100} -$$
$$- i_x\left(\frac{1800}{80} + \frac{5120}{100}\right)$$

$$i_x\left(\frac{1690}{100} + \frac{1630}{80}\right) + i_x\left(\frac{1800}{80} + \frac{5120}{100}\right) = 25\,\frac{1800}{80} +$$
$$+ 160\,\frac{5120}{100} + 25\,\frac{5120}{100}$$

$$i_x\left(\frac{1690}{100} + \frac{1630}{80} + \frac{1800}{80} + \frac{5120}{100}\right) = 25\,\frac{1800}{80} +$$
$$+ 160\,\frac{5120}{100} + 25\,\frac{5120}{100}$$

$$111\,i_x = 10034{,}5$$
$$i_x = 90{,}4 \text{ Amp.}$$

Es fließen mithin folgende Ströme:

1. durch Speisekabel X bis b 90,4 Amp.

2. von b bis Y $25 - i_x$ für diesen Wert $i_x - 25 = 90{,}4 - 25$ = 65,4 Amp.,

3. durch Speisekabel Y $160 + 25 - i_x = 160 + 25 - 90{,}4 =$ 94,6 Amp.

Der gesamte Spannungsabfall für die Strecke Y bis Z (bei a) ermittelt sich mithin wie folgt:

1. Spannungsabfall in der Fahrleitung von Y bis a:

$$\frac{1}{57}\,\frac{160 \cdot 1200}{80} = 42{,}1 \text{ Volt.}$$

2. Spannungsabfall im Speisekabel bis Y:

$$e = \frac{c \cdot i \cdot l}{q} = \frac{1}{57} \cdot \frac{94{,}6 \cdot 5120}{100} = 85 \text{ Volt.}$$

3. Spannungsabfall in den Schienen $e = ir$:

($r = 0{,}0345$ Ohm pro 1000 m Gleis s. Berechnung des Schienenwiderstandes $i = i_1 + i_2 + i_3$)

$$= 0{,}0345 \cdot \frac{160 \cdot 100}{1000} + 0{,}0345 \cdot \frac{25 \cdot 3060}{1000} + 0{,}0345 \cdot \frac{160 \cdot 6060}{1000} =$$

$$= 0{,}0345 \, (160 \cdot 0{,}1 + 25 \cdot 3{,}060 + 160 \cdot 6{,}06) = 36{,}6 \text{ Volt.}$$

4. Spannungsabfall im Schienenspeisekabel:

$$e = \frac{c \, i \, l}{q} = \frac{1}{57} \cdot \frac{160 + 25 + 160}{2 \cdot 100} \cdot 260 = 7{,}9 \text{ Volt.}$$

Der gesamte Spannungsabfall beträgt mithin an der Stelle a

$$85 + 42{,}1 + 36{,}6 + 7{,}9 = 171{,}6 \text{ Volt}$$

oder $\sim 17{,}2\%$ der Kraftwerksspannung.

II. Streckenabschnitt X bis Y (Abb. 64).

Der größte Spannungsabfall auf der Strecke X wurde für die Zeit 10 Uhr 41 vormittags ermittelt.

Es befindet sich um diese Zeit ein Zug mit einem Stromverbrauch von ca. 160 Amp. in der Steigung von $20^0/_{00}$, etwa 0,6 km von Haltestelle X entfernt.

Die Stromleitung berechnet sich, wenn i_x den durch X fließenden Strom bedeutet und $160 - i_x$ denjenigen des durch Y fließenden wie folgt:

Abb. 64.

1. $X \quad e = \dfrac{c \, i \, l}{q}$

$$e = \frac{1}{57} \, i_x \, \frac{1690}{100} + \frac{1}{57} \, i_x \, \frac{600}{80} = \frac{1}{57} \left(i_x \, \frac{1690}{100} + i_x \, \frac{600}{80} \right) =$$

$=$ Spannungsabfall in der Speiseleitung $+$ Spannungsabfall im Fahrdraht

2. $Y \quad e = \dfrac{c \, i \, l}{q}$

$$e = \frac{1}{57} \, (160 - i_x) \, \frac{5120}{100} + \frac{1}{57} \, (160 - i_x) \, \frac{2830}{80} =$$

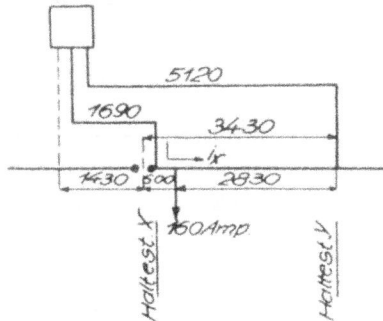

= Spannungsabfall in der Speiseleitung + Spannungsabfall im Fahrdraht

$$= \frac{1}{57}\left[(160 - i_z)\frac{5120}{100} + (160 - i_z)\frac{2830}{80}\right];$$

es ergibt sich, da beide Werte gleich sind:

$$\frac{1}{57}\left(i_z\frac{1690}{100} + i_z\frac{600}{80}\right) = \frac{1}{57}\left[(160 - i_z)\frac{5120}{100} + (160-i_z)\frac{2830}{80}\right]$$

$$i_z\left(\frac{1690}{100} + \frac{600}{80}\right) = 160\frac{5120}{100} - i_z\frac{5120}{100} + 160\frac{2830}{80} - i_z\frac{2830}{80}$$

$$i_z\left(\frac{1690}{100} + \frac{600}{80}\right) = -i_z\left(\frac{5120}{100} + \frac{2830}{80}\right) + 160\left(\frac{5120}{100} + \frac{2830}{80}\right)$$

$$i_z\left(\frac{1690}{100} + \frac{600}{80}\right) + i_z\left(\frac{5120}{100} + \frac{2830}{80}\right) = 160\left(\frac{5120}{100} + \frac{2830}{80}\right)$$

$$i_z\left[\frac{1690}{100} + \frac{600}{80} + \frac{5120}{100} + \frac{2830}{80}\right] = 160\left(\frac{5120}{100} + \frac{2830}{80}\right)$$

$$111\, i_z = 13852$$
$$i_z = 125 \text{ Amp.}$$

Der Spannungsabfall errechnet sich nach der bekannten Formel

$$e = \frac{c \cdot i \cdot l}{q}$$ und setzt sich zusammen:

$$\text{Fahrleitung } e = \frac{1}{57}\frac{125 \cdot 600}{80} = 16,5 \text{ Volt}$$

$$\text{Speiseleitung } e = \frac{1}{57}\frac{125 \cdot 1690}{100} = 37,1 \text{ Volt}$$

$$\text{Schienen } (e = i \cdot r),\ e = 0,0345 \cdot \frac{160 \cdot 2030}{1000} = 11,2 \text{ Volt}$$

$$\text{Schienenspeisekabel } e = \frac{c\,i\,l}{q} = \frac{1}{57}\frac{160 \cdot 260}{2 \cdot 100} = 3,6 \text{ Volt}$$

insgesamt 68,4 Volt

$$= 6,84\,\%\ \text{der Kraftwerksspannung.}$$

III. Streckenabschnitt U bis X (Abb. 65).

Ungünstigste Belastung 11 Uhr 31 vormittags.

Ein Zug in einer Steigung von $20\,^0/_{00}$ in ca. 300 m Entfernung von U mit 160 Amp. Stromverbrauch. Ein zweiter Zug im Gefälle von $10\,^0/_{00}$ talabwärts fahrend, verbraucht keinen Strom.

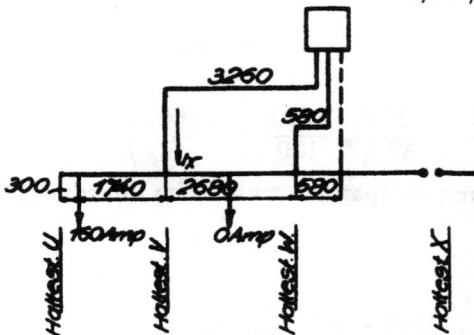

Abb. 65.

Stromverbrauch in Haltestelle V:

$$e = \frac{c\,i\,l}{q}$$

1. Speiseleitung V:

$$i_z; \quad e = \frac{1}{57} \frac{i_z \cdot 3260}{50}$$

2. Speiseleitung W mit Fahrleitung von W bis V

$$160 - i_z; \quad e = \frac{1}{57} \frac{580\,(160 - i_z)}{100} + \frac{1}{57} \frac{2680\,(160 - i_z)}{80}$$

Es ergibt sich, da die Werte gleich sind:

$$\frac{1}{57} \frac{i_z\,3260}{50} = \frac{1}{57} \frac{580\,(160 - i_z)}{100} + \frac{1}{57} \frac{2680\,(160 - i_z)}{80}$$

$$\frac{1}{57} \frac{i_z \cdot 3260}{50} = \frac{1}{57} \left(\frac{580 \cdot 160}{100} - \frac{580\,i_z}{100} + \frac{2680 \cdot 160}{80} - \frac{2680\,i_z}{80} \right)$$

$$i_z \frac{3260}{50} = - i_z \left(\frac{580}{100} + \frac{2680}{80} \right) + \frac{580 \cdot 160}{100} + \frac{2680 \cdot 160}{80}$$

$$i_z \left(\frac{3260}{50} + \frac{580}{100} + \frac{2680}{80} \right) = 160 \left(\frac{580}{100} + \frac{2680}{80} \right)$$

$$i_z = 60{,}2 \text{ Amp.}$$

Spannungsabfall:

$$\text{Fahrleitung } e = \frac{c\,l\,i}{q} = \frac{1}{57} \cdot \frac{1740 \cdot 160}{80} \qquad = 61{,}10 \text{ Volt}$$

$$\text{Speiseleitung } e = \frac{60{,}2 \cdot 3260}{57 \cdot 50} \qquad = 68{,}86 \text{ Volt}$$

$$\text{Schienen } (e = i\,r)\ e = 160 \cdot \frac{4420}{1000} \cdot 0{,}0345 \qquad = 24{,}40 \text{ Volt}$$

$$\text{Schienenspeisekabel } \frac{160 \cdot 260}{57 \cdot 2 \cdot 100} \qquad = 3{,}65 \text{ Volt}$$

$$\text{insgesamt } \mathbf{158{,}01 \text{ Volt}}$$

oder 16% der Kraftwerksspannung.

Erläuterungsbericht.

Betriebsspannung 1000 Volt.
Betriebslänge ca. 12,5 km.

Gesamtanordnung:

Für die Anordnung der Leitungsanlage war das Bestreben leitend:

1. Unter Wahrung der Wirtschaftlichkeit der Gesamtanlage für die einzelnen Streckenabschnitte aus Betriebsrücksichten eine möglichst unabhängige Speisung zu ermöglichen.

2. Die Streckenunterbrecher und Speiseleitungsschalter aus Gründen der zuverlässigeren Wartung und schnelleren Bedienung
in die Haltestellen zu verlegen.

Die unter diesen Gesichtspunkten sich ergebenden Abmessungen
der Fahrleitung und der Speiseleitungen sind in gesondert durchgeführter
Berechnung im einzelnen hergeleitet und begründet. Während die auf
Grund dieser Berechnung getroffene Anordnung dort vornehmlich vom
wirtschaftlichen Standpunkt aus erfolgte, wofür der höchstzulässige
Spannungsabfall den Maßstab abgab, sollen hier die Vorteile des gewählten Systems in betriebstechnischer Beziehung näher beleuchtet
werden:

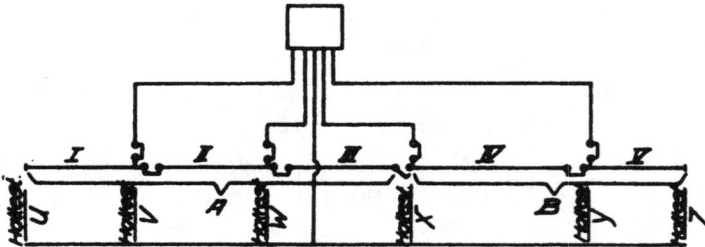

Abb. 66.

Die Strecke *U* bis *Z* zerfällt in zwei Hauptspeisebezirke (Abb. 66):

A) *U* bis *X*,
B) *X* bis *Z*,

deren Fahrleitungen während des regelmäßigen Betriebes dadurch getrennt sind, daß der für die Haltestelle *X* vorgesehene Streckenausschalter offen ist.

Der Streckenabschnitt *A* zerfällt wiederum in drei Unterabschnitte
I, II, III, der Streckenabschnitt *B* in zwei Unterabschnitte IV und V.
Diese Unterabschnitte sind durch in die Fahrleitung (auf den Haltestellen *V*, *W* einerseits, auf der Haltestelle *Y* anderseits) eingebaute,
von Hand auszuschaltende Streckenausschalter miteinander verbunden.

Die Trennung der Gesamtstrecke in zwei Hauptabschnitte wurde
gewählt, um die gesamten verfügbaren Kupfermengen ständig zur
Speisung heranzuziehen und damit, wie schon erwähnt und in der Berechnung nachgewiesen, eine wirtschaftliche günstige Kupferausnutzung
zu bekommen.

Jeder Speiseleitungsanschluß ist unmittelbar in der betreffenden
Haltestelle mit einem ebenfalls von Hand zu betätigenden Ausschalter
ausgerüstet.

Auf diese Weise ist die Möglichkeit gegeben, jeden der 5 Unterabschnitte für sich stromlos zu machen, was gerade bei einer Gebirgs-

bahn eine wesentliche Bedingung für eine auch bei ungünstigen Umständen (Witterung, Kurzschluß usw.) möglichst zuverlässige Betriebs-
führung ist.

Betriebsspannung.

Die Betriebsspannung im Kraftwerk wurde wie vorgeschrieben zu
1000 Volt angenommen und entspricht einer mittleren Streckenspannung von 900 bis 920 Volt. Eine Überprüfung ergab, daß die Wahl
dieser Spannung eine sehr günstige Lösung bedeutet, zumal bei derselben der Spannungsabfall in den Schienen ein erträglicher wird und
eine besondere, parallel zum Gleis laufende Schienenrückleitung entbehrt
werden kann.

Stromstärken.

Für die mittlere Streckenspannung von 900 bis 920 Volt ergibt
sich auf der Horizontalen für einen 40 t schweren Zug eine Anfahrstromstärke von 100 Amp. bei Zugrundelegung einer Anfahrbeschleu-
nigung von 0,2 m/sec². Entsprechend der Eigenart der Bahn als Gebirgsbahn entspricht diese im regelmäßigen Betriebe nur in den Haltestellen
vorkommende Anfahrstromstärke, jedoch nicht der durch einen Zug
hervorgerufenen Höchstbelastung; diese letztere tritt vielmehr in den
Steigungen von $20^0/_{00}$ ein und beträgt bis zu 160 Amp. Diese letztere
Belastung ist der Berechnung der Leitungsanlage auch zugrunde gelegt
worden.

Fahrleitung und Speiseleitungen.

Die Berechnung der Leitungsanlage führte zu folgenden Querschnitten:

    1. Fahrleitung 80 qmm.

    2. Speiseleitung:

        a) nach Bhf. Y 100 qmm,
        b) „   Bhf. X 100   „
        c) „   Bhf. W 100   „
        d) „   Bhf. V 50   „

    3. Rückleitung vom Gleis bis zum Kraftwerk 2 · 100 qmm.

Die gewählten Querschnitte lassen eine Betriebsverstärkung (z. B.
mit Hilfe von im Stationsabstand verkehrenden Nachzügen) zu, ohne
daß der Spannungsabfall dabei im allgemeinen über 20% der Kraftwerksspannung steigt; nur in dem einzigen Falle, wenn die bei km ∽ 11,1
liegende Steigung in der Richtung nach Bhf. U unter Nachfolge eines
im Stationsabstand fahrenden Zuges befahren wird, steigt der Spannungsabfall ganz kurze Zeit auf seinen Höchstwert von 21%.

Abgesehen davon, daß die Berechnung der Leitungsanlage ergibt,
daß das bei gleichem Spannungsabfall geringste Kupfergewicht nicht

mit dem in den Bedingungen angeführten Fahrdraht von 100 qmm oder noch größerem Querschnitt erzielt werden konnte, sondern daß es mit einem solchen von 80 qmm unter stärkerer Hinzuziehung von Speiseleitungen ausreicht, bietet der letztere Querschnitt nicht zu unterschätzende praktische Vorteile. Ein Profildraht von 80 qmm besitzt noch eine größere Schmiegsamkeit, während stärkere (100 bis 120 qmm) Querschnitte durch ihre Steifigkeit die Stromabnahmeverhältnisse ungünstig beeinflussen.

Für die Fahrleitung wurde ein Hartkupferprofildraht gewählt, dessen Reingehalt an Kupfer 99,9% beträgt und welcher eine Leitfähigkeit von 97% des chemisch reinen Kupfers, eine Bruchfestigkeit von 38 kg für 1 qmm sowie eine Dehnung von 4 bis 5% besitzt.

Die Speiseleitungen und Rückleitungen bestehen aus Kupferseilen. Die zu ihrer Befestigung gewählten Porzellanisolatoren sind für eine dauernde Gebrauchsspannung von 2000 Volt eingerichtet und mit 10000 Volt Wechselstrom geprüft.

Beispiel 4. Eine Überlandbahn soll für elektrischen Betrieb umgebaut werden. Verlegt sind Vignolschienen von 25,4 kg/m mit Schienenverbindern von 50 qmm Querschnitt. Die Länge der Schienen beträgt 12 m, diejenige der Schienenverbinder 900 mm. Die Betriebsspannung wird zu 1200 Volt angenommen. Der maximale Spannungsabfall darf 28% betragen.

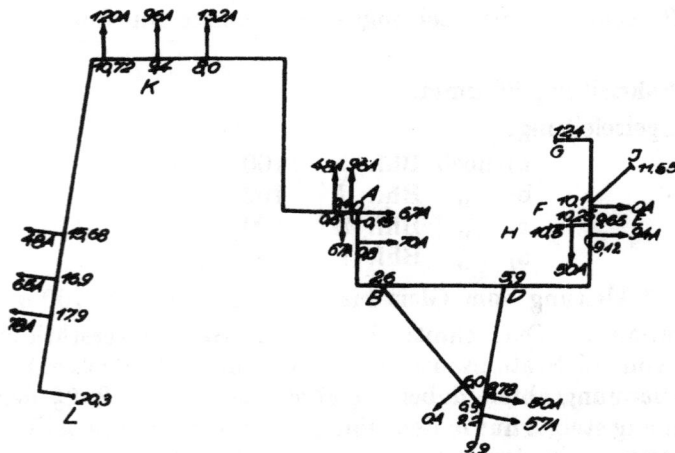

Abb. 67.

Abb. 67 stellt die stärkste Belastung der Strecke dar. In A soll ein Umformer aufgestellt werden, der die Gesamtstrecke speisen soll.

Schienenwiderstand:

$$q_s = \frac{25,4 \cdot 1000}{7,8} = 3260 \text{ qmm}$$

$$R_s = \frac{0,12 \cdot 11,1 \cdot 84}{2 \cdot 3260} = 0,01715 \text{ Ohm}$$

$$R_o = \frac{0,9 \cdot 84}{60 \cdot 2 \cdot 50} = 0,0126 \text{ Ohm}$$

$$R = 0,01715 + 0,0126 = 0,02975 \text{ Ohm.}$$

In A ist eine Unterstation für die Gesamtstrecke vorgesehen.

1. Die Strecken A bis G:

Die Belastung der Strecke ist $70 + 57 + 50 + 94 + 50 = 321\,A$. Hiervon werden bereits $70\,A$ bei km 0,8 abgenommen, so daß B 251 A zufließen. Im Dreieck BCD (Abb. 68) werden $57 + 50 = 107\,A$ abgenommen. Es fließen dementsprechend von D in Richtung F 144 A.

Die Stromverteilung im Dreieck BCD:

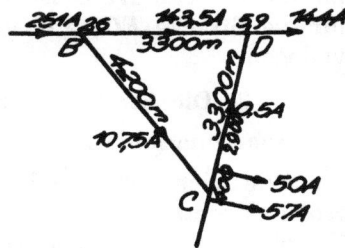

Abb. 68.

über BD fließen

$$\frac{57 \cdot 4200 + 50 \cdot 4600 + 144 \cdot 7500}{10800} = 143,5 \text{ Amp.}$$

über BC fließen $251 - 143,5 = 107,5$ Amp.

Spannungsabfall der Strecke $ABDF$:

in der Oberleitung:

$$e = \frac{70 \cdot 800 + 107,5 \cdot 2600 + 94 \cdot 9120 + 50 \cdot 9650}{57 \cdot 2 \cdot 80} = \frac{1694080}{57 \cdot 160} = 185,8 \text{ Volt}$$

in der Rückleitung:

$$e = 1694,08 \cdot 0,02975 \qquad\qquad = \underline{50,4 \text{ Volt}}$$
$$236,2 \text{ Volt}$$

d. h. 19,7 %.

Für die Strecken FG, FH und FJ reicht ein Fahrdraht von 80 qmm Querschnitt aus.

Spannungsabfall der Strecke ABC:

in der Oberleitung:

$$e = \frac{70 \cdot 800 + 143,5 \cdot 2600}{57 \cdot 2 \cdot 80} + \frac{50,5 \cdot 6800 + 57 \cdot 6900}{57 \cdot 80} =$$
$$= \frac{429100}{57 \cdot 160} + \frac{736700}{57 \cdot 80} = 208,6 \text{ Volt}$$

in der Rückleitung:

$$e = (429{,}1 + 736{,}7)\, 0{,}02975 = 1167 \cdot 0{,}02975 \qquad \underline{= 34{,}6 \text{ Volt}}$$

$$243{,}2 \text{ Volt}$$

d. h. 20,2 %.

Spannungsabfall für die Strecke CD:

Die Speisung erfolgt über B, ein merkbarer Spannungsabfall tritt nicht auf.

Fahrdrahtquerschnitte:

für die Strecke $ABDEF$ sind 2 Fahrdrähte zu je 80 qmm Querschnitt,
für die Strecke BCD ist 1 Fahrdraht von 80 qmm,
für die Strecke FG, FH und FJ ist je 1 Fahrdraht von 80 qmm zu verlegen.

2. Die Strecke A bis L:

Spannungsabfall:

Wie leicht ersichtlich, ergeben sich aus Belastung und Weg sehr große Strommomente, die außerordentliche Querschnitte verlangen. Es soll daher zuerst der festliegende Spannungsabfall in der Schienenrückleitung ermittelt werden, um dann nach dem noch übrigbleibenden Spannungsverlust in der Oberleitung die Querschnitte zu errechnen in der Rückleitung:

$$e = (96 \cdot 0{,}15 + 67 \cdot 0{,}4 + 48 \cdot 0{,}6 + 132 \cdot 8{,}0 + 96 \cdot 9{,}4 + 120 \cdot 10{,}72$$
$$+ 48 \cdot 15{,}68 + 65 \cdot 16{,}9 + 78 \cdot 17{,}9)\, 0{,}02975$$
$$= 6562 \cdot 0{,}02975 = 195 \text{ Volt}$$
$$28\% \text{ von } 1200 \text{ Volt} = 336 \text{ Volt.}$$

Hieraus ergibt sich für die Oberleitung ein Spannungsabfall von $336 - 195 = 141$ Volt.

Die Summe der Strommomente (in Amp.km) ergab sich aus der Berechnung der Rückleitung; da wir dieselbe in Amp.m ohne weiteres für die Formel zur Berechnung des Querschnittes verwenden können, so ergibt sich ein Durchschnittsquerschnitt von

$$q = \frac{6562000}{57 \cdot 141} = \sim 820 \text{ qmm.}$$

Entsprechend der Verminderung der Stromabnahmen wird man den Leitungsquerschnitt abstufen und nicht wie hier (um einen Überblick zu erhalten) als durchlaufenden gleichmäßigen Querschnitt verlegen.

Es sollen Abstufungen bei km 11 und 16 vorgenommen werden, und zwar wird voraussichtlich von A (km 0) bis km 11 ein Querschnitt von 900 qmm und von km 11 bis km 16 ein Querschnitt von 600 und von km 16 bis L ein Querschnitt von 200 qmm ausreichen.

$$c = \frac{96 \cdot 150 + 67 \cdot 400 + 48 \cdot 600 + 132 \cdot 8000 + 96 \cdot 9400 + {} + 120 \cdot 10720 + 191 \cdot 11000}{57 \cdot 900} + $$

$$+ \frac{48 \cdot 4680 + 143 \cdot 5000}{57 \cdot 600} + \frac{65 \cdot 900 + 78 \cdot 1900}{57 \cdot 200} = $$

$$= \frac{14400 + 26800 + 28800 + 1056000 + 902400 + 1286400 + 2101000}{57 \cdot 900} + $$

$$+ \frac{224640 + 715000}{57 \cdot 600} + \frac{58500 + 148200}{57 \cdot 200} = \frac{5415800}{57 \cdot 900} + \frac{939640}{57 \cdot 600} + $$

$$+ \frac{206700}{57 \cdot 200} = 105,6 + 27,5 + 18 = 151,1 \text{ Volt.}$$

Der Spannungsverlust ist also um 10,1 Volt zu groß. Die Anlage läßt sich weder wegen des hohen Spannungsverlustes in den Schienen, noch wegen der zu starken Querschnitte ausführen.

Es wird daher vorgeschlagen, außer in A noch 1 Umformerstation in K aufzustellen (Abb. 69).

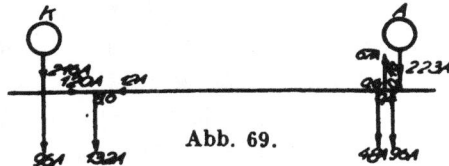

Abb. 69.

Umformer A liefert:

$$\frac{132 \cdot 1400 + 48 \cdot 8800 + 67 \cdot 9000 + 96 \cdot 9250}{9400} = \frac{2098200}{9400} = 223 \text{ Amp.}$$

Umformer K liefert:

$$\frac{96 \cdot 150 + 67 \cdot 400 + 48 \cdot 600 + 132 \cdot 8000}{9400} = \frac{1126000}{9400} = 120 \text{ Amp.}$$

$$\Sigma \ 343 \text{ Amp.}$$

$$\Sigma \, i = 96 + 67 + 48 + 132 = 343 \text{ Amp.}$$

Da im Speisepunkt K außerdem 96 A abgenommen werden, so stellt sich die Stromstärke in der Zuleitung auf $96 + 120 = 216$ A.

Spannungsverlust:

von A aus nach K:

Oberleitung $e = \dfrac{96 \cdot 150 + 67 \cdot 400 + 48 \cdot 600 + 12 \cdot 8000}{57 \cdot 50} = $

$$= \frac{14400 + 26800 + 28800 + 96000}{57 \cdot 50} = \frac{166000}{57 \cdot 50} = 58,5 \text{ Volt}$$

Schienen $e = 166 \cdot 0,02975 \qquad\qquad\qquad = \sim \ \underline{5,0 \text{ Volt}}$

$$63,5 \text{ Volt}$$

d. h. 5,3 %.

Von K aus nach A:

$$\text{Oberleitung } e = \frac{120 \cdot 1400}{57 \cdot 50} = \frac{168000}{57 \cdot 50} \qquad = 59 \text{ Volt}$$

$$\text{Schienen } e = 168 \cdot 0,02975 \qquad \underline{= 5 \text{ Volt}}$$
$$\overline{64 \text{ Volt}}$$

d. h. 5,35 %.

Von K bis L:

$$\text{Oberleitung } e = \frac{120 \cdot 1320 + 48 \cdot 6280 + 65 \cdot 7500 + 78 \cdot 8500}{57 \cdot 100} =$$

$$= \frac{1610340}{57 \cdot 100} \qquad\qquad = 282,5 \text{ Volt}$$

$$\text{Schienen } e = 1611 \cdot 0,02975 \qquad \underline{= 47,9 \text{ Volt}}$$
$$\overline{330,4 \text{ Volt}}$$

d. h. 27,6 %.

Die Ersparnis an Kupfer bei Aufstellung eines zweiten Umformers in K errechnet sich folgendermaßen:

1. von A bis K (km 0,0 bis km 9,4):
   Erspart werden 900 qmm — 50 qmm = 850 qmm,
   1 m von 100 qmm Querschnitt wiegt 0,89 kg,
   9400 m von 850 qmm Querschnitt wiegen $0,89 \cdot 8,5 \cdot 9400$
   $$= 71111 \text{ kg}.$$

2. von K bis L:
   a) von K (km 9,4) bis km 11
      900 qmm — 100 qmm = 800 qmm $= 0,89 \cdot 8 \cdot 1600$
      $$= 11392 \text{ kg},$$
   b) von km 11,0 bis km 16,0
      600 qmm — 100 qmm = 500 qmm $= 0,89 \cdot 5 \cdot 5000$
      $$= 22250 \text{ kg},$$
   c) von km 16,0 bis L (km 20,3)
      200 qmm — 100 qmm = 100 qmm $= 0,89 \cdot 1 \cdot 4300$
      $$= 3827 \text{ kg}.$$

Σ kg $= 71111 + 11392 + 22250 + 3827 = 108580$ kg $= 108,58$ t.

Die Ersparnis an Kupfer beträgt also 108,58 t.

Außer dieser Kupferersparnis, deren Wert sich leicht zum Tagespreis errechnen läßt, wird weiter eine Ersparnis durch den Fortfall von Traversen, Isolatoren und Befestigungsmaterial für die Speiseleitungen erreicht. Außerdem können bedeutend schwächere Maste und Tragdrähte Verwendung finden. Allerdings müßte dafür ein Gebäude in K erbaut und die Hochspannungsleitung bis nach K verlegt werden. Die Ersparnisse und die neu dadurch entstehenden Kosten müssen sorgsam gegeneinander abgewogen werden. Auch muß berücksichtigt werden, daß für die Umformerstation K Maschinenwärter gehalten werden müssen. Letzten Endes sollte man nicht allein auf die hohen Anschaffungskosten, sondern auch auf Wirtschaftlichkeit der Anlage sehen.

Schwerpunkt der Anlage.

Ein dritter Ausweg wäre, die Umformerstation im Schwerpunkt der gesamten Anlage zu errichten.

Drehpunkt soll in F (rund km 10) angenommen werden (also von dort aus gerechnet)

$\Sigma i = 1138 \, A$ (l = Hebelarm der einzelnen Stromabnahmen)

$\Sigma il = 1138 \, l_1$ (l_1 = Hebelarm des Schwerpunktes)

$$l_1 = \frac{\begin{array}{l} 50\cdot 0,35 + 94\cdot 0,88 + 107\cdot 7,4 + 70\cdot 9,2 + 67\cdot 10 + 96\cdot 10,15 + \\ + 67\cdot 10,4 + 48\cdot 10,6 + 132\cdot 18 + 96\cdot 19,4 + 120\cdot 20,72 + 48\cdot \\ \cdot 25,68 + 65\cdot 26,9 + 78\cdot 27,9 \end{array}}{1138}$$

$$l_1 = \frac{\begin{array}{l} 17,5 + 83 + 790 + 644 + 670 + 975 + 695 + 508 + \\ + 2375 + 1860 + 2490 + 1232 + 1750 + 2180 \end{array}}{1138}$$

$$l_1 = \frac{16269,5}{1138} = 14,3 \, \text{km.}$$

Der Schwerpunkt liegt von F 14,3 km entfernt, d. h. (14,3 — 10 km = 4,3), also auf der Strecke A bis K bei km 4,3.

1. Strecke = km 4,3 bis F:

Spannungsverlust:

Die Momentengleichung von km 4,3 (der Strecke A bis K) nach F gebildet, ergibt

$$48\cdot 3700 + 67\cdot 3900 + 96\cdot 4150 + 67\cdot 4300 + 70\cdot 5100 + 107\cdot 6900 + \\ + 94\cdot 13420 + 50\cdot 13950$$
$$= 177600 + 261300 + 398400 + 288100 + 357000 + 738300 + \\ + 1261480 + 697500 = 4179680 \text{ Amp.m.}$$

Schienenrückleitung:

$$e = \frac{4179680}{1000}\cdot 0,02975 \backsim 125 \text{ Volt.}$$

Da 28% Spannungsverlust 336 Volt entspricht, so bleibt für die Oberleitung 336 — 125 = 211 Volt übrig.

Oberleitung:

$$q = \frac{4179680}{57\cdot 211} = 350 \text{ qmm.}$$

2. Strecke km 4,3 (der Strecke *A* bis *K*) nach *L*:

Spannungsverlust:

Momentengleichung:

$$132 \cdot 3700 + 96 \cdot 5100 + 120 \cdot 6420 + 48 \cdot 11380 + 65 \cdot 12600 + 78$$
$$\cdot 13600 = 4175000 \text{ Amp.m.}$$

Schienenrückleitung:

$$e = \frac{4175000}{1000} \cdot 0{,}02975 = \sim 125 \text{ Volt}$$

Oberleitung:

$$q = \frac{4175000}{57 \cdot 211} = 350 \text{ qmm.}$$

Aus dieser Kontrollrechnung ergibt sich, daß die Schwerpunktslage stimmt.

Von km 4,3 (der Strecke *A* bis *K*) ist sowohl nach *G* wie *L* je ein Querschnitt von 350 qmm zu verlegen.

Welche Ausführung nun zu wählen ist, hängt von den vom Auftraggeber gestellten Bedingungen ab. Auf alle Fälle wird man gut tun, sich mit demselben in Verbindung zu setzen und die Nachteile bzw. die Vorzüge der betr. Vorschläge zu erläutern, damit man mit seinem Projekt konkurrenzfähig bleibt und nicht unnötig an einem nutzlosen Projekt arbeitet.

Beispiel 5. Die in Beispiel 4 gemachten Angaben sollen für die in Abb. 70 dargestellte Belastung dienen.

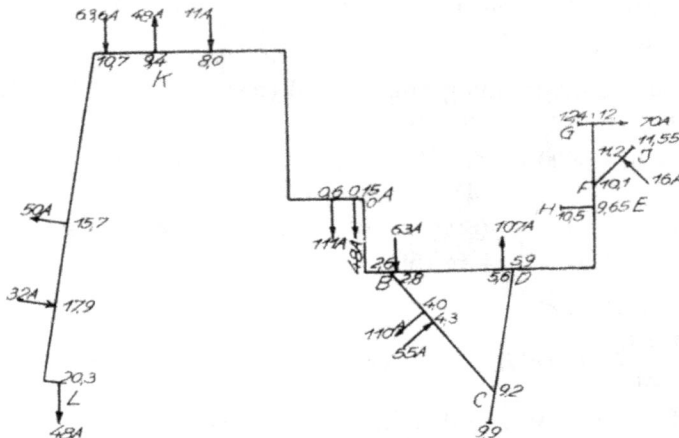

Abb. 70.

Der Widerstand in der Schienenrückleitung beträgt wie in vorhergehendem Beispiel errechnet 0,02975 Ohm.

In A ist die Unterstation für die Gesamtstrecke vorgesehen.

1. Die Strecke A bis G:

Die Belastung der Strecke ist $110 + 107 + 70 - 63 - 55 - 16 = 153$ Amp. Es fließen daher von der Unterstation nach B 153 Amp.; von D nach G $70 - 16 = 54$ Amp.

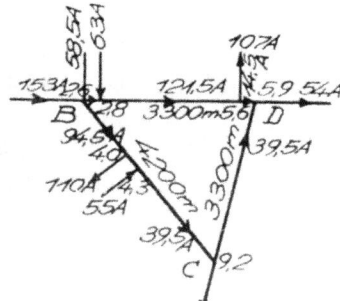

Die Stromverteilung im Dreieck BCD (Abb. 71).

Abb. 71.

Über BD fließen

$$\frac{110 \cdot 1400 - 55 \cdot 1700 + 54 \cdot 7500 + 107 \cdot 7800 - 63 \cdot 10600}{10800} =$$

$$= \frac{154000 - 93500 + 405000 + 835000 - 668000}{10800} = \frac{632500}{10800} = 58{,}5 \text{ Amp.}$$

über BC fließen $153 - 58{,}5 = 94{,}5$ Amp.

Spannungsverlust der Strecke $ABDFG$.
Oberleitung:

$$e = \frac{153 \cdot 2600 + 58{,}5 \cdot 200 + 121{,}5 \cdot 2800 + 14{,}5 \cdot 300}{57 \cdot 100} +$$

$$+ \frac{54 \cdot 4200 + 70 \cdot 1900}{57 \cdot 50} = \frac{754050}{57 \cdot 100} + \frac{359800}{57 \cdot 50}$$

$$= 132 + 126{,}5 \qquad\qquad = 258{,}5 \text{ Volt}$$

Schienenrückleitung:

$$e = \frac{754050 + 359800}{1000} \cdot 0{,}02975 = 1113{,}85 \cdot 0{,}02975 = 33{,}0 \text{ Volt}$$

$$\underline{\underline{291{,}5 \text{ Volt}}}$$

d. h. $24{,}3 \%$.

Spannungsabfall ABC:
Oberleitung

von A bis B (km 0,0 bis 2,6)

$$e = \frac{153 \cdot 2600}{57 \cdot 100} = 69{,}6 \text{ Volt}$$

von B bis C (km 2,6 bis 6,8)

$$e = \frac{94{,}5 \cdot 1400 - 15{,}5 \cdot 300 + 39{,}5 \cdot 2500}{57 \cdot 50} =$$

$$= \frac{132000 - 4650 + 98750}{57 \cdot 50} = \frac{226400}{57 \cdot 50} = 79{,}5 \text{ Volt.}$$

Rückleitung:

$$e = (153 \cdot 2,6 + 94,5 \cdot 1,4 - 15,5 \cdot 0,3 + 39,5 \cdot 2,5)\, 0,02975 =$$
$$= (397,8 + 132,3 - 4,65 + 98,75)\, 0,02975 = 633,5 \cdot 0,02975$$
$$= 18,85 \text{ Volt}$$

$$e = 69,6 + 79,5 + 18,85 = 167,95 \text{ Volt d. h. } 14\%.$$

Spannungsabfall $A\,B\,C\,D$:

von C bis D:

$$\text{Oberleitung } e = \frac{39,5 \cdot 3300}{57 \cdot 50} \qquad = \quad 45,6 \text{ Volt}$$

$$\text{Schienen } e = 39,5 \cdot 3,3 \cdot 0,02975 \qquad = \quad \underline{3,9 \text{ Volt}}$$

$$49,5 \text{ Volt}$$

von $A\,B\,C$ $\qquad\qquad e = \qquad\qquad\qquad \underline{167,95 \text{ Volt}}$

$$217,45 \text{ Volt}$$

d. h. $18,1\%$.

Strecke $A\,K\,L$:

Spannungsabfall:

Oberleitung:

$$e = \frac{\begin{array}{c} 198,4 \cdot 150 + 150,4 \cdot 450 + 39,4 \cdot 7400 + 50,4 \cdot 1400 + \\ + 2,4 \cdot 1300 + 66 \cdot 5000 + 16 \cdot 2200 + 48 \cdot 2400 \end{array}}{57 \cdot 65} =$$

$$= \frac{943080}{57 \cdot 65} \qquad = 255,0 \text{ Volt}$$

Schienenrückleitung:

$$e = \frac{943080}{1000}\, 0,02975 \qquad = \quad 28,0 \text{ Volt}$$

$$283,0 \text{ Volt}$$

d. h. $23,6\%$.

III. Die Stromzuleitungen.

Die allgemeinen Gesichtspunkte, die für die Bahnleitungen gelten, sind dieselben, wie für andere Leitungen. Die ständigen Belastungs-änderungen werden nur durch die Eigenart des Betriebes hervorgerufen, da die Lasten und die Stromabnahmestellen beweglich sind und sich längs der ganzen durch die Fahrleitung und Schienenrückleitung ge-bildeten Strecke örtlich und zeitlich verschieben. Hinzu kommt noch, daß die Stromabnahme, je nachdem sich die Wagenzüge in der Ebene, in der Steigung oder im Gefälle befinden, sich vergrößert oder verringert. Im vorhergehenden sind ja derartige bewegliche und veränderliche

Lasten, wie sie mittels Schnitt durch den Fahrplan gefunden wurden, zugrunde gelegt worden.

A. Die Stromzuleitungsarten.

Die Zuleitung des elektrischen Stromes zu den Motorwagen oder den elektrischen Lokomotiven erfolgt hauptsächlich durch oberirdische Stromzuführung oder dritte Schiene.

1. Unterirdische Stromzuführung.

a) Schlitzkanal.

Wo weder Oberleitung noch dritte Schiene anwendbar ist, kann man die unterirdische Stromzuführung mittels Schlitzkanals oder Teilleiter (Knopfsystem) anwenden. Die unterirdische Stromzuführung ist stets zweipolig auszuführen (d. h. die Fahrschienen sind für die Rückleitung nicht zu benutzen). Die unterirdische Stromzuführung kommt nur für Straßenbahnen in Frage (Berlin, Budapest, New-York, Wien) und wird häufig im Zusammenhang mit Oberleitung hergestellt, so daß die betreffende Bahnanlage abwechselnd mit beiden Systemen ausgerüstet ist (Abb. 72).

Abb. 72.

6*

Der Schlitzkanal kann entweder Mitte Gleis (Amerika) oder unter einer geteilten Fahrschiene (Berlin) angebracht werden. Die Hin- und Rückleitung wird in diesem Kanal isoliert verlegt. Am Wagenunter-gestell (Abb. 73) ist ein herablaßbarer doppelpoliger Stromabnehmer angebracht, der mittels Federkraft die Schleifkontakte gegen die Lei-tungsschienen drückt. Diese Art Stromzuführung ist weniger betriebs-sicher als die oberirdische. Bei starkem Schneefall oder Regen ist die-selbe ständig gefährdet.

Abb. 73.

b) Oberflächenkontaktsystem.

Das Teilleiter- oder Oberflächenkontaktsystem, auch Knopfsystem genannt, ist wesentlich teurer in der Anschaffung und im Betrieb; auch weniger zuverlässig als die übrigen Systeme. In kurzen Abständen sind bei dieser Art Stromzuführung zwischen den Schienen metallische, etwas über die Straßenoberfläche hervorstehende Knöpfe (von etwa Pflaster-steingröße) angebracht. In diesen Knöpfen ist eine Schaltervorrichtung eingebaut, die durch einen am Motorwagen befindlichen Magneten beim Überfahren betätigt wird. Sobald nun ein am Motorwagen befindlicher Magnet einen derartigen Knopf passiert, wird die in dem-selben befindliche Schaltung so betätigt, daß der betreffende Knopf durch ein unterirdisches Kabel unter Strom gesetzt wird. Ein ebenfalls am Motorwagen angebrachter Stromabnehmer berührt den Knopf und erhält Strom. Bevor der Wagen den Knopf vollständig verläßt, ist derselbe bereits stromlos.

2. Dritte Schiene.

Die dritte Schiene liegt entweder seitwärts von den Fahrschienen oder zwischen denselben und kann nur von Bahnen mit eigenem Bahnkörper benutzt werden. Der Stromabnehmer (Gleitschuh) kann die Schiene von oben, von unten oder von der Seite bestreichen. Die dritte Schiene ist in der Regel billiger als die Zuleitung durch den Fahrdraht und hat gegen diese den Vorzug, ohne viele Speiseleitungen infolge ihres großen Querschnittes bedeutende Strommengen fortzuleiten. Bei Wechsel- und Drehstrom hat sie allerdings den Nachteil, daß ihr Widerstand 5 bis 15 mal größer ist als bei Gleichstrom. Für Drehstrom dürfte sie überhaupt nicht jn Betracht kommen, da ihr Hauptnachteil die Gefährlichkeit für die die Gleise überschreitenden Menschen ist. Es wird jetzt neuerdings eine fast vollkommene Abdeckung durch Bretter erreicht, so daß man die Gleise gefahrlos betreten kann. Immerhin wird ein größerer Bahnhof mit dritter Schiene bei höherer Spannung etwas kompliziert und gefährlich. Man kann sich aber, wie bei der Fribourg-Murtenbahn (Schweiz) damit helfen, daß man auf den Bahnhöfen zum Rangieren Oberleitung verlegt und den Strom daselbst mittels Bügels abnimmt, während man auf der freien Strecke die dritte Schiene benutzt. Die dritte Schiene ist mit Rücksicht auf Wärmeausdehnung und leicht auftretendes Wandern zu montieren.

Die Illinois-Tunnel Co. in Chicago hat die Zahnstange ihrer Eilguttunnelbahn zugleich als dritte Schiene benutzt, von der die isoliert auf ihre Achsen aufgezogenen Zahnräder den Strom abnehmen.

3. Bahnsystem von Rosenfeld & Zelenay.

Da die Stromzuführung bei schweren Zügen und hoher Geschwindigkeit ein äußerst schwieriges Problem darstellt, so soll das Bahnsystem von Rosenfeld und Zelenay erwähnt werden, das die ganze Schwierigkeit umgeht. Die elektrische Zuleitung ist mittels Induktion durch die Luft vorgesehen. Zwischen den Schienen liegt eben ausgebreitet der Stator eines Drehstrommotors, auf dem Fahrzeug befindet sich ihm gegenüber ein mit Widerstand anzulassender Rotor. Der Stator ist nicht fortlaufend, sondern besteht aus unterbrochenen Abschnitten, die nur während der Durchfahrt unter Spannung sind. Dieses System dürfte ziemlich teuer und außerdem in der Schaltung reichlich kompliziert werden.

4. Oberirdische Stromzuleitung.

Am weitesten verbreitet ist wegen ihrer großen Vorzüge die oberirdische Stromzuführung mittels Fahrdrahtes. Dieselbe läßt sich durchschnittlich mit niedrigem Anlagekapital herstellen und wirkt infolge ihrer Höhe vom Erdboden nicht störend und gefährlich für das menschliche Tun und Treiben. Es gibt zwei wesentliche Arten der Fahrdrahtanordnung. Die eine besteht darin, den Fahrdraht der ganzen Länge des Gleises nach ununterbrochen durchzuführen. Man kann den Fahrdraht allein (Abb. 74) verwenden, oder ihm Strom durch eine (Abb. 75) oder mehrere einzelne Speiseleitungen zuführen (Abb. 76). Diese Art Stromzuführung läßt sich nur bei kleineren, nicht verzweigten Bahnen anwenden, wo mit Störungen und Unterbrechungen nicht zu rechnen ist, und wo kurz andauernde Unterbrechungen auf der ganzen Strecke keine ernsten Verkehrsstörungen herbeiführen.

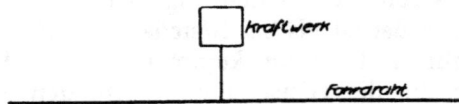

Abb. 74.

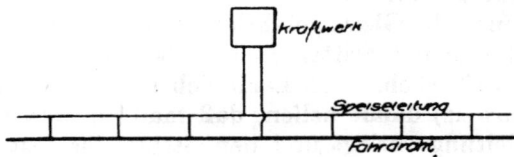

Abb. 75.

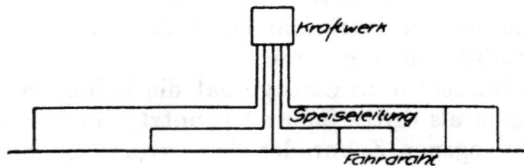

Abb. 76.

Die zweite Art besteht darin, daß der Fahrdraht in einzelne, voneinander getrennte Streckenabschnitte geteilt ist (Abb. 78) und die dann (wie in den Abb. 75 u. 76 gezeigt), einzeln in derselben Weise gespeist werden können.

Abb. 77 zeigt die Teilstrecken eines größeren Bahnnetzes mit längeren Streckenabschnitten des Fahrdrahtes. Eine Hauptleitung, die wiederum von Speiseleitungen Strom zugeführt erhält, speist den Fahrdraht. Die Hauptleitung selbst ist durch von Hand ein- und auszuschaltende Unterbrecher (Streckenausschalter) in mehrere Unterabteilungen zerlegt. Die Möglichkeit der Trennung und Kupplung der einzelnen Teile der Hauptleitungen und Fahrleitungen gestattet eine Erhöhung der Betriebssicherheit gegenüber Verkehrsstockungen oder schränkt zum mindesten das durch die Störung betroffene Gebiet erheblich ein. In welchen Entfernungen Streckenausschalter anzubringen sind, ist durch gesetzliche Bestimmungen in den meisten Ländern geregelt.

Es soll im vorstehenden durchaus nicht gesagt sein, daß bei der ersten Art der Stromzuführung (Abb. 75 u. 76) im Fahrdraht keine Streckenunterbrecher eingebaut werden sollen. Dieselben sollen nur während des Betriebes stets eingeschaltet sein, so daß der Fahrdraht als eine durchgehende Leitung wirkt. Auch die einzelnen größeren Streckenabschnitte des Fahrdrahtes (Abb. 77 u. 78) der zweiten Ausführungsart sind entsprechend den Bestimmungen der Landespolizei mit Streckenunterbrechern zu versehen, die im Falle der Gefahr und einer Betriebsstörung ausgeschaltet werden.

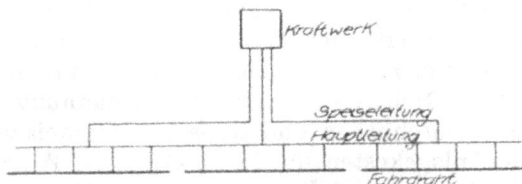

Abb. 77.

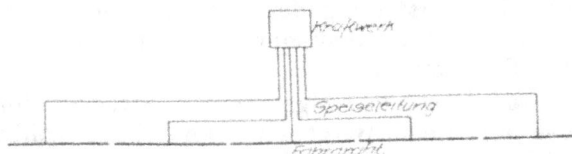

Abb. 78.

Die in vorstehenden Abbildungen gezeigten beiden Stromzuführungsarten lassen verschiedene Möglichkeiten zu, die unter Umständen eine Verbilligung der Anlage ergeben. Jedoch sind die gezeigten beiden Anordnungen prinzipiell für alle Arten von Bahnen gültig. Bei Gleichstrombahnen, die durchschnittlich mit 500 bis 600 Volt durchgeführt werden, versorgt das Kraftwerk die Speisepunkte unmittelbar mit Strom. Bei Wechsel- oder Drehstrombetrieb können weitere Entfernungen bei mäßigem Kupferaufwand dadurch überbrückt werden, daß vom Kraftwerk aus mit hochgespanntem Strom (100000 bis 110000 Volt) Transformatoren versorgt werden, die entweder unmittelbar aus ihren Sekundärkreisen die Fahrleitung speisen oder rotierende Umformer bzw. Motorgeneratoren betreiben, deren Gleichstromteil dann die Fahrleitung mit Gleichstrom versorgt.

Mit Hilfe der oberirdischen Stromzuführung kann man Bahnen mit Gleich-, Einphasen- und Drehstrom betreiben. Eine allgemein gültige Entscheidung, daß das eine bzw. andere System überlegen sei, läßt sich z. Zt. nicht fällen. Unter gewissen Umständen und Verhältnissen und unter Berücksichtigung der Örtlichkeit wird jeweilig das eine System vor den beiden anderen den Vorzug verdienen. Hierüber können nur ausgedehnte Untersuchungen und Berechnungen die Entscheidung bringen. Alle drei Systeme haben ihre Vorteile und Nachteile und dürften sich heute noch die Wage halten. Gegen Gleichstrom spricht die Beschränkung in der Höhe der Fahrdrahtspannung und die Notwendigkeit der Unterstationen mit rotierenden Umformern; gegen Drehstrom die doppelte Fahrleitung und gegen Einphasenstrom die teuren Motoren. Die Anschaffungs- und Betriebskosten hängen wesentlich vom Einzelfall ab, sie dürften in den meisten praktischen Fällen kaum um 10 bis 20% für die drei Systeme verschieden sein. Für den Gleichstrom spricht, daß der Gleichstrommotor der weitaus beste und sicherste Bahnmotor ist. Auch ist die allgemeine Sicherheit der Gleichstromausrüstungen bis zu 3000 Volt derjenigen bei Hochspannung selbst bei der sorgfältigsten Revision überlegen. Dreh- und Wechselstromspannungen sind in ihrer Wirkung auf den menschlichen und tierischen Organismus 2- bis 3 mal gefährlicher. Die Anlagekosten für die elektrischen Wagenausrüstungen werden bei Gleichstrom stets billiger sein als bei Einphasen- und Drehstrom. Dagegen verteuern für Gleichstrom die Unterstationen und die Leitungsanlagen die Herstellung der Anlage. Bei den Betriebskosten wirken die Verluste und die Bedienung der rotierenden Umformer ungünstig für den Gleichstrom.

Mit Drehstrom werden einige wenige Straßenbahnen (Lugano, Evian), dagegen eine Reihe Bergbahnen und einige Vollbahnen (Burgdorf—Thun, Schweiz, Valtellinabahn Italien) betrieben. Der Drehstrom bewährt sich bei diesen Bahnen vollauf. In den letzten 15 Jahren hat der Einphasenstrom große Verwendung für Vorort-, Neben- und Fernbahnen gefunden, wie

> Berlin—Spindlersfelde,
> Hamburg—Blankenese—Ohlsdorf,
> Salzburg—Berchtesgaden,
> Garmisch-Partenkirchen—Innsbruck,
> Murnau—Oberammergau,
> Halle—Bitterfeld,
> Schlesische Gebirgsbahnen,
> Borinage (Belgien) usw.

Versuche, den Einphasen-Wechselstrom auch für Straßenbahnbetrieb zu verwenden (St. Avold), sind auch unternommen worden.

Die Verwendungsart von Gleich-, Einphasen- und Drehstrom stellt sich heute etwa wie folgend:

Mit Gleichstrom werden Straßen-, Untergrund- und Vorortbahnen, mit Einphasenstrom Vorort- und Fernbahnen und mit Drehstrom Bergbahnen und Fernbahnen mit vorwiegend gebirgsartigem Gelände (Italien, Schweiz), die keine großen Gleisentwicklungen auf den Bahnhöfen aufweisen, betrieben.

Von den Gleichstrombahnen sind einige wenige als Dreileiteranlage (Abb. 79), die eingleisige Kleinbahn Lennep—Remscheid—Wermels-kirchen—Burg—Solingen) ausgeführt.

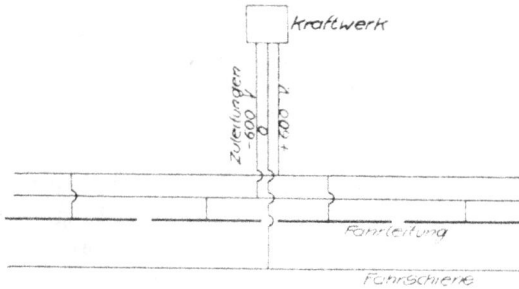

Abb. 79.

IV. Stromrückleitung.

Bei einer Bahnanlage ist nicht allein die Stromzuleitung, sondern auch die Stromrückleitung ein wesentlicher Bestandteil. Wie bereits im Abschnitt „Spannungsabfall und Querschnitt" beschrieben, wird in einigen besonderen Fällen für die Rückleitung ein zweiter Fahrdraht verlegt (doppelpolige Oberleitung). Abgesehen von diesen Ausnahmen werden die Fahrschienen für die Rückleitung benutzt. Der Gedanke, Eisenbahnschienen zur Leitung elektrischer Ströme zu benutzen, ist durchaus nicht neu. Gauß sprach zuerst die Vermutung aus, daß die Stränge eines Eisenbahngleises als Leiter der elektrischen Ströme für den von ihm erfundenen Telegraphen benutzt werden könnten. Stein-heil führte 1835 mit Eisenbahnschienen (die nicht von der Erde isoliert waren), derartige Versuche auf der im selben Jahre eröffneten Eisen-bahn Nürnberg—Fürth aus. Es ergab sich bei den Versuchen, daß die Induktionsstöße seines Instrumentes über 30 Schienenlängen nicht hinausreichten, dagegen bemerkte er, daß der Strom von der einen Schiene zu der anderen mit Hilfe der Erde überging. Er fand so die Erdleitung. Daß Steinheil mit der Benutzung der Schienen keinen Erfolg hatte, lag daran, daß die zur mechanischen Verbindung ange-wandten Laschen ebenso wie die Schienen selbst an ihren Oberflächen verrosteten (oxydierten) und somit einen schlechten Kontakt gaben, der dem elektrischen Strom einen hohen Widerstand entgegenstellte. Dieser Übelstand besteht heute noch. Man hat deshalb bei Bahnanlagen an den Schienenstößen eine gutleitende Überbrückung, die sog. Schienen-verbinder, angebracht.

1. Schienenrückleitung.

In Deutschland hat man — auch bei der ersten von Siemens & Halske im Jahre 1881 erbauten Bahn (Lichterfelde—Berlin) — stets auf eine gute Überbrückung der Schienen mittels Kupferverbindern gesehen. In Amerika baute man die ersten Bahnen ohne Schienenverbinder. Als sich jedoch für längere Bahnen hohe Spannungsverluste ergaben, versuchte man mit Hilfe von in die Erde eingegrabenen Kupferplatten Abhilfe zu schaffen. Schließlich ging man doch dazu über, Schienenverbinder wie bei uns anzuwenden. In der Mitte der neunziger Jahre des vorigen Jahrhunderts kamen zuerst von Amerika Mitteilungen über die Einwirkung der elektrischen Bahnen auf die längs der Gleise liegenden Rohrleitungen aus Metall, Bleikabel usw. an die Öffentlichkeit. Die Störungen, welche elektrische Bahnen mit Schienenrückleitung hervorrufen können, lassen sich fast immer auf drei Ursachen zurückführen. Es sind dies, wie bereits früher angegeben, die Fernwirkung der Stromleitungen auf physikalische Meßinstrumente, ferner die Erdströme, die dadurch entstehen, daß die Erde einen Nebenschluß zu den Schienen bildet, und schließlich die Erdströme, die dadurch hervorgerufen werden, daß zwei von demselben Kraftwerk gespeiste Straßenbahnstrecken verschiedene Spannungsverluste aufweisen. In dem letzteren Falle treten zwischen den beiden Strecken ausgleichende Erdströme auf.

2. Vagabundierende Ströme.

Um die Erdströme (vagabundierenden Ströme) zu verhüten, hat man verschiedene Mittel angewendet, von denen die wesentlichsten sind: Verlegung isolierter Rückspeisekabel oder Einbau einer Zusatzdynamo, die so geschaltet ist, daß die zu schützenden Rohrmassen negativ gegen die Schienen werden. In diesem Falle wird dann durch Elektrolyse Metall nach den Rohren hin und nicht von ihnen weggeführt.

Am bekanntesten ist die Kappsche Methode der Absaugung durch eine Zusatzdynamo (D. R. P. 88275), die in Schöneberg-Berlin, Bristol, Dublin zur Verwendung gelangte.

Bei Wechselstrombahnen kommt statt der (Saug-) Zusatzdynamo ein (Saug-) Transformator, dessen Primärwicklung in Serie mit der Oberleitung und dessen Sekundärwicklung in Serie mit der Schienenleitung liegt.

Die Schaltung Abb. 80 stellt ein unsymmetrisches Dreileitersystem dar, dessen Mittelleiter die Schienen sind.

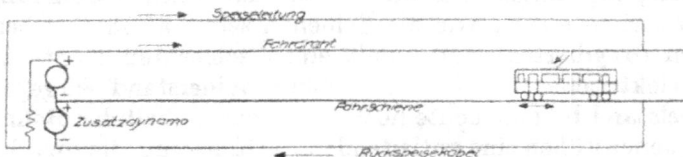

Abb. 80.

Ähnliche und auch bedeutend abweichende Ausführungen sind von vielen Bahnbetrieben verwendet worden. Derartige Hilfsmittel kommen natürlich nur bei größeren Anlagen zur Anwendung.

Könnte man für eine Straßenbahn das Dreileitersystem mit zwei gleichmäßig belasteten Außenseiten herstellen, so würden Störungen durch vagabundierende Ströme vollständig vermieden.

Vom V.D.E. sind über den Schutz metallischer Rohrleitungen usw. gegen Erdströme elektrischer Bahnen besondere Vorschriften erlassen.

3. Schienenverbinder.

Um eine gute Rückleitung durch die Schienen zu erhalten, sind unbedingt Schienenverbinder erforderlich. Die verschiedensten Arten kommen im Handel vor. Vor allen Dingen ist darauf zu achten, daß an der Befestigungsstelle ein guter Kontakt vorhanden ist, um den Übergangswiderstand zwischen Schiene und Verbinder möglichst klein zu halten. Diese Widerstände werden selbst bei der besten Konstruktion immer nach der Sauberkeit der Ausführung erheblich voneinander abweichen. Man sollte Schienenverbinder nur aus weichem Kupfer, aber niemals aus Eisen herstellen. Eiserne Schienenverbinder sind ziemlich wertlos. Eine sehr leichte Schiene von 22 kg/m besitzt einen Querschnitt von 2800 qmm; dies entspricht einem Kupferquerschnitt von 400 qmm. Ein eiserner Schienenverbinder von 100 und mehr qmm Querschnitt muß die Leitfähigkeit der Schienenrückleitung ohne weiteres, wie ja auch leicht zu errechnen ist, erheblich beeinträchtigen. Hierzu kommt noch der Übergangswiderstand zwischen Schienen und Verbinder, der durchschnittlich bei den eisernen wegen ihrer nicht besonders geeigneten Ausführung recht beträchtlich ist. Kupferne Verbinder als Band-, Draht- und Seilverbinder gibt es in mannigfaltigster Ausführung. Der Kontakt zwischen Schiene und Verbinder wird größtenteils durch Anpressung hergestellt. Daß ein wirklicher Kontakt nur durch sauberste und gewissenhafteste Arbeit hergestellt werden kann, ist selbstverständlich. Angeschweißte Schienenverbinder haben sich anscheinend nicht sehr gut bewährt. Da jeder Schienenstoß beim Passieren eines Bahnwagens durch jedes Rad eine Erschütterung erleidet, so ist es erforderlich, daß die Verbinder eine gewisse Elastizität besitzen. Daß durch ständiges Erschüttern das Material spröde wird und bricht, ist bekannt.

Die mannigfachsten Arten der Verbinder kann jeder Ingenieur aus den Preislisten der Bahnabteilungen unserer Elektrizitäts-Gesellschaften und Händler entnehmen. Während unsere Elektrizitäts-Gesellschaften nur bewährte Ausführungen bringen, kommen in den Listen der Händler (um billiger verkaufen zu können), ab und zu auch Abbildungen von Schienenverbindern vor, die man nicht kaufen und noch weniger verlegen sollte.

Da es leider unvermeidlich ist, daß der eine oder andere Schienenstoß nicht gut leitend verbunden ist, so überbrückt man, um diesen
Fehler möglichst klein zu halten, die beiden Schienen eines Gleises mit
Schienenquerverbindern. Bei einer guten Anlage wird man bei jeder
dritten Schiene das Gleis mit einem derartigen Verbinder versehen.
Über 100 m sollte man jedoch die Entfernung der Schienenquerver-
binder nicht annehmen.

Bei zweigleisigen Strecken wird man wiederum in einer größeren
Entfernung Gleisquerverbinder montieren.

Bei jeder Ausweiche sollte stets eine Querverbindung aller Schienen
vorgenommen werden.

Die Schienenverbindung in einer Weiche zeigt Abb. 81.

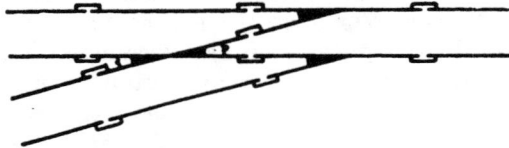

Abb. 81.

V. Oberleitung.

1. Stromzuführungsdrähte.

a) Fahrleitung.

Für den Fahrdraht der oberirdischen Stromzuführung kommt fast
ausschließlich Hartkupferdraht, seltener Siliziumbronze-, Aluminium-
oder Eisendraht in Betracht. Für den kleinsten Querschnitt (50 qmm
Querschnitt) verwendet man Runddraht, während die größeren Querschnitte als Profildraht ausgeführt werden. Es wird hierdurch ein be-
quemes und sicheres Fassen des Drahtes erreicht. Das Abwickeln des
Drahtes von den Trommeln muß vorsichtig vorgenommen werden, da
sonst leicht ein Verdrehen (Verdrillen) desselben vorkommen kann.
Es kann auf die sorgfältige Abwicklung und auf die richtige Verlegung
des Profildrahtes nicht genug Obacht gegeben werden. So mancher
Bauleiter hat zu seinem Leidwesen bei einer Verdrillung desselben sämtliche Klemmen bis zu dem nächsten Fahrdrahtschnitt lösen müssen,
um ein und dieselbe Fläche als Unterkante für die Stromabnahme zu
erhalten.

Die Leitfähigkeit in bezug auf Quecksilber beträgt:

für Hartkupferdraht. . . . 57
„ Weichkupferdraht . . . 58 bis 60

für Siliziumbronzedraht . . 25 bis 30
„ Aluminiumdraht . . . 35
„ Eisendraht (weich) . . 7,5 bis 10,

die Bruchfestigkeit beträgt:

1. bei Hartkupfer . . . . 40 kg pro qmm ⎫
2. „ Weichkupfer . . . 24 „ „ „ ⎪ im
3. „ Bronzedraht . . . 45—70 „ „ „ ⎬ Durch-
4. „ Aluminiumdraht . 20—25 „ „ „ ⎪ schnitt.
5. „ Eisendraht . . . . 40 „ „ „ ⎭

Man hat auch Versuche mit Leitungsdrähten aus Magnalium, einer Legierung aus Aluminium und Magnesium, angestellt.

Trotzdem das Magnalium ein spez. Gewicht von 2,4 bis 2,46 hat, sich leicht bearbeiten, schmieden, löten und polieren läßt und der Rost- und Grünspanbildung nicht unterliegt, ist es seines hohen Preises wegen nicht in dem Bahnbetrieb eingeführt worden. Der Kupferfahrdraht hat sich so gut bewährt, daß bis heute kein Material ihn auch nur annähernd in bezug auf Preis, Haltbarkeit und Wirtschaftlichkeit ersetzen kann.

Die größte zulässige Beanspruchung des Hartkupferdrahtes kann zu 12 kg pro qmm angenommen werden, doch wird man gut tun, die Zugspannung nur mit 10 kg/qmm in Rechnung zu setzen.

Der Koeffizient der Längenausdehnung für 100° C beträgt für Kupfer $0,001718 = \frac{1}{582}$. Das spez. Gewicht für Kupfer ist 8,9, der Leitungswiderstand ist bei 15° C für Kupfer 0,0175 Ohm.

Durch Lötung (Weichlot) sinkt die Festigkeit des Hartkupferdrahtes von 40 auf 30 kg pro qmm. Um eine derartige unnötige Schwächung des Fahrdrahtes bei der Montage zu vermeiden, werden heute im Gegensatz zu früher die Befestigungen nicht mehr gelötet, sondern durch zweckentsprechende Materialien mittels Reibung festgeklemmt.

Der Hartkupferfahrdraht wird in Längen von 500 m ohne jede Lötstelle und in Längen bis zu 3000 m mit ausgewalzten Lötstellen geliefert. Lötstellen, die unter Verwendung von Silber vor dem Auswalzen des Drahtes hergestellt werden, und dann beim Auswalzen eine Länge von 0,5 bis 1 m und darüber aufweisen, beeinträchtigen seine Festigkeit fast gar nicht. Derartige Lötstellen können natürlich nur im Walzwerk und nicht auf der Montage vorgenommen werden.

Die Oberfläche des Drahtes muß vollständig glatt sein und darf keine Unebenheiten oder Risse aufweisen. Der Fahrdraht sollte stets so hergestellt sein, daß man ihn im kalten Zustande mindestens 6 mal verdrehen und ihn um ein Stück Rundeisen von 20 mm Durchmesser mindestens 4 mal wickeln kann, ohne ihn zu brechen.

Der Hartkupferdraht wird durchschnittlich auf Holztrommeln von 1 m Durchmesser gewickelt, wobei die Enden des Drahtes sorgfältig auf der Trommel befestigt werden, um beim Abwickeln ein Abschnellen des Drahtes zu vermeiden. Das Aufwickeln des Drahtes auf die Holztrommeln muß ebenfalls mit der größten Sorgfalt geschehen, die einzelnen Drahtwindungen müssen dicht nebeneinander liegen, keine Windung mit Ausnahme der ersten und letzten jeder Wickellage darf über eine andere Wicklung der vorhergehenden Schicht zu liegen kommen, sondern muß sich in die durch die Windungen der unteren Wickellage gebildeten Rillen Abb. 82 einschmiegen.

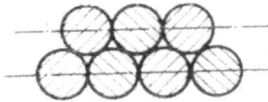

Abb. 82.

Sehr zweckmäßig ist es, wenn die Länge des auf die Trommel gewickelten Drahtes auf die Trommel von dem Walzwerk geschrieben wird, damit der Bauleiter bei der Montage die zweckentsprechende Verteilung desselben vornehmen kann. Durch die Örtlichkeit und durch die Bestimmung des Auftraggebers liegen die Streckenisolatoren und die Fahrdrahtnachspannungen (also die Punkte, an denen der Fahrdraht abgeschnitten wird) fest. Es kann dann das unnötige Zerschneiden und Flicken des Drahtes vermieden werden. Kein Auftraggeber wird es gern sehen, wenn er statt einer durchlaufenden Fahrleitung einen zusammengestückelten Fahrdraht erhält. Es sollte daher jeder Bauleiter darauf dringen, daß von seinem Monteur stets die von einer Trommel abgewickelten Drahtlängen auf der Trommel vermerkt werden. Außerdem empfiehlt es sich, auf jeder Trommel das Leergewicht und dasjenige mit Drahtlast anzugeben. Auch ist es zum Vorteil, wenn die Länge des Drahtes zwischen den einzelnen Lötstellen auf jeder Trommel dem Bauleiter bekannt sind.

Man sollte auf Trommeln nie mehr als 3 t Draht aufwickeln, da dieselben sonst zu unhandlich werden.

Runddraht wird heute nur noch für den kleinsten Querschnitt von 50,265 qmm (8 mm Durchm.) verwendet, während Rillendraht von 53 qmm Querschnitt an im Handel zu haben ist. Der kleinste (achtförmige) Profildraht hat einen Querschnitt von 55 qmm. Rillen- und Profildrähte über 100 qmm Querschnitt verlegt man infolge ihrer Widerstandsmomente und der großen Gewichte wegen nicht gern.

Nachstehend seien die gebräuchlichsten Querschnitte mit ihren Gewichten angegeben:

Querschnitt	Gewicht per lfd. m
50,265 qmm	0,4480 kg
53 ,,	0,4724 ,,
55 ,,	0,4902 ,,
65 ,,	0,5793 ,,
70 ,,	0,6239 ,,

Querschnitt	Gewicht per lfd. m
80 qmm	0,7130 kg
90 „	0,8022 „
100 „	0,8913 „

In der nachstehenden Abb. 83 sind die gebräuchlichsten Querschnittformen wiedergegeben.

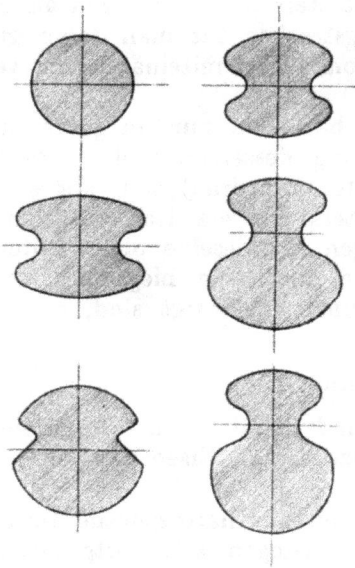

Von den Walzwerken werden auf Wunsch auch andere Profile und Querschnitte geliefert, die aber, da neue Zieheisen hierfür angefertigt werden müssen, die Herstellung des Fahrdrahtes verteuern.

Im Betriebe wird stets eine Abnutzung des Fahrdrahtes eintreten, und zwar ist dieselbe auf Reibung durch den Stromabnehmer oder auf den unvollständigen Kontakt des Stromabnehmers mit dem Fahrdraht zurückzuführen. Die Abnutzung durch den Stromabnehmer mit Rolle ist eine

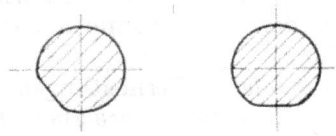

Abb. 83.   Abb. 84.

gleitende Reibung an den Rollenflanschen und tritt besonders in Kurven auf, wo die Rolle durch die Zentrifugalkraft nach außen geschleudert wird. Der Fahrdraht wird seitlich abgeschliffen (Abb. 84); durch den Bügelstromabnehmer tritt an der unteren Kante des Fahrdrahtes eine gleitende Reibung auf, die die Unterkante desselben abschleift (Abb. 84).

Da der Bügelstromabnehmer mit einem Schleifstück aus weichem Metall (Aluminium) versehen ist, so wird die Abnutzung des Fahrdrahtes stark gemindert.

Die Abnutzung durch den unvollständigen Kontakt und die damit bedingte Funkenbildung entsteht dadurch, daß der Stromabnehmer nicht ständig an der Leitung anliegt. Die Ursachen hierfür können sein eine starre (nicht genügend federnde) Oberleitung, eine mangelhafte Gleisanlage, starkes Schaukeln des Motorwagens und anderes mehr.

Beim ständigen An- und Abschlagen des Stromabnehmers zeigt das positive Kontaktstück (der Fahrdraht) eine starke Abnutzung.

weil hier nicht nur eine starke Verbrennung, sondern auch durch Elektrolyse eine Überführung der Teilchen zum negativen Pol stattfindet. Durch starkes Funkenziehen zwischen Fahrdraht und Stromabnehmer (auch Feuern genannt) treten Brandstellen am Fahrdraht auf und glühen denselben schließlich aus. An den Haltestellen der Bahnen kann man eine stärkere Abnutzung des Fahrdrahtes wahrnehmen, da hier durch Anfahren stets ein großer Stromverbrauch stattfindet. Auch der bergauf fahrende Wagen wird den Fahrdraht stets mehr abnutzen als der bergab fahrende. Bei zweigleisigen Bergstrecken tut man daher gut, die Fahrdrähte in kurzen Abständen stromleitend miteinander zu verbinden.

Ein gut straffgespannter Fahrdraht hat nicht nur ein gutes Aussehen, sondern vermindert die Abnutzung desselben und vermeidet das Entgleisen des Stromabnehmers. Der Fahrdraht soll (abgesehen von Gruben- oder sog. Werkbahnen) stets gut elastisch aufgehängt werden. Bei den Querdrahtaufhängungen ist dieselbe ohne weiteres vorhanden, bei Auslegern kann dieselbe durch ein biegsames, feinadriges Stahlseil, an dem die Aufhängungen befestigt sind, erreicht werden.

b) Speiseleitung.

Die gebräuchlichsten Materialien sind Kupfer und Aluminium. Für besondere Fälle kommen noch Bronze, Stahl, Eisen und Monnotmetall hinzu.

Für kupferne Fernleitungen sollte man nur hartgezogene Drähte wählen. Nach den Normalien für Freileitungen soll hartgezogener Kupferdraht mit einer Höchstbeanspruchung von 12 kg/qmm verwendet werden. Für Seile soll ebenfalls nur hartgezogenes Kupfer verwendet werden. Die Einzeldrähte eines Seiles sollen nicht über 3 mm Durchm. haben, weil die Bruchfestigkeit mit dem wachsenden Durchmesser abnimmt. Wegen der leichteren Handhabung bei der Montage sind Seile den Drähten vorzuziehen. Außerdem haben Seile den Vorzug, daß bei Verletzung der harten Oberfläche oder bei einer schwachen Stelle eines Drahtes die anderen Drähte des betr. Seiles den Leitungszug übernehmen, ohne daß eine wesentlich höhere Beanspruchung desselben eintritt. Es werden hartgezogene Kupferseile bis 42 kg/qmm Bruchfestigkeit hergestellt, deren Streckgrenze das 0,8fache beträgt. Die zulässige Maximalbeanspruchung liegt demnach bei 16,8 kg/qmm.

Nach den Normalien des V.D.E. soll die zulässige Höchstbelastung für Aluminiumdraht 9 kg/qmm nicht überschreiten. Die Bruchgrenze liegt bei 18 bis 20 kg/qmm, die Streckgrenze bei 14 bis 15 kg/qmm.

Der Querschnitt für Aluminium muß, wenn er die gleiche Leitfähigkeit wie Kupfer haben soll, 1,7mal größer gewählt werden. Ein mit 16 kg/qmm gespannter Kupferdraht wird auf die Masten einen etwas

stärkeren Zug ausüben, als ein Aluminiumdraht von gleicher Leitfähigkeit mit 7 bis 9 kg/qmm Beanspruchung, denn der Aluminiumdraht
wird in diesem Falle 1,7 · 7 = 11,9 bzw. 1,7 · 8 = 13,6 bzw. 1,7 · 9
= 15,3 kg/qmm gespannt. Dieser geringe Vorteil verbilligt bei Fernleitungen jedoch die Anlage nicht, denn der größere Querschnitt der
Aluminiumleitung erhöht den Winddruck und erfordert infolgedessen
kräftigere Abspann- und Kurvenmaste, als bei Verwendung von Kupferdrähten notwendig sind. Außerdem kommt noch hinzu, daß große
Spannweiten einen wesentlich größeren Durchhang des Aluminium-
leiters bedingen und dementsprechend höhere Maste verlangen.

Der niedrige Schmelzpunkt des Aluminiums vergrößert die Gefahr
des Abschmelzens bei Isolatordefekten. Ein Übelstand in elektrischer
Hinsicht ist die erhöhte Induktion der Leitung infolge des erhöhten
Drahtabstandes, der durch den großen Durchhang des Aluminiumdrahtes bedingt ist.

Ein großer Nachteil der Aluminiumdrähte ist, daß sich dies Material
bis jetzt nicht gut löten läßt. Es sind deshalb die Leitungen durch
Klemmen oder Würgehülsen aus gleichem Material zu verbinden.

Die atmosphärischen Einflüsse sind für Aluminium nicht ungün-
stiger als für Kupfer. Es besitzt eine geringe Widerstandsfähigkeit
gegen alkalische Flüssigkeiten. Im Wasser, das freie Säuren enthält,
löst sich das Aluminium unter Entwicklung von Wasserstoff auf. In
der Nähe chemischer Fabriken sind ungeschützte Aluminiumdrähte
aus diesem Grunde zu vermeiden. Erfahrungsgemäß bewährt sich
Aluminium gegen salzhaltige Seeluft durch seine fest anhaftende Oxyd-
schicht besser als Kupfer.

Für größere Spannweiten, bei denen ein kleiner Durchhang bedingt
ist, verwendet man Leitungen aus Bronze, einer Legierung aus Kupfer
und Zinn. Die Zusammensetzung dieser Legierung kann den jeweiligen
Anforderungen an Leitfähigkeit und Zugfestigkeit angepaßt werden.
Ein großer Nachteil der Bronzeleitungen ist, daß bei sehr hoher Festigkeit die Leitfähigkeit zurückgeht, und daß bei der großen Empfindlichkeit des harten Materials gegen Biegungsbeanspruchung die Montage
besonders vorsichtig gehandhabt werden muß.

Galvanisch verzinkte Stahlseile kann man dort verwenden, wo mit
geringstem Durchhang die größtmöglichen Spannweiten erreicht werden
sollen.

In Amerika verwendet man neuerdings das sog. Monnotmetall.
Dies Metall besteht aus einem Stahlkern und einem metallurgisch auf-
geschweißten Kupfermantel. Ein Stahlblock wird in flüssiges Kupfer
getaucht, wobei sich die oberste Stahlschicht mit dem Kupfer legiert.
Um die gewünschte Stärke des Kupfermantels zu erhalten, wird der
Stahlblock mit einer entsprechenden Kupfermenge umgossen und dann
in Drähte von beliebigem Durchmesser ausgewalzt. Ein Reißen und

Abspringen des Kupfermantels infolge der ungleichen Ausdehnung der beiden Metalle tritt nicht ein, da die legierte Zwischenschicht den Unterschied derselben ausgleicht.

Material	Spez. Gewicht	Bruchfestigkeit kg/qmm	Streckgrenze kg/qmm	Zulässige Beanspruchung kg/qmm	Elastizitätsmodul E kg/qmm	Dehnungskoeffizient $\beta = \dfrac{1}{E}$	Wärmeausdehnungskoeffizient α	Spez. Leitfähigkeit
Kupfer, hart	8,96	41—46	30—36	14—18	13 200	$0{,}76 \cdot 10^{-4}$	$1{,}68 \cdot 10^{-5}$	57
Kupferkabel	—	—	—	—	$E_1 = 0{,}6\,E$	$\beta_1 = \dfrac{1}{0{,}6\,E}$	—	—
Aluminiumdraht	2,7	18—20	14—15	9	7 300	$1{,}37 \cdot 10^{-4}$	$2{,}3 \cdot 10^{-5}$	34,8
Aluminiumkabel	2,7	16—18	12,5—13,5	7	5 400	$1{,}85 \cdot 10^{-4}$	$2{,}3 \cdot 10^{-5}$	34,8
Bronze	8,8	70	45	25	12 000	$0{,}84 \cdot 10^{-4}$	$1{,}8 \cdot 10^{-5}$	35,3
Bronze	8,92	50	34	18	12 000	$0{,}84 \cdot 10^{-4}$	$1{,}8 \cdot 10^{-5}$	50,4
Bronzekabel	—	—	—	—	$E_1 = 0{,}6\,E$	$\beta_1 = \dfrac{1}{0{,}6\,E}$	—	—
Stahl	7,95	70	50	25	19 000	$0{,}52 \cdot 10^{-4}$	$1{,}2 \cdot 10^{-5}$	6,25
Gußstahldraht	7,95	90	70	35	21 000	$0{,}48 \cdot 10^{-4}$	$1{,}2 \cdot 10^{-5}$	5,7
Patentgußstahldraht	7,95	130	110	50	21 500	$0{,}47 \cdot 10^{-4}$	$1{,}2 \cdot 10^{-5}$	4,9
Monnotmetall	8,3	90	75	45	21 000	$0{,}48 \cdot 10^{-4}$	$1{,}2 \cdot 10^{-5}$	21
Monnotmetall	8,45	58	47	24	19 000	$0{,}52 \cdot 10^{-4}$	$1{,}2 \cdot 10^{-5}$	29
Monnotmetallkabel	—	—	—	—	$E_1 = 0{,}6\,E$	$\beta_1 = \dfrac{1}{0{,}6\,E}$	—	—

1. Blanke Kupfer- und Aluminiumleitungen.

Querschnitt von gleichem Widerstand		Anzahl der einzelnen Drähte		Durchmesser der einzelnen Drähte		Äußerer Durchmesser		Gewicht für 1000 m	
Kupfer qmm	Aluminium qmm	Kupfer	Aluminium	Kupfer mm	Aluminium mm	Kupfer mm	Aluminium mm	Kupfer kg	Aluminium kg
6	—	1	—	2,76	—	2,76	—	53	—
10	17	1	7	3,56	1,76	3,56	5,28	89	46
16	27,2	1	7	4,52	2,23	4,52	6,60	142	74
16	27,2	7	7	1,71	2,23	5,10	6,60	145	74
25	42,5	1	19	5,64	1,70	5,64	8,35	223	115
25	42,5	7	19	2,13	1,70	6,40	8,35	228	115
35	59,5	7	19	2,52	2,00	7,70	9,95	318	162
50	85	19	19	1,83	2,39	9,20	11,90	455	230
70	119	19	19	2,16	2,82	10,90	14,10	640	322
95	161,5	19	19	2,52	3,30	12,70	16,30	870	440
120	204	19	37	2,84	2,65	14,30	18,70	1100	555

2. Drahtseile aus verzinkten Eisen- und Stahldrähten.

Material	Anzahl der Drähte	Durchmesser des Seils mit Hanfseele mm	Festigkeit kg	Gewicht für 1000 m kg
Eisen	84	3	100	25
Eisen	49	3	110	35
Stahl	49	3	275	35
Eisen	96	5	275	130
Eisen	42	5	400	90
Stahl	42	5	1200	90
Eisen	72	7	600	155
Stahl	77	7	2200	170
Eisen	42	9	1100	290
Stahl	49	9	3000	325
Eisen	42	12	2200	540

2. Beanspruchung der Stromzuführungsdrähte.

Die Errechnung der Beanspruchung und des dadurch bedingten Durchhanges von Fahr- und Leitungsdrähten liegt in der Berücksichtigung der Verhältnisse, die sich als Zustandsänderungen eines gespannten Drahtes infolge der Veränderung der Zusatzbelastung ergeben. Soll eine Oberleitung, die an Querdrähten oder Auslegern bzw. Traversen befestigt ist, in mechanischer Beziehung beurteilt werden, so muß vor allen Dingen die Beanspruchung und der Durchhang derselben (die beiden Größen stehen in einem bestimmten Zusammenhang) berücksichtigt werden. Wie leicht denkbar, hat der an einem Ende befestigte und durch Zug am andern Ende gespannte Draht zwischen allen Stützpunkten, je nach den Abständen, einen bestimmten Durchhang, der kleiner oder größer wird, je nachdem der Zug im Draht ab- oder zunimmt. Die Änderung des Zuges und dementsprechend auch die der Beanspruchung (die sich als Zug für die Querschnittseinheit ergibt) wirken auch indirekt auf den Durchhang ein, nämlich dadurch, daß die mechanische Dehnung bei Zu- oder Abnahme der Beanspruchung eine Längenveränderung des Drahtes bedingt, die ihrerseits auf die Größe des Durchhanges rückwirkend sein muß. Die Dehnung bewirkt, daß der stärker gespannte Leitungsdraht sich verlängert und daher nicht ganz den kleinen Durchhang annimmt, der sich einstellen müßte, wenn die Erhöhung des Zuges auf ein unter diesem Einfluß unveränderliches Material einwirkte. Dagegen verhindert die veränderte Dehnung bei kleinerem Zuge, daß ein Durchhang erreicht wird, den man ohne Berücksichtigung dieses Umstandes erwarten müßte.

Den beiden Größen Beanspruchung und Durchhang sind technisch nach oben und unten Grenzen gesetzt. Bei gegebener Höhe des Leitungsdrahtes ist unter Berücksichtigung der Festigkeit des Materials der kleinste Durchhang festgelegt, da sonst durch die Erhöhung der Beanspruchung und durch die hierdurch bedingte Verminderung des Durchhanges die erforderliche Sicherheit des Materials überschritten würde.

Die Werte für Durchhang und Beanspruchung, die einem Leitungsdraht beim Verlegen durch Befestigen an den Aufhängepunkten gegeben sind, bleiben nicht konstant, sondern sind starken Schwankungen durch die Temperatur und die Zusatzbelastung unterworfen. Eine Änderung der Temperatur nach oben oder nach unten bewirkt eine Verlängerung oder Verkürzung der Leitungslänge infolge der Wärmeausdehnung. Hierdurch ist naturgemäß eine Änderung des Durchhanges und der Beanspruchung bedingt. Unter Zusatzbelastung versteht man die durch atmosphärische Einflüsse, Wind, Eis, Schnee, zu dem Eigengewicht des Drahtes noch hinzutretenden Belastungen, die eine stärkere Dehnung des Leiters hervorrufen und den Durchhang vergrößern bzw. verkleinern.

Da die Maste infolge ihrer Durchbiegung nicht als feste Stützpunkte gelten können, so kommt hierdurch noch ein weiterer Gesichtspunkt für die Änderung von Durchhang und Beanspruchung der Leitung hinzu.

Der Verband Deutscher Elektrotechniker gibt in seinen „Normalien für Freileitungen“ an, daß den Festigkeitsrechnungen das eine Mal eine Temperatur von —20° C ohne zusätzliche Belastung und das andere Mal eine Temperatur von —5° C und eine Belastung durch Eis zugrunde zu legen ist. Das Gewicht des Eises ist hierbei gleich $0,015 \cdot q$ kg für den lfd. m zu setzen, wobei q den Querschnitt der Leitung in qmm bedeutet. Da nun die bei uns vorkommende höchste Temperatur des Leitungsdrahtes +40° C ist, so sind hiermit die Grenzen für die Temperaturänderungen, der Höchstwert der Zusatzlast und die Temperatur, bei der dieselbe auftritt, in Deutschland festgelegt. Aus den Normalien geht weiter hervor, daß die Spannweite eine gewisse Rolle spielt, und daß die Höchstbeanspruchung bei Spannweiten unter 50 m etwa bei einer Temperatur von —20° C liegt, während sie bei Spannweiten über 50 m bei —5° C und Eislast liegt. Rechnet man die Zugbeanspruchung für beide Fälle für verschiedene Spannweiten durch, so findet man, daß bis zu einer bestimmten Spannweite die für —20° C durchgeführte Rechnung größere Werte ergibt, und daß über dieser Spannweite die ungünstigste Beanspruchung bei —5° C und der Eislast liegt. Man nennt diese Spannweite, die die Grenze für die Berechnung der Beanspruchung zwischen —20° C und —5° C und Zusatzlast bildet, die kritische Spannweite.

Scheuer gibt für diese kritische Spannweite folgende Formel an:

$$ a = 6\,s \cdot \sqrt[]{\dfrac{10\,a}{g_z{}^2 - g^2}} $$

hierin bedeutet:

a die Spannweite in m,

s die zulässige Beanspruchung in kg/qmm,

g das Gewicht des Drahtes in kg/qmm und m,

g_z das Gewicht des Drahtes in kg/qmm und m mit Eislast,

a den Wärmeausdehnungskoeffizienten.

Im nachstehenden sollen nur die Formeln über Beanspruchung und Durchhang gebracht werden, ohne auf die Abwicklung derselben Rücksicht zu nehmen. Es gibt hierüber genügend Werke, und ein jeder Bauleiter hat sein Spezialwerk, nach dem er sich richtet. Hier soll nur der Rechnungsgang nach den Formeln gezeigt werden.

Nach Dipl.-Ing. Robert Weil.

Es bedeuten in den nachstehenden Formeln:

x die Spannweite oder den Abstand zwischen zwei Masten in cm,

p die Beanspruchung in kg/qcm in einem beliebigen Belastungsfalle,

p_{max} die höchste zulässige Beanspruchung des Materials in kg/qcm,

f den Durchhang in cm bei der Beanspruchung p,

t die Temperatur in ^{0} C bei p,

t_0 —20^0 C,

x_p die kritische Spannweite,

δ das Eigengewicht der Leitung,

ϱ das Eigengewicht + Zusatzlast in kg/qcm,

ϑ den Wärmeausdehnungskoeffizienten pro 1^0 C,

a die Dehnungszahl in qcm/kg.

Bei allen Spannweiten unter x_p tritt die höchste Beanspruchung bei der niedrigsten Temperatur —20^0 C ein, während für alle Spannweiten über x_p die höchste Beanspruchung sich bei —5^0 C und der höchsten Zusatzbelastung ergibt.

	δ kg/cm³	ϑ bez. auf 1°C	a qcm/kg
Kupfer	$8,9 \cdot 10^{-3}$	$1,7 \cdot 10^{-5}$	$1/1,3 \cdot 10^6$
Bronze (Festigkeit 7000 kg/qcm Telephondraht)	$8,65 \cdot 10^{-3}$	$1,66 \cdot 15^{-5}$	$1/1,3 \cdot 10^6$
Aluminium	$2,75 \cdot 10^{-3}$	$2,3 \cdot 10^{-5}$	$1/0,715 \cdot 10^6$
Stahl	$7,95 \cdot 10^{-3}$	$1,1 \cdot 10^{-5}$	$1/2,2 \cdot 10^6$
Eisen	$7,79 \cdot 10^{-3}$	$1,23 \cdot 10^{-5}$	$1/1,9 \cdot 10^6$

für Kupfer

$p_{max} =$	4	8	10	12	14	16	18	20 kg/qmm
$x_p =$	14,1	28,2	35,3	42,4	49,5	56,5	63,6	70,7 m

für Aluminium

$p_{max} =$	6	9 kg/qmm
$x_p =$	31,2	46,7 m

Weil gibt ferner an, daß der größte Durchhang bei allen Spannweiten über x_p bei der maximalen Belastung und —5°C, wenn die Maximalbeanspruchung p_{max}

für Kupfer $\geqq$ 15,8 kg/qmm,

„ Aluminium $>$ 8,75 „

„ Stahl $>$ 16,66 „

beträgt.

Ist jedoch $p_{max} \leqq$ den angegebenen Werten, so tritt der maximale Durchhang bei der maximalen Temperatur $t_{max} = +40°$ C ein.

Berechnung der Temperaturgrade nach den Verbandsnormalien für Hartkupfer:

1. $x > x_p$

$$x = 0{,}18\, p_{max} \cdot p \sqrt{\frac{[p_{max} - 22{,}1\,(t + 5)] - p}{p^2 - (p_{max}/2{,}67)^2}}$$

$$f = 11{,}1 \cdot 10^{-4}\, \frac{x^2}{p}$$

2. $x < x_p$

$$x = p\, \frac{p_{max}}{\delta}\, \sqrt{24\,a} \sqrt{\frac{p - \left[p_{max} - \dfrac{\vartheta}{a}\,(t - t_0)\right]}{p_{max}^2 - p^2}}$$

$$f = 11{,}1 \cdot 10^{-4}\, \frac{x^2}{p}.$$

Es soll nach den Formeln von R. Weil für eine Straßenbahn die Beanspruchung und der Durchhang des Fahrdrahtes (Hartkupfer) bei einer Höchstbeanspruchung von 1000 kg/qcm bei Temperaturänderungen von 40 bis —20° C ermittelt werden.

Die kritische Spannweite beträgt bei $p_{max} = 10$ kg/qmm $= 35{,}3$ m.

a) Zunächst soll $x > x_p$ berechnet werden.

Die Formel lautet hierfür:

$$x = 0{,}18\, p_{max} \cdot p \sqrt{\frac{p_{max} - 22{,}1\,(t + 5) - p}{p^2 - (p_{max}/2{,}67)^2}}$$

$$f = 11{,}1 \cdot 10^{-4}\, \frac{x^2}{p}.$$

Mit $p_{max} = 1000$ kg/qcm wird:

$$0{,}18\ p_{max} = 180$$
$$(p_{max}/2{,}67)^2 = 140\,250{,}25$$

und mit

t =	— 20	— 15	— 10	— 5	± 0	+ 5	+ 10	+ 15
$p_{max} - 22{,}1 \ (t + 5)$	1331,5	1221,0	1110,5	1000	889,5	779,0	668,5	558,0

t =	+ 20	+ 25	+ 30	+ 35	+ 40
$p_{max} - 22{,}1 \ (t + 5)$	447,5	337,0	226,5	116,0	5,5

Die Berechnung gestaltet sich wie folgt:

1. $t = +40$

$$x = 180\, p \sqrt{\frac{5{,}5 - p}{p^2 - 140\,250{,}25}}\,; \quad f = 11{,}1 \cdot 10^{-4}\, \frac{x^2}{p}$$

$p = 286$	$x = 35{,}3$ m	$f = 48{,}5$ cm
290	37,1	52,6
295	39,1	57,6

2. $t = +35$

$$x = 180\, p \sqrt{\frac{116{,}0 - p}{p^2 - 140\,250{,}25}}\,; \quad f = 11{,}1 \cdot 10^{-4}\, \frac{x^2}{p}$$

$p = 305$	$x = 34{,}75$	$f = 44{,}0$
307	35,36	45,2
310	37,0	49,2
315	39,35	54,7
320	42,3	

3. $t = +30$

$$x = 180\, p \sqrt{\frac{226{,}5 - p}{p^2 - 140\,250{,}25}}\,; \quad f = 11{,}1 \cdot 10^{-4}\, \frac{x^2}{p}$$

$p = 300$	$x = 24{,}2$	$f = 21{,}5$
330	34,2	39,3
333	36,2	43,8
335	37,5	46,6
338	40,0	53,8

4. $t = +25$

$$x = 180\, p \sqrt{\frac{337{,}0 - p}{p^2 - 140\,250{,}25}}\,; \quad f = 11{,}1 \cdot 10^{-4}\, \frac{x^2}{p}$$

$p = 362$	$x = 33{,}85$	$f = 35{,}3$
363	36,20	40,3
364	38,50	45,4
365	41,50	52,2
370	66,50	131,5

5. $t = +20$

$$x = 180\,p\,\sqrt{\frac{447,5 - p}{p^2 - 140250,25}}\,;\ f = 11,1 \cdot 10^{-4}\,\frac{x^2}{p}$$

$p = 410$	$x = 27,11$	$f = 19,9$
405	30,90	26,2
404	31,62	27,5
403	32,60	29,2
400	35,3	34,6
399	36,3	36,7
398	37,4	39,0
397	38,6	41,6
396	39,7	44,3
395	41,0	47,2

6. $t = +15$

$$x = 180\,p\,\sqrt{\frac{558,0 - p}{p^i - 140250,25}}\,;\ f = 11,1 \cdot 10^{-4}\,\frac{x^2}{p}$$

$p = 446$	$x = 35,00$	$f = 30,6$
444	35,6	32,0
442	36,4	33,4
440	37,3	35,0
438	38,0	36,7
437	38,3	37,5
436	38,8	38,4
435	39,2	39,4
430	41,5	44,4
428	42,4	46,6
425	43,8	50,4
420	46,5	57,5
410	53,8	78,5
400	64,5	115,7

7. $t = +10^\circ$

$$x = 180\,p\,\sqrt{\frac{668,5 - p}{p^2 - 140250,25}}\,;\ f = 11,1 \cdot 10^{-4}\,\frac{x^2}{p}$$

$p = 500$	$x = 29,6$	$f = 19,45$
494	34,3	26,6
493	34,8	27,3
492	36,7	30,5
490	37,2	31,3
488	37,6	32,5
485	38,3	33,6
482	39,0	35,1

$p = 480$	$p = 39,45$	$p = 36,0$
478	40,00	37,1
475	40,6	38,6

8. $t = +5^0$

$$x = 180\, p \sqrt{\frac{779,0 - p}{p^2 - 140250,25}}\,; \quad f = 11,1 \cdot 10^{-4}\, \frac{x^2}{p}$$

$p = 565$	$x = 35,2$	$f = 24,3$
560	35,8	25,4
550	37,2	27,9
540	38,55	30,6
536	39,08	31,85
532	39,8	33,2
528	40,3	34,2
523	41,2	36,0
520	41,5	36,8
500	45,4	45,6

9. $t = \pm\, 0^0$

$$x = 180\, p \sqrt{\frac{889,5 - p}{p^2 - 140250,25}}\,; \quad f = 11,1 \cdot 10^{-4}\, \frac{x^2}{p}$$

$p = 650$	$x = 34,2$	$f = 19,9$
640	35,6	22,15
620	37,0	24,6
600	39,18	28,5
590	39,76	29,8
580	41,4	32,9

10. $t = -5^0$

$$x = 180\, p \sqrt{\frac{1000,0 - p}{p^2 - 140250,25}}\,; \quad f = 11,1 \cdot 10^{-4}\, \frac{x^2}{p}$$

$p = 720$	$x = 35,3$	$f = 19,4$
700	36,9	21,6
680	38,4	24,1
660	40,4	27,4
640	42,1	30,8

11. $t = -10^0$

$$x = 180\, p \sqrt{\frac{1110,5 - p}{p^2 - 140250,25}}\,; \quad f = 11,1 \cdot 10^{-4}\, \frac{x^2}{p}$$

$p = 800$	$x = 35,9$	$f = 17,95$
780	37,3	19,85
760	38,7	21,90
740	40,2	24,20
720	41,6	26,65

12. $t = -15^0$

$$x = 180\, p\, \sqrt{\frac{1221{,}0 - p}{p^2 - 140250{,}25}}\; ;\quad f = 11{,}1 \cdot 10^{-4}\, \frac{x^2}{p}$$

$p =$	900	$x =$	35,4	$f =$	15,55
	875		37,05		18,40
	850		38,65		19,50
	825		40,2		21,70
	800		41,8		24,20

13. $t = -20^0$

$$x = 180\, p\, \sqrt{\frac{1331{,}5 - p}{p^2 - 140250{,}25}}\; ;\quad f = 11{,}1 \cdot 10^{-4}\, \frac{x^2}{p}$$

$p =$	1000	$x =$	35,4	$f =$	14,0
	975		36,75		15,4
	950		38,2		17,1
	925		39,6		18,9
	900		41,2		20,9

b) $x < x_p$:

Für diese Fälle lautet die Formel:

$$x = p\, \frac{p_{\max}}{\delta} \cdot \sqrt{24\,a}\, \sqrt{\frac{p - \left[p_{\max} - \dfrac{\vartheta}{a}\,(t - t_0)\right]}{p_{\max}^2 - p^2}}$$

$$f = 11{,}1 \cdot 10^{-4}\, \frac{x^2}{p}\, ,$$

worin $t_0 = -20^0$ zu setzen ist.

Mit $p_{\max} = 1000$ kg/qcm wird:

bei
$$\delta = 8{,}9 \cdot 10^{-3}\ \text{kg/qcm}$$
$$a = 1/1{,}3 \cdot 10^{-6}\ \text{cm}^2\text{/kg}$$
$$\vartheta = 1{,}7 \cdot 10^{-5}$$
$$p_{\max} \cdot \sqrt{24\,a} = 483$$
$$p_{\max}^2 = 1000000$$

und mit

$t =$	-20	-15	-10	-5	∓ 0	$+5$	$+10$	$+15$	$+20$
$p_{\max} - \dfrac{\vartheta}{a}\,(t - t_0) =$	1000	889,5	779	668,5	558	447,5	337	226,5	116

$t =$	$+25$	$+30$	$+35$	$+40$
$p_{\max} - \dfrac{\vartheta}{a}\,(t - t_0) =$	4,5	-105	$-215,5$	-326.

Die Berechnung gestaltet sich wie folgt:

1. $t = + 40^0$

$$x = p \cdot 483 \sqrt{\frac{p + 326}{1\,000\,000 - p^2}}\,; \quad f = 11{,}1 \cdot 10^{-4} \frac{x^2}{p}$$

$p =$	$x =$	$f =$
80	4,70	3,12
90	8,89	9,78
100	10,00	11,10
120	12,33	14,08
160	17,26	20,70
200	22,62	28,62
220	25,46	32,70
240	28,37	37,20
260	31,46	42,30
280	34,80	48,00
300	37,90	53,40

2. $t = + 35^0$

$$x = p \cdot 483 \sqrt{\frac{p + 215{,}5}{1\,000\,000 - p^2}}\,; \quad f = 11{,}1 \cdot 10^{-4} \frac{x^2}{p}$$

$p =$	$x =$	$f =$
120	10,34	9,90
140	12,88	13,15
160	15,20	16,00
200	20,12	22,50
240	25,49	30,00
280	31,34	38,90
300	34,50	44,20
320	38,18	50,50

3. $t = + 30^0$

$$x = p \cdot 483 \sqrt{\frac{p + 105}{1\,000\,000 - p^2}}\,; \quad f = 11{,}1 \cdot 10^{-4} \frac{x^2}{p}$$

$p =$	$x =$	$f =$
130	9,70	8,07
150	11,75	10,20
180	14,93	13,75
200	17,26	16,55
220	19,67	19,52
250	23,54	24,60
280	27,66	30,30
300	30,59	34,70
320	32,80	37,20
350	38,50	47,20

4. $t = + 25^0$

$$x = p \cdot 483 \sqrt{\frac{p - 4,5}{1\,000\,000 - p^2}}; \quad f = 11,1 \cdot 10^{-4} \frac{x^2}{p}$$

$p = 150$	$x = 8,85$	$f = 5,80$
200	13,78	10,55
240	18,28	15,43
280	23,55	21,60
300	26,17	25,40
320	29,29	29,80
340	31,60	33,05
360	35,20	38,10

5. $t = + 20^0$

$$x = p \cdot 483 \sqrt{\frac{p - 116}{1\,000\,000 - p^2}}; \quad f = 11,1 \cdot 10^{-4} \frac{x^2}{p}$$

$p = 200$	$x = 9,05$	$f = 4,55$
230	12,17	7,14
260	15,60	7,88
290	19,31	14,30
320	23,56	19,25
350	30,58	29,60
380	36,40	38,60

6. $t = + 15^0$

$$x = p \cdot 483 \sqrt{\frac{p - 226,5}{1\,000\,000 - p^2}}; \quad f = 11,1 \cdot 10^{-4} \frac{x^2}{p}$$

$p = 300$	$x = 13,00$	$f = 6,25$
330	18,16	11,10
360	21,59	14,40
390	26,08	19,40
420	31,23	25,40
450	36,30	32,60
480	42,00	40,80
510	48,00	50,80

7. $t = + 10^0$

$$x = p \cdot 483 \sqrt{\frac{p - 337}{1\,000\,000 - p^2}}; \quad f = 11,1 \cdot 10^{-4} \frac{x^2}{p}$$

$p = 400$	$x = 16,73$	$f = 7,76$
430	22,14	12,68
460	27,75	18,58
490	33,35	26,08
520	39,60	33,80
550	46,50	43,50
580	53,50	55,00

8. $t = +5^0$

$$x = p \cdot 483 \sqrt{\frac{p - 447,5}{1\,000\,000 - p^2}} \; ; \; j = 11,1 \cdot 10^{-4} \frac{x^2}{p}$$

$p = 460$	$x = 8,8$	$j = 1,88$
480	15,07	5,25
500	20,25	9,10
530	27,50	15,81
550	32,00	20,70
580	40,00	30,60

9. $t = 0^0$

$$x = p \cdot 483 \sqrt{\frac{p - 558}{1\,000\,000 - p^2}} \; ; \; j = 11,1 \cdot 10^{-4} \frac{x^2}{p}$$

$p = 560$	$x = 4,60$	$j = 0,42$
580	16,13	4,96
590	19,95	7,50
600	23,45	10,20
610	26,80	13,10
620	30,00	16,10
640	36,30	23,00

10. $t = -5^0$

$$x = p \cdot 483 \sqrt{\frac{p - 668,5}{1\,000\,000 - p^2}} \; ; \; j = 11,1 \cdot 10^{-4} \frac{x^2}{p}$$

$p = 670$	$x = 5,30$	$j = 0,47$
675	11,27	2,09
680	15,17	3,75
690	21,33	7,30
700	26,57	11,20
710	31,30	15,32
720	35,85	20,00

11. $t = -10^0$

$$x = p \cdot 483 \sqrt{\frac{p - 779}{1\,000\,000 - p^2}} \; ; \; j = 11,1 \cdot 10^{-4} \frac{x^2}{p}$$

$p = 782$	$x = 10,49$	$j = 1,56$
785	15,00	3,18
787	17,4	4,28
788	18,55	4,85
789	19,62	5,42
790	20,64	6,00
800	29,48	12,08
805	33,35	15,40
810	37,10	18,90

12. $t = -15^0$

$$x = p \cdot 483 \sqrt{\frac{p - 889{,}5}{1\,000\,000 - p^2}} \; ; \; f = 11{,}1 \cdot 10^{-4} \frac{x^2}{p}$$

$p = 892$	$x = 11{,}70$	$f = 1{,}70$
893	17,92	3,90
894	20,42	5,16
896	24,82	7,63
898	28,71	10,20
900	32,28	12,90
903	37,20	17,00

13. $t = -20^0$

$$x = p \cdot 483 \sqrt{\frac{p - 1000}{1\,000\,000 - p^2}} \; ; \; f = 11{,}1 \cdot 10^{-4} \frac{x^2}{p}$$

$$x = \frac{0}{0}, \; p = p_{max}$$

$p = 1000$	$x = 10$	$f = 1{,}10$
	15	2,50
	20	4,44
	25	6,95
	30	9,99
	35	13,65

Nach den vorstehend errechneten Werten ist die in Abb. 85 dargestellte Tabelle aufgestellt. Die von R. Weil für Materialien unter Zugrundelegung der Normalien des V.D.E. aufgestellten Formeln seien nachstehend angegeben:

1. Hartkupfer:

$$x = 0{,}180 \, p_{max} \cdot p \sqrt{\frac{[p_{max} - 22{,}1 \, (t + 5)] - p}{p^2 - (p_{max}/2{,}67)^2}} \; ; \; f = 11{,}1 \cdot 10^{-4} \frac{x^2}{p}$$

2. Bronze:

$$x = 0{,}181 \, p_{max} \cdot p \sqrt{\frac{[p_{max} - 21{,}6 \, (t + 5)] - p}{p^2 - (p_{max}/2{,}74)^2}} \; ; \; f = 10{,}8 \cdot 10^{-4} \frac{x^2}{p}$$

3. Aluminium:

$$x = 0{,}326 \, p_{max} \cdot p \sqrt{\frac{[p_{max} - 16{,}3 \, (t + 5)] - p}{p^2 - (p_{max}/6{,}46)^2}} \; ; \; f = 3{,}45 \cdot 10^{-4} \frac{x^2}{p}$$

4. Stahl:

$$x = 0{,}144 \, p_{max} \cdot p \sqrt{\frac{[p_{max} - 24{,}2 \, (t + 5)] - p}{p^2 - (p_{max}/2{,}89)^2}} \; ; \; f = 9{,}95 \cdot 10^{-4} \frac{x^2}{p}$$

5. Eisen:

$$x = 0{,}156 \, p_{max} \cdot p \, \sqrt{\frac{[p_{max} - 23{,}4 \, (t + 5)] - p}{p^2 - (p_{max}/2{,}92)^2}}; \quad f = 9{,}75 \cdot 10^{-4} \, \frac{x^2}{p}.$$

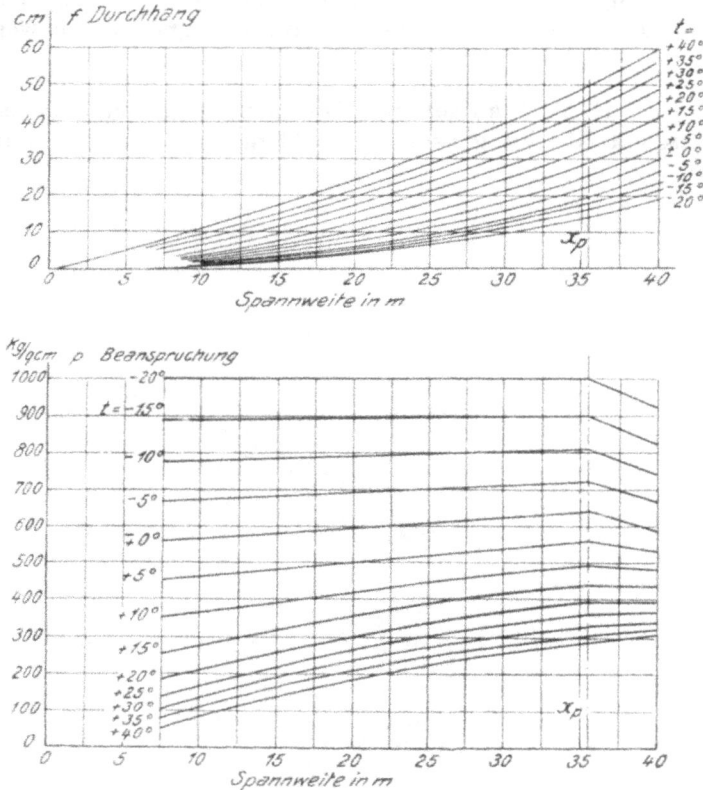

Abb. 85. Beanspruchung und Durchhang eines Kupferdrahtes bei verschiedenen Temperaturen. $p_{max} = 10$ kg/qmm.

Stahlseil mit angehängtem Kabel.

Die bisher gebrachten Formeln für Stahl galten nicht ohne weiteres für einen Stahldraht (Seil), der ein Kabel (Fahrleitung) zu tragen hat, wenn also der beanspruchte Querschnitt auch ohne Belag von Eis oder Schnee kleiner ist als der Gesamtquerschnitt der Drähte. Die Belastung kann man sich als gleichmäßig über die ganze Länge verteilt denken.

In den angegebenen Formeln ist, um diesem Umstand Rechnung zu tragen, das Gewicht von Stahlseil bzw. Stahldraht und Leitung (Kabel usw.) für 1 cm Länge bezogen auf 1 qcm des beanspruchten Querschnittes, vermehrt um die ganze Zusatzlast für 1 cm Länge

ebenfalls bezogen auf 1 qcm des beanspruchten Querschnittes einzusetzen.

Nach Weil kann für Stahl mit angehängtem Kabel bei maximaler
Beanspruchung der größte Durchhang stets bei —5⁰ und der Zusatzbelastung 0,015 kg pro qcm und pro lfd. m angenommen werden.

Die von R. Weil aufgestellten Formeln umgehen die Berechnung
der kubischen Gleichung nach den cardanischen Formeln, was immer-

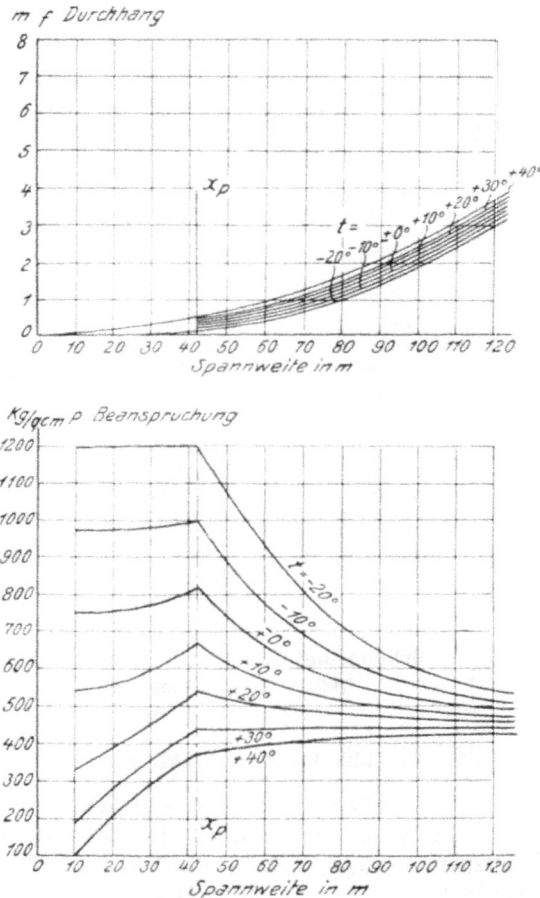

Abb. 86. Beanspruchung und Durchhang eines Kupferdrahtes
bei verschiedenen Temperaturen. $p_{max} = 12$ kg/qmm.

hin zur Erleichterung der sonst entstehenden langwierigen Arbeiten
beiträgt.

Für den Leser, der gern rechnet, seien auch diese Formeln angegeben:

$$p - \frac{x^2 \delta^2}{24\,p^2\,a} = p_{\max} - \frac{x^2 \delta^2}{24\,p_{\max}{}^2\,a} - \frac{\vartheta}{a}\,(t - t_0);$$

für eine Temperatur von $t_0 = -20^0$ C schreibt sich die Gleichung:

$$p - \frac{x^2 \delta^2}{24\,p^2\,a} = p_{\max} - \frac{x^2 \delta^2}{24\,p_{\max}{}^2\,a} - \frac{\vartheta}{a}(t + 20);$$

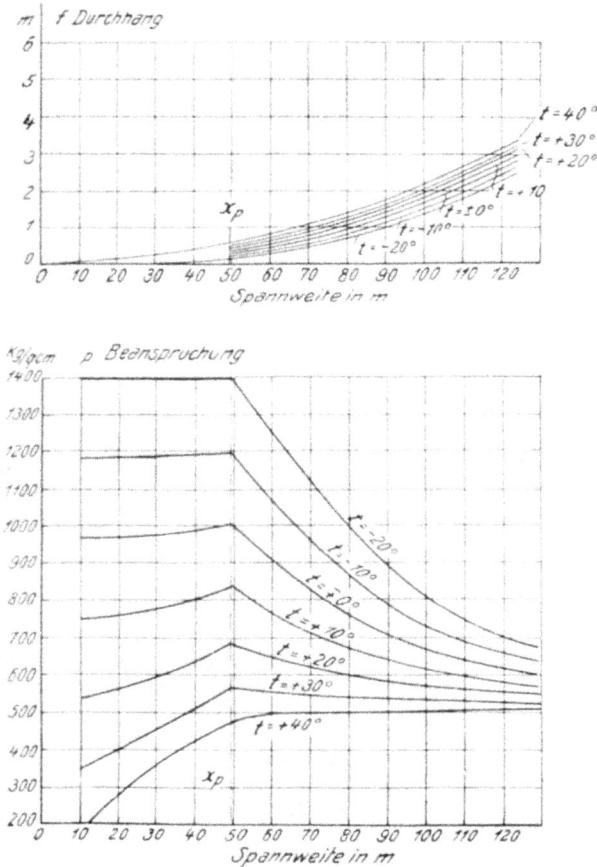

Abb. 87. Beanspruchung und Durchhang eines Kupferdrahtes bei verschiedenen Temperaturen. $p_{\max} = 14$ kg/qmm.

für eine Temperatur von $t_0 = -5^0$ mit Zusatzlast schreibt sich die Gleichung:

$$p - \frac{x^2 \delta^2}{24\,p^2\,a} = p_{\max} - \frac{x^2 \varrho^2}{24\,p_{\max}{}^2\,a} - \frac{\vartheta}{a}\,(t + 5).$$

Die in den Abb. 86, 87 u. 88 gebrachten Tabellen sind nach den Gleichungen von Weil aufgestellt.

An dieser Stelle sei noch auf „Jägers Hilfstabellen für den Freileitungsbau", Verlag M. Jäger, Berlin N. 31, hingewiesen.

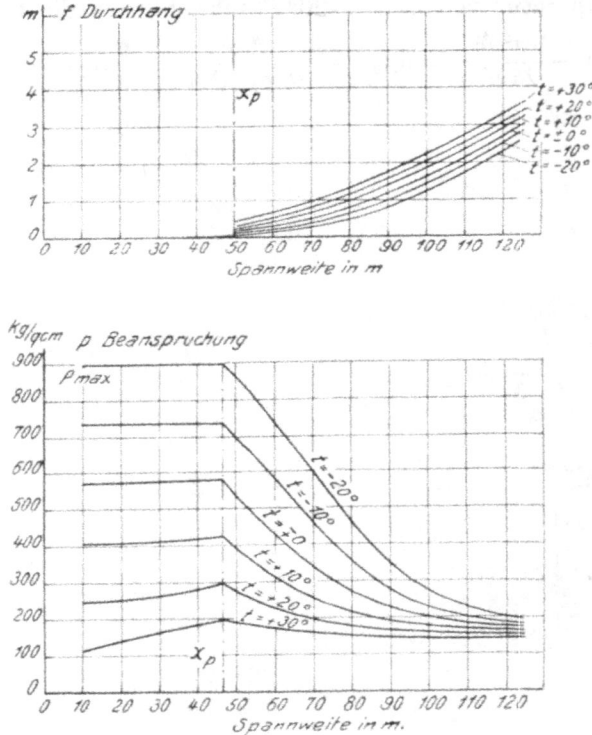

Abb. 88. Beanspruchung und Durchhang eines Aluminiumdrahtes bei verschiedenen Temperaturen. $p_{max} = 9$ kg/qmm.

3. Abstecken.

a) der Fahrleitung.

Das Abschnüren der Fahrleitung, d. h. die Bestimmung der Fahrleitung einschl. Maste muß aufs sorgfältigste vorgenommen werden. Jede spätere Änderung der Einteilung der Oberleitungsanlage wird dem Fachmann ohne weiteres sofort auffallen. Es empfiehlt sich, um sicher zu gehen und beim Abschnüren nicht zuviel Zeit und Arbeit aufzuwenden, zuerst in den Lageplänen die Streckeneinteilung vorzunehmen und dann an Ort und Stelle zu untersuchen, ob das Setzen der Maste und das Anbringen der Wandhaken, wie vorgesehen, möglich ist. In den Plänen

kann man nicht immer erkennen, ob sich die Maste an der vorgesehenen
Stelle setzen lassen, oder ob die Häuser zum Anbringen von Wandhaken hoch und stark genug sind. Die Stellen für die Wandhaken sollen
möglichst dort angeordnet werden, wo die Außenmauer des Hauses
mit einer Querwand zusammenstößt. Man wird in diesem Fall auch
schwächer gemauerte Häuser für stärkere Kurvenzüge benutzen können.

Hat man nun die Oberleitungsanlage in den Plänen entsprechend
der Wirklichkeit umgeändert, so kann das Abschnüren der Strecke beginnen. Auf der geraden Strecke ist dies sehr einfach, da hier entsprechend der in Betracht kommenden Oberleitung (Straßenbahnaufhän-
gung für Bügel oder Rolle oder Vielfachaufhängung) die Aufhängepunkte (an Masten oder Wandhaken) abzumessen sind. Bei Straßenbahn für Bügel soll man nicht über 40 m zwischen zwei Aufhängepunkten hinausgehen, da der Durchhang sonst zu groß wird. Als Durch-
schnittsmaß sind am besten 36 m zu wählen. Bei Rollenbetrieb nimmt
man etwas kürzere Abstände. Für Vielfachaufhängung empfiehlt es
sich, mit der Mastentfernung nicht über 80 m zu gehen, da durch den
Winddruck die Leitung leicht so weit seitwärts gedrückt wird, daß die
Entgleisung des Bügels möglich ist. Die Möglichkeit, eine Straßenbahn
mit größeren Mastabständen als 40 m zu bauen, liegt ohne weiteres
vor, wenn man nach Art der Vielfachaufhängung einen Längsdraht
über die Fahrleitung spannt, der dieselbe an mehreren Stellen trägt.
Man sollte eine derartige Zusammenstellung nur für besondere Fälle
anwenden, da eine solche Anordnung nicht sehr schön wirkt und auch
wegen Mehrkosten an stärkeren Masten, Isolation und Material sich
wohl kaum billiger stellen dürfte als die Straßenbahn-Oberleitung.
Jedenfalls vermeidet man bei einfacher Straßenbahnoberleitung Isolationsfehler.

Zu berücksichtigen ist bei der Einteilung der Felder, daß das letzte
vor einer Kurve nicht zu klein wird. In diesem Falle wird man, um
gleiche Mastabstände zu erhalten, lieber sämtliche Felder etwas kleiner
annehmen. Ein Mehraufwand an Material wird hierdurch nicht bedingt,
dagegen der Durchhang etwas zugunsten der ganzen Anlage verringert.

Bei Oberleitung für Bügelbetrieb ist auf der geraden Strecke außerdem Rücksicht auf die Zickzackführung des Fahrdrahtes zu nehmen.
Dieselbe ist unbedingt vorzusehen, damit sich das Schleifstück gleich-

Abb. 89.

mäßig abschleift und voll ausgenutzt wird. Schleifstücke mit Rillen-
bildung sind ein deutliches Zeichen einer schlecht verspannten Fahrleitung. Bei Straßenbahnen wird man (Abb. 89) diese Verschiebung

8*

über drei Felder führen, bei Vielfachaufhängung von Mast zu Mast. Vor einer Kurve ist aufzupassen, daß die Verschiebung des Fahrdrahtes so liegt, daß dieselbe ohne weiteres der Verlegung desselben in der Kurve entspricht, da sonst unnötigerweise ein Mehrverbrauch an Masten usw. eintritt.

In den Sicherheitsvorschriften für Straßenbahnen des V.D.E. heißt es: „Die Fahrleitungen sind mittels Streckenisolatoren in einzelne durch Ausschalter abschaltbare Abschnitte zu teilen, deren Länge in dichtbebauten Straßen nicht über 2 km betragen soll. Auf eigenem Bahnkörper und auf offenen Landstraßen können die Ausschalter entbehrt werden.“

Abb. 90.

In Großstädten wird man bei Streckenisolatoren, um bei Betriebsstörungen nicht so große Abschnitte abzuschalten, die Entfernung derselben zu 0,5 km annehmen. Die Streckenisolatoren lassen sich ihrer Bauart wegen nur in gerader Strecke einbauen. Gleichzeitig verankert man den Fahrdraht an diesen Stellen (s. Abb. 135 u. 136). Beim Abschnüren der Leitungsanlage muß also hierauf Rücksicht genommen werden.

Um den Durchhang des Fahrdrahtes bei den verschiedenen Jahreszeiten regulieren zu können, baut man sog. Fahrdraht-Nachspannvorrichtungen in Abständen von 250 bis 500 m ein. Je weiter diese Nachspannvorrichtungen auseinander sitzen, desto weniger kann man den Durchhang regulieren. Natürlich haben diese Nachspannvorrichtungen nur Sinn, wenn man dieselben in die gerade Strecke einbaut, denn in

scharfen Krümmungen läßt sich der Fahrdraht fast gar nicht nachspannen.

Das Abstecken der Weichen erfordert große Genauigkeit. Für die
Rolle gibt es eine Weichenführung, die entsprechend der Winkelneigung
der Gleisweiche zu bestimmen und zu verwenden ist. Diese Luftweichen
sind für alle möglichen Gleisweichen im Handel käuflich (Abb. 90).

Bei Bügelbetrieb braucht man keinen derartigen Gegenstand
(Abb. 91), da die Fahrdrähte allein zur Herstellung der Luftweiche

Abb. 91.

genügen. Nur dürfen die Winkel α und β nicht zu klein gewählt werden,
da sich sonst leicht die eine Seite vom Bügel zwischen den Fahrdrähten
verfängt (Abb. 92).

Ein gut erprobtes Maß für
Weichen bis 1 : 6 zeigt Abbildung 93.

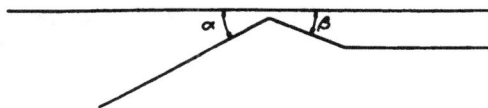

Abb. 92.

Abb. 93.

Bei Weichen über 1 : 6 Neigung beträgt dasselbe 750 bis 800 mm. Mit Hilfe der Schnürleine kann man in den Weichen natürlich den Standort des Weichenmastes ermitteln.

Schwieriger als in der Geraden stellt sich das Abstecken der Maste in den Krümmungen. Selbstverständlich ist, daß der Bauleiter über Fahrdrahthöhe, Achsstand und Höhe der Fahrzeuge, Art und Länge der Stromabnehmer unterrichtet sein muß, da sonst ein Abschnüren der Kurven ausgeschlossen ist. Aus dem vorhergehenden Abschnitt ist ersichtlich, wie der Krümmungshalbmesser für den Bügel oder die seitliche Abweichung für die Rolle zu ermitteln ist. Für Bügelbetrieb dürfte sich die Abschnürung in Krümmungen am leichtesten bewerkstelligen lassen, wenn man für die in Betracht kommenden Krümmungen die Entfernungen zwischen Schienen und nutzbaren Schleifstückenden ermittelt. Man weiß dann, wie weit man mit der Schnürleine (Fahrdraht) von dem Gleis abbleiben muß.

Unbedingt sind aber Schienenüberhöhungen zu berücksichtigen, da sich bei einer Höhe h des Fahrdrahtes über S.O. entsprechend der Gleisneigung $\frac{1}{n}$ ein Ausschlag x ergeben wird (Abb. 94).

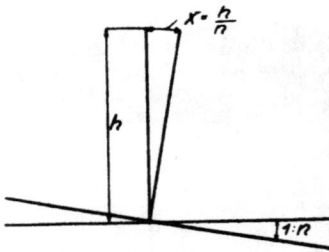

Abb. 94.

Die einfachsten Werkzeuge zum Abschnüren (Abstecken) der Maste sind eine Schnürleine (die 2 bis 3 m länger sein muß als der größte vorkommende Mastabstand in der Geraden), ein Meßband, ein Zollstock und ein Stück unverwaschbarer Kreide. Die Kreide braucht man, um sich Zeichen bei der Einteilung der Strecke an Schienen, Bordsteinen, Häusern usw. zu machen. Hat man außerdem einen Topf mit Mennige zur Hand, dann lassen sich die Standorte der Maste sehr dauerhaft auf der Strecke eintragen. Es empfiehlt sich, den Standort der Maste durch Holzpflöcke, die man bis Erdoberkante einschlägt, kenntlich zu machen. Den Standort muß man dann auch noch an den Schienen kenntlich machen, weil die Pflöcke ohne weiteres nicht zu finden sind. Wenn der Pflock genau den Standort Mitte Mast hat, aucht der Bauleiter nicht jedes Mastloch den Arbeitern anzugeben, sondern kann sich auf die Kontrolle beschränken. Die Holzpflöcke dürfen aus der Erde nicht hervorsehen, damit die Leute, die bekanntlich gern auf verbotenen Pfaden gehen, nicht darüber stolpern oder dieselben als Brennholz mit nach Hause nehmen. Bei Befolgung dieses Rates erspart man sich viel Verdruß und Arbeit. Wegübergänge oder sonst im Lageplan kenntliche Punkte benutzt man als Fixpunkte und mißt hiernach in denselben die zu beiden Seiten dieses Punktes zu

setzenden Maste ein. Die Mastentfernungen, die sich durch das Abschnüren ergeben haben, trägt man ebenfalls in die Lagepläne ein.

b) Die Speiseleitung.

Werden die Speiseleitungen auf den Bahnmasten verlegt, so ist
für dieselben die Linienführung gegeben. Anders verhält es sich jedoch
mit Zuführung- und Umgehungsleitungen. Dieselben werden nicht
immer auf Straßen, die die betreffenden Bahnlinien kreuzen, entlang
verlegt werden können, sondern sie müssen häufig aus wirtschaftlichen
Gründen auf dem kürzesten Wege, durch die Felder, über Berg und Tal
und Flußläufe, ihren Bestimmungsorten zugeführt werden. Der Bauleiter muß deshalb, um die Absteckung derartiger Freileitungen vorzunehmen, mit dem Werkzeug des Feldmessers vertraut sein und damit
die Vermessungsarbeiten vornehmen können.

Zum Abstecken der Freileitungen werden nachstehende Gegenstände benötigt:

1. Stahlmeßband,	5. Theodolit mit Stativ,
2. Meßlatte,	6. Winkelspiegel,
3. Fluchtstäbe,	7. Fernrohrbussole.
4. Nivellierlatte,	

Für kleinere, schnell auszuführende Messungen kann man auch
zweckmäßig noch andere Instrumente gebrauchen, wie:

Winkeltrommel,
Taschennivellierinstrument,
Höhenmesser usw.

Zur Erleichterung der Absteckungsarbeiten und zum Einteilen der
Leitungsfelder ist ein Schrittzähler zu empfehlen.

Für jede Freileitung sollte der maximale Mastabstand, der von der
Höhe und der Festigkeit der Maste abhängig ist, gewählt werden. Je
weniger Unterstützungspunkte vorhanden sind, desto weniger Isolationsfehler können sich einstellen und desto billiger werden die Anlagekosten.
Gleiche Mastabstände für die ganze Leitungsführung lassen sich nie
erreichen, ganz gleich, ob die Leitung mitten durch die Felder verlegt
wird oder dem Laufe einer Straße folgt. Im ersteren Falle sind die
natürlichen Hindernisse und die Wünsche der Grundbesitzer zu berücksichtigen und im letzteren die Windungen der Wege und Straßen.

Die abgesteckten und festgelegten Punkte sind durch tief in den
Erdboden eingeschlagene Pfähle, die nur mit großer Mühe von Unbe-
fugten entfernt werden können, zu kennzeichnen. In dem anzuferti-
genden Lageplan (Montageplan) sind die Mastentfernungen und die
Winkelpunkte einzutragen. Nie sollte es unterlassen werden, Maste
auf den in der Umgebung vorkommenden Grenzsteinen, Bäumen usw.
einzumessen, damit man selbst oder ein anderer, der die Arbeiten fort-

setzen muß, auch nach Entfernung eines oder mehrerer Pfähle, genau die abgesteckten Punkte wiederfindet.

Im steilen Gelände muß ein Höhenplan aufgenommen werden, um unliebsame Überraschungen durch zu tief hängende Leitungen zu vermeiden.

Im freien übersichtlichen Gelände wird das Abstecken der Maste verhältnismäßig wenig Schwierigkeiten verursachen, desto mehr aber im unübersichtlichen. Der betreffende Ingenieur muß unbedingt mit der Kunst des Feldmessens gut vertraut sein, andernfalls ist er nicht imstande, diese Arbeiten auszuführen und sollte jedenfalls die Hände davon lassen. Ein Bauleiter, der bereits die Linienführung von Kleinbahnen abgesteckt hat, wird auch diese Arbeiten ohne weiteres ausführen.

Nachstehend soll eine annähernde Beschreibung der zum Abstecken benötigten Instrumente und Apparate gegeben werden.

Abb. 95.

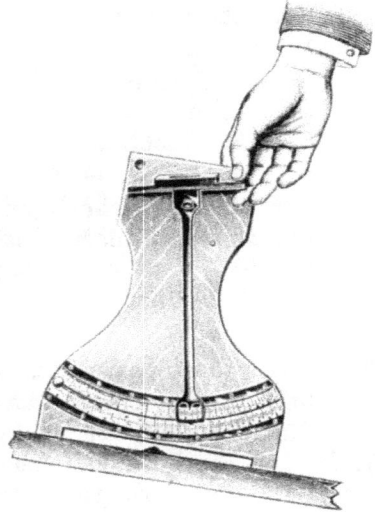

Abb. 97.

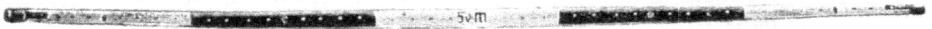

Abb. 96.

Man unterscheidet unmittelbares (direktes) und mittelbares (indirektes) Messen. Die wichtigsten zum unmittelbaren Messen gerader Linien verwendeten Geräte und ihr Gebrauch sind:

1. Stahlmeßband (Abb. 95).

2. Meßlatten (Abb. 96). Meßlatten oder Meßstangen sind Stäbe von rundem oder rechteckigem Querschnitt aus getrocknetem Tannen- oder Fichtenholz. Sie haben eine Länge von 3 bis 5 m. Die Enden sind mit eisernen Schuhen versehen.

Auf ebenem wagerechten Boden mißt man, indem man die Latten vorsichtig und genau aneinanderreiht, so daß sich die Schuhe berühren. Vorher ist jedoch die Gerade einzuvisieren oder eine Schnur zu spannen, längs der die Messung erfolgt. Beim Messen auf geneigtem Terrain muß man unterscheiden, ob die Neigung des Bodens eine gleichmäßige (wie z. B. das Planum, oder die Schienen einer Eisenbahn· oder die Fahrbahn einer Straße) oder eine ungleichmäßige ist.

Im ersteren Falle kann man die Messung unmittelbar auf dem Boden vornehmen und die schiefe Länge L' messen. Nachdem man den Neigungswinkel des Terrains ermittelt hat, multipliziert man die Länge L' mit dem cos dieses Winkels und erhält die wahre Länge L:

$$L = L' \cos.$$

Neigungen bis zu 2° kann man für die Messung als wagerecht annehmen.

Zur Bestimmung des Neigungswinkels kann man eine Böschungswage oder einen Libellen-Neigungsmesser (Abb. 97) verwenden.

Ist das Terrain vielfach ungleich, so ist die Staffelmessung anzuwenden. Zu diesem Zwecke wird die Meßlatte mit einem Ende auf den Boden gelegt und mit einer Libelle wagerecht eingestellt. Das über dem Boden liegende Ende wird dann abgesenkt, am Boden markiert und die Latte im Senkelpunkt von neuem angelegt (Abb. 98).

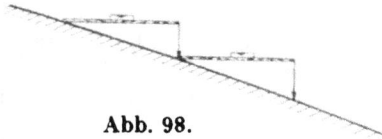

Abb. 98.

Schneller und einfacher läßt sich diese Arbeit mit einem Staffelzeug mit Libelle (Abb. 99) ausführen.

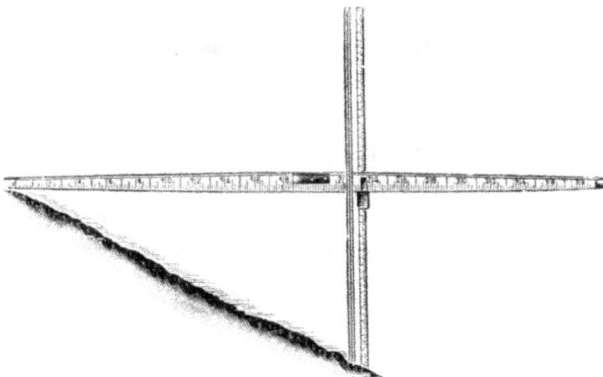

Abb. 99.

3. Fluchtstäbe (Abb. 100). Die Fluchtstäbe sind ein Hilfsmittel und dienen zum Bezeichnen von Messungspunkten. Eine genaue lot-

rechte Stellung kann man mit Hilfe eines Senkels (Senklot) erreichen oder dadurch erzielen, daß man die Stäbe frei zwischen zwei Fingern, mit der schweren Eisenspitze nach unten hält, wodurch die lotrechte Einstellung von selbst erfolgt. Ein häufig beigegebener Dreifuß ermöglicht ein sicheres Stehen, ohne dabei ein Eintreiben in den Boden zu bedingen.

Abb. 100.

Die zum mittelbaren Messen benötigten Gegenstände sind:

1. Nivellierlatten (Abb. 101 u. 102). Die Nivellierlatten werden in Längen von 3 bis 5 m hergestellt. Auf der einen Seite erhalten sie einen Anstrich in Ölfarbe und eine genaue von cm zu cm vorgenommene

Abb. 101.

Abb. 102.

Teilung. Diese ist durch abwechselnd schwarz und weiß gestrichene Felder markiert. Mit Rücksicht auf die umkehrende Wirkung des Nivellierfernrohres sind die Bezeichnungen verkehrt angeordnet, so daß sie dann im Fernrohr richtig abgelesen werden können. Um die Latten leichter transportieren zu können, sind sie meistens entweder zum Zusammenklappen oder zum Zusammenschieben eingerichtet.

Visiert man mittels eines Fernrohres eine Nivellierlatte an, so trifft die durch einen wagerechten Faden gelegte Visierebene diese, und man kann am Faden selbst die Lattenablesung vornehmen. Dabei ist man in der Lage, bis auf die cm genau abzulesen, die mm müssen eingeschätzt werden.

2. Theodolit (Abb. 103 bis 106). Theodoliten gibt es in den verschiedensten Ausführungen, vom großen Repetitionstheodoliten anfangend bis zum kleinen Reisetheodoliten.

Die Hauptbestandteile eines Theodoliten sind teils feste, teils bewegliche (Abb. 107 schematische Darstellung eines Repetitionstheodoliten).

Zu den festen Bestandteilen gehören:

a) Der Dreifuß *D*, durch den das Instrument durch drei Stellschrauben in die Wagerechte auf dem Stativ gebracht wird.

b) Der Limbus oder Teilkreis *L*, der bei einfachen Instrumenten mit dem Theodoliten fest, bei Repetitionstheodoliten gegen das Untergestell **drehbar** ist.

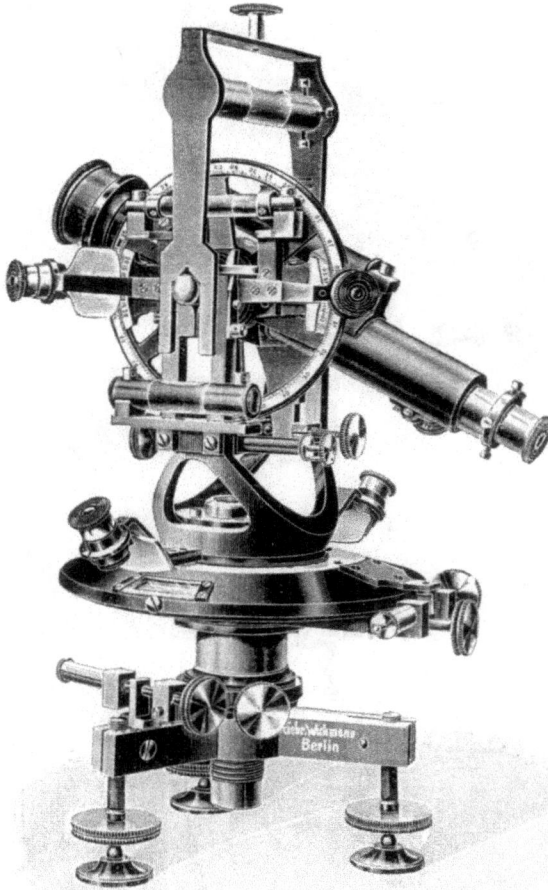

Abb. 103.

Auf dem Limbus ist eine Teilung in ganzen, halben oder auch drittel Graden angebracht. Die älteren Instrumente haben eine Gradeinteilung von 360°, die neueren dagegen von 400°.

Die beweglichen Hauptteile sind:

a) Die Alhidade, eine häufig volle Kreisscheibe A, die mittels eines Zapfens in der Büchse des Dreifußes oder im durchbohrten Zapfen des Limbus drehbar ist.

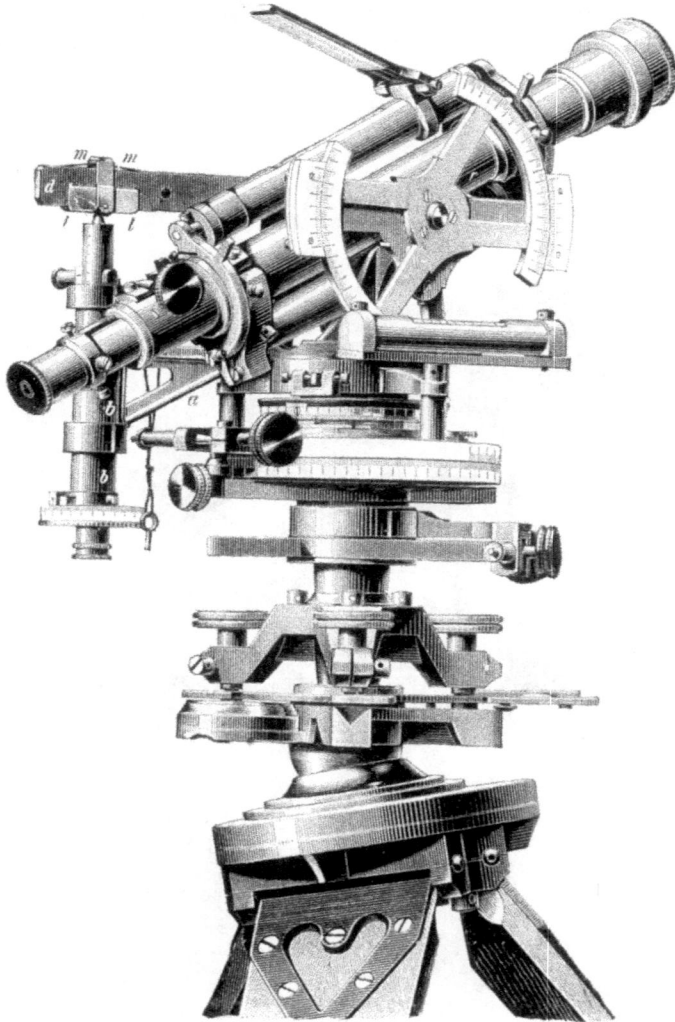

Abb. 104.

Am Ende eines Durchmessers oder an dessen Endpunkten sind Marken oder Nullpunkte eines Nonius angebracht. Sie ermöglichen am Limbus das Ablesen der Zielrichtung. Zum besseren Ablesen der Teilung dienen Lupen. Bei besonders genauen Instrumenten sind Mikroskope mit Mikrometern anstatt Lupen vorgesehen. An die Stelle der vollen Kreisscheibe der Alhidade tritt öfters ein Lineal mit Marke oder Nonius an beiden Enden.

b) **Die Zielvorrichtung** ist bei neueren Instrumenten ein Fernrohr mit Fadenkreuz und ruht mittels einer wagerechten Drehungsachse auf zwei Trägern, die mit der Alhidade fest verbunden sind. Es kann das Fernrohr sowohl in der wagerechten als auch in der lotrechten Ebene gedreht werden. Kann man das Fernrohr derartig um die wagerechte Achse drehen, daß das Objektiv an die Stelle des Okulars kommt, so spricht man von einem durchschlagbaren Fernrohr. Läßt sich das Fernrohr dagegen aus seinen Trägerlagern herausnehmen und umlegen, wie eben beschrieben, so spricht man von einem umlegbaren Fernrohr.

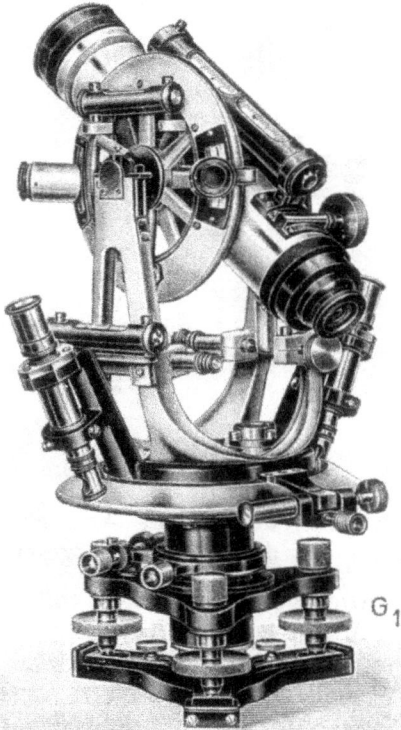

Abb. 105.

Abb. 106.

c) **Brems- und Klemmvorrichtungen.** Sie dienen einmal zum Festklemmen der Alhidade gegen den Limbus oder des Limbus gegen den Dreifuß, das andere Mal zum Festklemmen des Fernrohres bei seiner Bewegung in der Vertikalebene.

d) Die Libellen. An einem Theodoliten befinden sich vier Libellen, und zwar die Alhidade-, die Versicherungs-, die Aufsatz- und die Fernrohrlibelle.

Der Theodolit dient zum Messen von horizontalen oder wagerechten Winkeln. In Verbindung mit einem Vertikalkreis können Höhenwinkel oder senkrechte Winkel gemessen werden. Das Fernrohr dient mit der auf diesem angebrachten Röhrenlibelle als Nivellierinstrument.

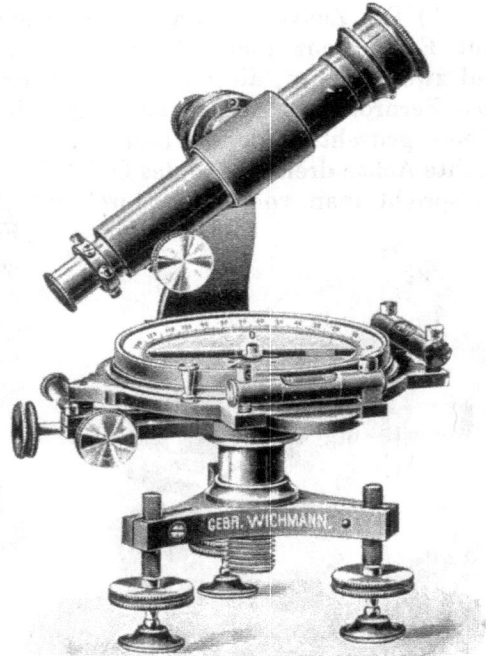

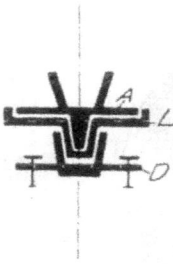

Abb. 107.   Abb. 108.   Abb. 109.

6. Winkelspiegel (Abb. 108). Derselbe dient zum Abstecken rechter Winkel. Seine Anwendung basiert auf dem Reflektionsgesetz.

7. Fernrohrbussole (Abb. 109). Dieses Instrument ist oft in unübersichtlichem Gelände das einzigste Mittel, um die Richtungslinie einer auf der Karte festgelegten Leitungslinie zu bestimmen. Dieser Apparat besteht aus einem Gehäuse, in dem eine Magnetnadel angebracht ist (Kompaß). Parallel zu dem Nord- und Südpunkt der Magnetnadel ist ein Fernrohr angebracht.

Andere für den Gebrauch zu empfehlende Instrumente sind:

1. Die Winkeltrommel (Abb. 110). Die Winkeltrommel besteht aus einem metallenen Hohlkörper, der die Form eines Zylinders, Stützkegels oder Achtecks hat. Der Hohlkörper ist oben geschlossen und häufig mit einem Kompaß versehen. In den Seiten des Hohlkörpers sind Spalten (Visiervorrichtungen) eingeschnitten. Das Instrument kann auf einem Stockstativ befestigt werden, das im Scheitelpunkt des

abzusteckenden Winkels in die Erde gestoßen wird. Beim Visieren durch die Spalten kann die Lage des Schenkels bestimmt werden.

Abb. 110.

Abb. 111.

2. Taschennivellierinstrument (Abb. 111 u. 112). Dasselbe besteht aus einem Fernrohr mit Libelle, verbunden mit einem Teilkreis. Dieses Instrument eignet sich zur Bestimmung von Mast- und Baumhöhen. Es genügt zur schnellen und durchschnittlich genügend genauen Höhenbestimmung.

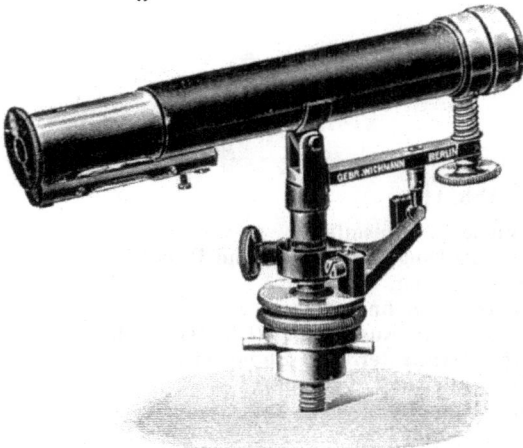

Abb. 112.

Abb. 113.

3. Schrittzähler (Abb. 113). Für ungenaue Messungen, die einen ungefähren Anhalt zum Einteilen der Maste für eine bestimmte Strecke geben sollen, kann die Entfernung abgeschritten werden. Dieser Apparat registriert die Schritte. Da wohl fast jeder Bauleiter seine Schrittlänge kennt, so ist seine Verwendung sehr praktisch.

Außer den hier angegebenen wichtigsten Instrumenten gibt es noch eine Reihe weiterer Apparate, die jeder aus den Preislisten über Vermessungsgeräte entnehmen kann.

Die in diesem Absatz gebrachten Abbildungen stellen Instrumente der Firma Gebr. Wichmann, Berlin, Karlstr. 13 dar.

4. Stromabnehmer.

Die Lage des Fahrdrahtes über dem Gleise wird durch die Art des Stromabnehmers bedingt. In der Geraden kommt dies weniger zum Ausdruck, in den Kurven jedoch treten starke Abweichungen ein. Bei der Rolle wird man das Bestreben haben, möglichst Mitte Gleis zu bleiben, während man beim Bügel in den Kurven, soweit es die Schleifstückbreite erlaubt, von der Gleismitte abweicht, um Maste zu sparen.

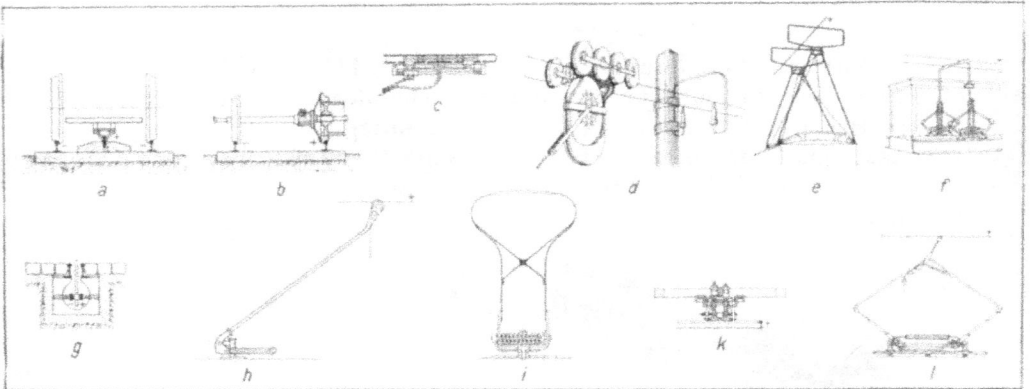

Abb. 114.

a) 1879 Schleifbürste für dritte Schiene in Gleismitte,
b) 1881 von Wagenachse isolierter Schleifring, Gleis-Hin- und Rückleitung,
c) 1883 Schleppkontakt für Schlitzrohrleitung,
d) Kontaktwagen zweipolig (Spandauerbergbahn),
e) 1883 Bügelstromabnehmer, einpolig, erste Ausführung (Lichterfelde),
f) 1896 Stromabnehmer, zweipolig (Unterpflasterbahn Budapest),
g) 1896 Stromabnehmer für Schlitzkanalleitung, zweipolig,
h) zeitgemäßer Rollenstromabnehmer, einpolig,
i) zeitgemäßer Bügelstromabnehmer, einpolig,
k) Stromabnehmer, einpolig, für 3. Schiene, obere Bestreichung,
l) Scherenstromabnehmer, einpolig.

Beim Bügel legt man sogar künstlich in der geraden Strecke eine Zickzackverspannung, um das Gleitstück gleichmäßiger abzunutzen. In
den Kurven kann der Fahrdraht nicht der Mittellinie des Gleises folgen,
sondern muß in Form eines Polygons ausgespannt werden, das je nach
der Größe des Zentriwinkels und des Gleishalbmessers, sowie nach der
Art des Stromabnehmers mehr oder weniger Ecken erhalten wird. Hauptsächlich kommen heute für oberirdische Stromzuführung zwei Arten von
Stromabnehmern mit Rolle oder Bügel in den Bahnbetrieben vor.

In Abb. 114 sind die von Siemens & Halske bzw. Siemens-Schukert-
Werken vom Jahre 1879 an entwickelten Stromabnehmerformen
wiedergegeben.

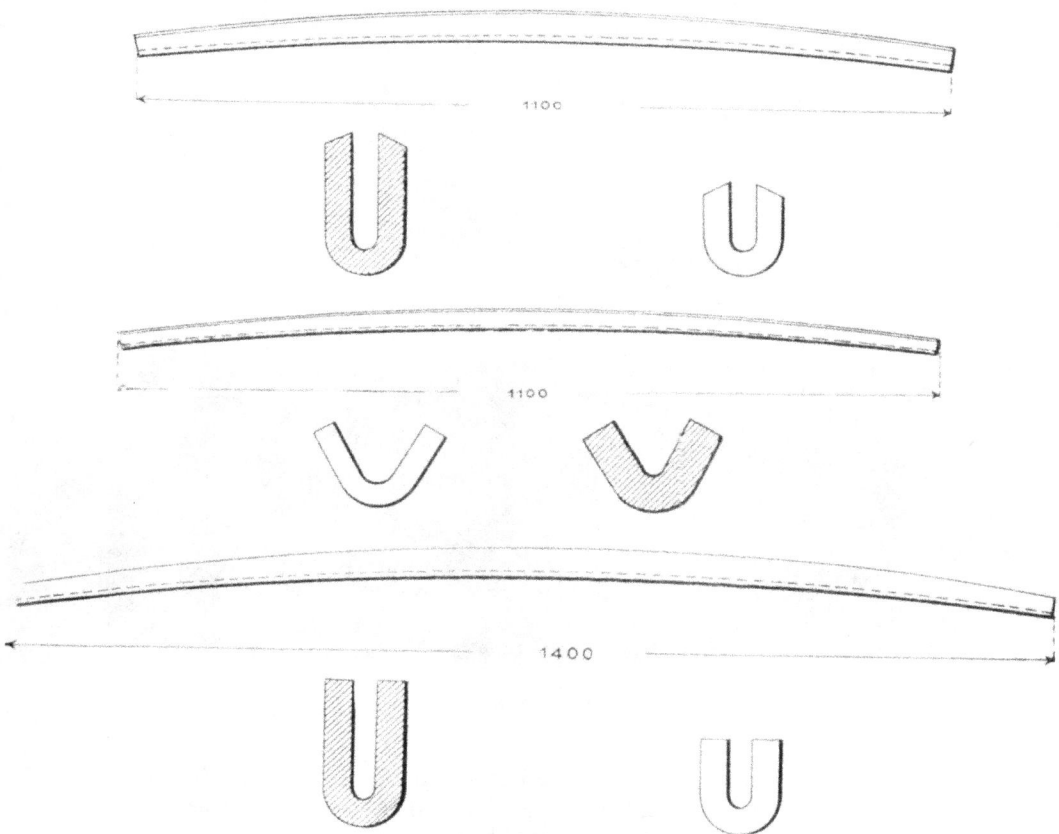

Abb. 115.

Nachstehend seien diese und einige verwandte Arten beschrieben:

1. Die Rolle ist ausreichend für eine Stromentnahme von etwa

200 Amp. bei Spannungen unter 2000 Volt und Geschwindigkeiten unter 80 km/St. Der Draht kann beliebig in der Geraden angeordnet werden, da der Rollenarm um eine Vertikalachse drehbar angeordnet wird. Eine besondere Ausführung ist die Seitenrolle, bei der der Fahrdraht neben dem Gleis liegt. Auch der Fahrdrahthöhe kann ein weiter Spielraum eingeräumt werden. Das Schlagen gegen die Aufhängungen, das leichte Entgleisen ist ein Nachteil der Rolle. Für Stromstärken über

Abb. 116.

200 Amp. kann man 2 Rollen gleicher Polarität benutzen. Bei Dreileiter und Drehstrom werden 2 Rollen verschiedener Polarität an 2 Armen oder an einem gemeinsamen Arm erforderlich. Bei Geschwindigkeiten von 75 km/St. ist bei der Rolle ein Anpressungsdruck von etwa 20 kg erforderlich, während beim Bügel 3 bis 4 kg genügen.

2. Schiemann hat als Ersatz der Rolle einen Gleitschuh gewählt, um eine größere Stromabnahmefläche zu erzielen, die Fahrdraht-

abnutzung ist größer als bei der Rolle, auch wenn, wie bei der Jungfrau-
bahn, der Schuh mit Aluminium belegt ist.

3. Der Bügel nimmt mit Hilfe eines quer zum Gleis verlaufenden
Metallzylinders oder Metallrohres oder einer U-förmigen Metallstange
(Abb. 115), deren Rinne mit Fett ausgefüllt ist, den Strom ab.

Der Bügel kann für Hoch- und Niederspannung bis etwa 100 Amp.
bei Spannungen über 1000 Volt und bis etwa 200 Amp. unter 1000 Volt

Abb. 117.

verwendet werden. Benutzt man Doppelfahrdrähte, kann man im
letzteren Falle auf 300 Amp. gehen. Der Bügel gestattet eine wesentlich einfachere Leitungsanordnung als die Rolle, wie Abb. 116 u. 117
zeigen.

Der Bügel benötigt kein besonderes Umlegen beim Richtungs-
wechsel wie die Rolle, er schlägt durch entsprechende Hebung des
Fahrdrahtes einfach durch, was für das Rangieren äußerst wertvoll
ist (Abb. 118 bis 120).

Bei hohen Geschwindigkeiten, wozu sich der Bügel am besten eignet, ist es erforderlich, ihn so leicht als möglich auszuführen, ihn nur mit 2 ½ bis 4 kg anzupressen und ihn mehrmals gut zu federn. Das bei der Rolle so lästige und häufig vorkommende Entgleisen fällt beim Bügel vollständig fort. Für Drehstrombahnen muß der Bügel mindestens zweifach sein, oder man muß das obere Querstück aus zwei von-

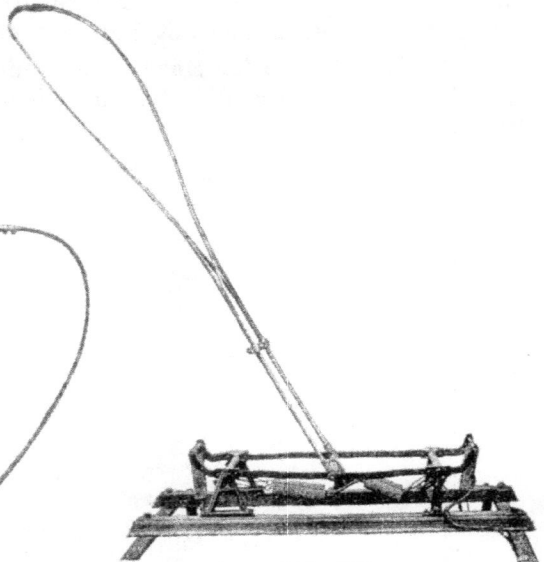

Abb 119

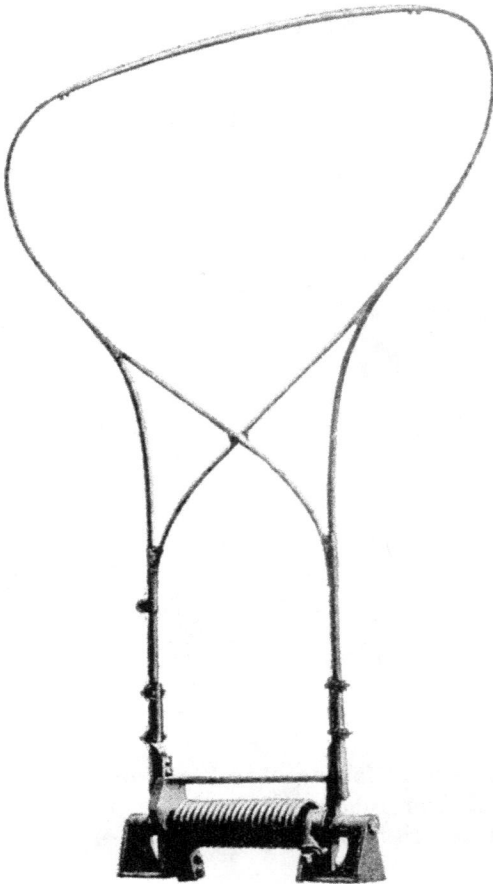

Abb. 118.

Abb. 120.

einander isolierten Stücken herstellen. Man kann auch zwei getrennte Bügel verwenden.

4. Die von Oerlikon ausgeführte gekrümmte Rute aus Messingrohr für Fahrdrahtspannungen bis 15 000 (einphasig) bestreicht auf der freien Strecke den Fahrdraht von oben, in den Bahnhöfen und Tunnels von unten. Dieser Stromabnehmer kann innerhalb eines Winkels von fast 270⁰ eingestellt werden. Der Fahrdraht kann beliebig neben oder über dem Gleis liegen. In den Weichen legt sich die Rute von unten an und durchläuft dieselbe wie ein Schleifbügel.

5. Der Walzenstromabnehmer ist ähnlich wie der Bügel angeordnet. Das Querstück besteht jedoch aus einer sich ziemlich rasch drehenden Walze, die häufig in Kugellagern läuft. Dieser Stromabnehmer ist schwerer und dürfte auch wohl weniger federn als der Bügel. Auf der Valtellinabahn hat sich dieser Stromabnehmer bewährt. Die Walze besteht aus zwei voneinander durch Holz getrennten, isolierten Kupferröhren, die etwa 4000 Umdrehungen pro Minute machen. Man hat dort auch elektrolytisch verkupferte Stahlwalzen verwendet, die sich nicht mehr in den Kupferlagern festklemmen. Diese Stromabnehmer nehmen bei 64 km/St. und 3000 Volt bis 200 Amp.Strom, d. h. 1000 kVA von der Leitung ab. Je ein Stromabnehmer ist für Vorwärts- und Rückwärtsfahrt vorhanden. Der Walzenstromabnehmer vereinigt sozusagen die Vorteile von Rolle und Bügel in sich und nutzt den Draht weniger ab als der Bügel.

6. Der Parallelogrammstromabnehmer (Scherenstromabnehmer) eignet sich für geringe Höhe des Fahrdrahtes über Wagendach. Die Fahrleitung muß elastisch aufgehängt werden, da bei starren Aufhängepunkten die andauernden Schläge dieses Stromabnehmers zu Drahtbrüchen führen.

Die vorstehend erwähnten 6 Arten Stromabnehmer bedingen drei verschiedene Arten Oberleitung, und zwar:

1. für Bügel: (Bügel-, Walzen- und Scherenstromabnehmer),
2. für Rolle: (Rollen- und Gleitschuhstromabnehmer),
3. für Rute: (Rutenstromabnehmer).

Hier soll die Oberleitung nur für Rolle und Bügel erläutert werden, da dieselbe für Rute einfacher ist und kaum gebaut wird.

5. Kurvenzüge.

a) in der Fahrleitung.

Für die Verlegung des Fahrdrahtes in der Geraden kommen (abgesehen von Winddruck und Zickzackverspannung für Bügel) nur Züge in der lotrechten Ebene durch das Eigengewicht desselben und der Aufhängungen vor. In Kurven kommen zu dieser lotrechten Kraft noch die sog. Kurvenzüge in der wagerechten Ebene hinzu. In der Geraden macht das Gewicht des Fahrdrahtes und der Aufhängungen für das Gestänge, Wandrosetten und Verspannungsdrähte wenig aus, so daß man dieselbe praktisch fast stets vernachlässigen kann. In den Kurven jedoch müssen diese Belastungen berücksichtigt werden. Durch die Größe des Kurvenzuges wird die Höhe der Wandrosetten und der Mastschellen (und dementsprechend auch die Mastlängen) bedingt. In den Kurven darf man dem Querdraht keine beliebige Neigung geben, sondern der Fahrdraht verlangt, wenn er die ihm zugewiesene Stelle in der Luft einnehmen soll, eine bestimmte, seinem Kurvenzug entsprechende Steigung des Querdrahtes. Ist die Steigung des Querdrahtes beliebig gewählt, so stellt sich der Fahrdraht nicht, wie beabsichtigt, ein, sondern nimmt entsprechend dem Kurvenzug und der Länge des Querdrahtes eine andere Lage ein.

Die Kurvenzüge lassen sich auf einfache Art graphisch und rechnerisch ermitteln. Im nachstehenden Beispiel sollen beide Arten durchgeführt werden.

Beispiel: In einer Gleiskurve von 65 m Radius soll ein Fahrdraht von 50 qmm bei einer maximalen Beanspruchung von 10 kg/qmm verlegt werden. Wie groß ist 1. der Zug in der Kurve selbst und 2. in der Kurveneinfahrt?

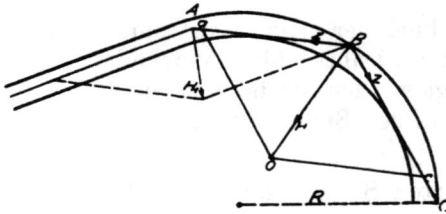

Abb. 121.

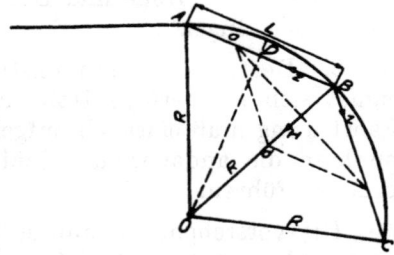

Abb. 122.

Der Zug Z im Fahrdraht beträgt dann $10 \cdot 50 = 500$ kg.

a) Graphische Ermittlung: Zuerst wähle man einen beliebigen Kräftemaßstab. Für dieses Beispiel soll 1 mm = 10 kg angenommen werden. Nun trägt man (Abb. 121) von B in der Richtung nach A und C entsprechend 50 mm bis a und c auf und zieht durch a die Parallele zu BC und durch c diejenige zu AB. Verbindet man den Schnittpunkt O dieser beiden Parallelen mit B, so erhält man die Resultierende H (Kurvenzug) der Kräfte in AB und BC. Der Kurvenzug H gemessen gibt 46 mm, d. h. $10 \cdot 46 = 460$ kg.

Dasselbe Verfahren für den Kurveneingang angewendet, ergibt $H_1 = 23$ mm, d. h. 230 kg, also die Hälfte von dem Zug in der Kurve.

b) Rechnerisch in der Kurve (Abb. 122). Aus der Ähnlichkeit der Dreiecke AOB und adB folgt $H : Z = L : R$

$$H = \frac{Z\,L}{R}\; ; \text{ für unser Beispiel } H = \frac{500 \cdot 60}{65} = 460 \text{ kg}$$

Kurveneingang (Abb. 123):

Aus der Ähnlichkeit der Dreiecke AOE und Aef folgt

$$H_1 : Z = AE : R$$

$$AE = \frac{AD}{\cos a} = \frac{\dfrac{L}{2}}{\cos a} = \frac{L}{2 \cos a}.$$

Da der Winkel a stets sehr klein ist, kann man $\cos a = 1$ setzen

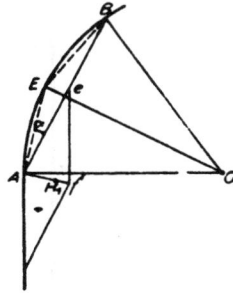

Abb. 123.

$$H_1 = \frac{Z\,L}{2\,R}\; ; \text{ für das vorstehende Beispiel } H_1 = \frac{500 \cdot 60}{2 \cdot 65} = 230 \text{ kg.}$$

Aus vorstehenden Ausführungen ergibt sich, daß der Zug in der Einfahrtskurve die Hälfte desjenigen in der Kurve beträgt.

Da auf der Strecke selbst dem Bauleiter in den seltensten Fällen der Gleisradius bekannt sein wird, so soll hier die Ermittlung desselben noch angegeben werden.

Durchschnittlich steht dem Bauleiter stets ein Bandmaß von 20 m zur Verfügung. Legt er es nun mit beiden Enden so auf die Laufkante der Außenschienen, daß es als Sehne, die Schiene als Peripherie eines Kreises angesehen werden kann, so ergibt sich (Abb. 124):

$$\left(\frac{L}{2}\right)^2 = R^2 - (R-p)^2 = R^2 - R^2 + 2\,R\,p - p^2$$

$$\left(\frac{L}{2}\right)^2 = 2\,R\,p - p^2$$

$$R = \frac{\left(\dfrac{L}{2}\right)^2 + p^2}{2\,p}.$$

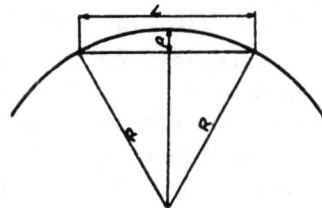

Abb. 124.

Da nun die Pfeilhöhe p meistens sehr klein ist, gegenüber der halben Sehnenlänge, so kann man setzen

$$R = \frac{\left(\dfrac{L}{2}\right)^2}{2\,p}.$$

Wie bereits vorher erwähnt, kommt zu dem Kurvzug und dem Winddruck W in der wagerechten Ebene noch ein Zug in der lotrechten

Ebene hinzu, der sich aus dem Gewichte G der Aufhängung und des von derselben getragenen Fahrdrahtes zusammensetzt.

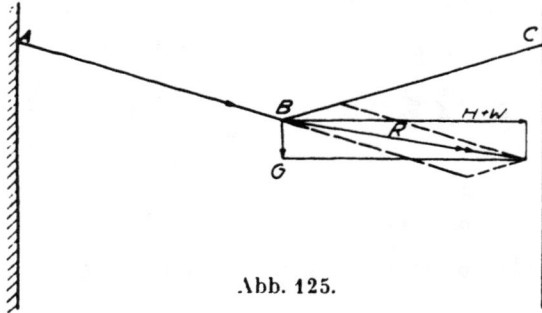

Abb. 125.

Beide Kräfte ergeben (Abb. 125) eine Resultierende R, die ebenfalls nach der Richtung AB und BC zerlegt werden kann. Da die wagerechte Kraft im Verhältnis zur lotrechten sehr groß ist, so wird nur im Spanndraht AB ein Zug auftreten. Dagegen wird der Spanndraht BC ohne Zugspannung sein, d. h. er ist überflüssig. Die Erfahrung in der Praxis lehrt, daß derselbe ganz lose hängen würde, wenn er nicht des Aussehens wegen ein wenig gespannt würde. Man könnte ihn also immer fortlassen, aber aus Sicherheitsgründen wird man diesen Querdraht in Abständen von 30 bis 40 m vorsehen.

b) In der Speiseleitung.

Die Kurvenzüge in den Speiseleitungsdrähten lassen sich ebenfalls graphisch und rechnerisch ermitteln. Der Winddruck und der Zug im Draht oder Seil greifen in der wagerechten Ebene an, während das Gewicht in der senkrechten wirkt. Die graphische Lösung ist in den meisten Fällen die einfachere.

Beispiel: Zwei Freileitungen (Abb. 126) von 120 qmm Querschnitt sind mit $p_{max} = 16$ kg/qmm zu spannen. Wie groß stellt sich der Kurvenzug, wenn der Winkel $\alpha = 150^0$ ist?

Der Zug in einer Leitung beträgt $120 \cdot 16 = 1920$ kg, in beiden Leitungen $2 \cdot 1920 = 3840$ kg.

1. **Graphisch:**

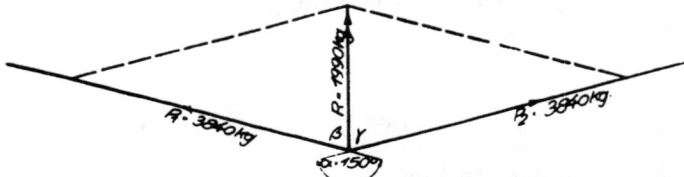

Abb. 126.

2. Rechnerisch:

Die Resultierende R ergibt sich nach dem Cosinussatz zu

$$R = \sqrt{P_1{}^2 + P_2{}^2 - 2\,P_1 \cdot P_2 \cos (180 - a)}$$

$$\sin \beta : \sin \gamma : \sin a = P_2 : P_1 : R$$

$$\sin \beta = \frac{P_2}{R} \sin a;$$

$$\sin \gamma = \frac{P_1}{R} \sin a$$

somit

$$R = \sqrt{3840^2 + 3840^2 - 2 \cdot 3840 \cdot 3840 \cdot 0,866}$$

$$R = 1990 \text{ kg}$$

$$\sin \beta = \frac{3840}{1990} \cdot 0,5 = 0,965 = 75^0.$$

6. Der Fahrdraht in Kurven.

a) Bügel.

Das Schleifstück für den Bügelstromabnehmer ist durchschnittlich 1 bis 1,20 m breit. Die ganze Breite des Schleifstückes darf man jedoch nicht voll ausnutzen, da durch Gleissenkungen, seitliches Verbiegen des Bügels, Verziehen der Oberleitung und Schaukeln des Wagens der Bügel entgleisen könnte. Man verlegt daher die Oberleitung derartig, daß normalerweise 10 cm von jeder Seite des Schleifstückes nicht benutzt werden und in ungewöhnlichen Fällen sozusagen als Reserve dienen.

In Abb. 127 ist die nutzbare Breite des Schleifstückes mit b bezeichnet; es ist die Fahrleitung entsprechend dieser nutzbaren Breite zu verlegen.

Für den Kurvenzug H wurde bereits früher die Formel

$$H = \frac{Z\,L}{R}$$

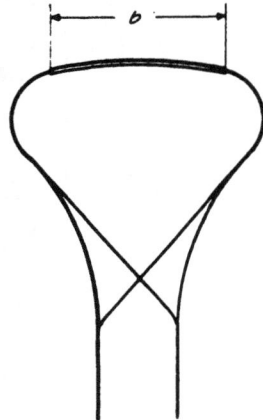

Abb. 127.

aufgestellt. Derselbe läßt sich nach Abb. 128 auch schreiben

$$H = \frac{\sqrt{8\,b\,R}}{R + \dfrac{b}{2}} \cdot Z.$$

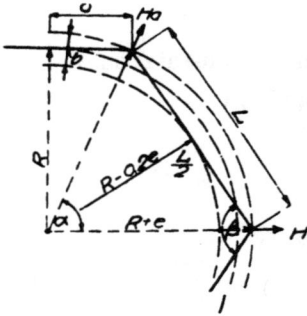

Abb. 128

Für Radien von 200 m an setzt man besser, da der Winkel $\beta = 180 - \alpha$ zu klein wird

$$H = \frac{\sqrt{8\,b\,R}}{R + \frac{b}{3}} \cdot Z.$$

Die Sehnenlänge L ergibt sich nach nebenstehender Abbildung zu $L = \sqrt{8\,b\,R}$.

Nachstehend sind die nach diesen Formeln errechneten Kurvenzüge und Sehnenlängen bei einer nutzbaren Schleifstückbreite von 0,9 m angegeben.

Radius in m	Sehnenlänge in m	a_{max} in m	Kurvenzüge in kg bei einem Fahrdrahtquerschnitt von qmm				
			50	55	65	80	100
10	8,48	3,00	406	447	528	650	812
11	8,90		389	427	505	622	777
12	9,30	3,30	373	410	485	597	746
13	9,67		359	395	467	575	718
14	10,00		347	382	452	556	695
15	10,40	3,70	336	370	437	538	673
16	10,73		327	359	424	522	652
17	11,05	3,90	317	349	412	507	634
18	11,38		308	339	401	494	617
19	11,70		300	330	390	480	600
20	12,00	4,25	293	322	381	469	587
21	12,30		286	315	372	458	573
22	12,60		280	308	364	448	560
23	12,87		274	302	357	439	549
24	13,15		269	296	350	430	538
25	13,40	4,75	264	290	343	422	527
26	13,70		259	285	336	414	517
27	13,95		254	279	330	406	508
28	14,20		249	274	324	399	499
29	14,45		245	270	319	392	491
30	14,70	5,20	242	266	314	386	483
32	15,20		234	258	304	374	468
34	15,67	5,60	227	250	295	364	454
36	16,10		221	243	287	353	442
38	16,55		215	237	280	344	430
40	17,00	6,00	210	231	273	336	420
42	17,40		205	226	267	328	410
44	17,80	6,40	200	220	260	320	400
46	18,20		196	216	255	314	392
48	18,60		192	211	250	307	384
50	19,00	6,70	188	207	245	301	376
55	19,90		180	198	234	287	359
60	20,80	7,05	172	189	224	275	344

Radius in m	Sehnen-länge in m	amax in m	Kurvenzüge in kg bei einem Fahrdrahtquerschnitt von qmm				
			50	55	65	80	100
65	21,60	7,05	166	182	215	265	331
70	22,50	7,90	160	175	207	255	319
75	23,20		154	170	200	246	308
80	24,00	8,50	149	164	194	239	298
85	24,70		145	159	188	232	290
90	25,40	9,00	141	155	183	225	282
95	26,20		137	151	178	219	274
100	26,80	9,50	134	147	174	214	267
110	28,20		127	140	166	204	255
120	29,40	10,60	122	134	159	195	244
130	30,60		117	129	153	188	235
140	31,80		113	124	147	181	226
150	32,90	11,60	109	120	142	175	218
160	34,00		106	116	138	169	211
170	35,00	12,60	103	113	134	164	205
180	36,00		100	110	130	160	200
190	37,00		97	107	126	155	194
200	38,00	13,40	95	105	123	152	189
225	40,00	14,20	90	98	116	143	179
250	40,00	15,00	80	88	104	128	160
275	40,00		73	80	95	117	146
300	40,00	16,50	67	74	87	107	133
325	40,00		62	68	80	99	123
350	40,00		58	63	75	92	114
375	40,00		54	59	70	86	107
400	40,00	19,00	50	55	65	80	100
500	40,00		40	44	52	64	80

Der Halbmesser des Gleisbogens wird mit demjenigen des Schleifstückes nicht übereinstimmen, wenn die die Kurven befahrenden Wagen einen sehr großen Achsstand oder Drehgestelle haben (Abbildung 129).

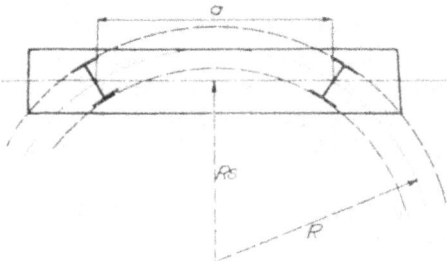

Abb. 129.

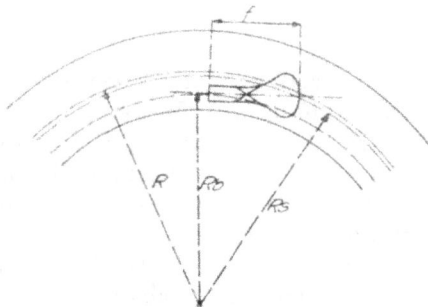

Abb. 130.

Der Radius von Mitte Schleifstück läßt sich nach dem Pythago-
räischen Lehrsatz ermitteln

$$R_s = \sqrt{R^2 - \left(\frac{a}{2}\right)^2}.$$

Ein langer, schräg an die Oberleitung anliegender Bügel wird in
Kurven weit ausschwingen, so daß die Mittelpunkte des Stromab-
nehmerbocks, des Schleifstückes und des Gleises voneinander abweichen.

Die Differenz zwischen den Radien von Mitte Schleifstück und
Stromabnehmerbock lassen sich leicht nach Pythagoras ermitteln
(Abb. 130 u. 131).

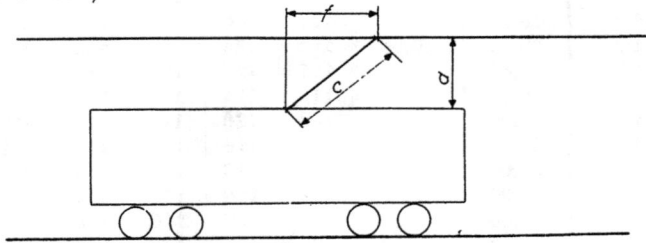

Abb. 131.

$$R_s = \sqrt{R_b{}^2 + f^2}$$

$$R_b = \sqrt{R^2 - \left(\frac{a}{2}\right)^2},$$

wie vorher bereits angegeben,

$$f = \sqrt{c^2 - d^2}.$$

Bei den vorstehenden Angaben wurde davon ausgegangen, daß der
Stromabnehmer Mitte Wagendach saß. Da aber diese Annahme nicht
immer zutrifft, so sei darauf aufmerksam gemacht, daß in diesen Aus-
nahmefällen stets Untersuchungen über den Verlauf des Schleifstückes
in Kurven angestellt werden müssen.

b) Rolle.

Der Rollenbetrieb verlangt, wie bereits früher erwähnt, eine andere
Abspannung der Kurven. Beim Durchfahren der Kurven ist außerdem
die Zentrifugalkraft der Rolle zu berücksichtigen. Es soll an dieser Stelle
gleich erwähnt werden, daß eine gute Verlegung des Fahrdrahtes in
Kurven für Rollenbetrieb hauptsächlich Erfahrungssache des betr.
Bauleiters ist.

Bezeichnet man (Abb. 132) mit e die Abweichung nach außen und
mit e_1 diejenige nach innen, dann kann man, wenn die Kurven nicht
zu schnell befahren werden, $e_1 = 0,2\,e$ annehmen.

Man kann nun schreiben (s. Abb. 128)

$$\left(\frac{L}{2}\right)^2 = (R + e)^2 - (R - 0,2\,e)^2 = 2\,R\,(e + 0,2\,e) - 0,04\,e^2 + e^2;$$

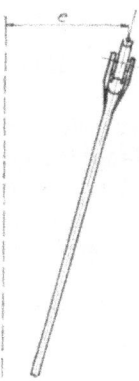

Abb. 132.

vernachlässigt man den sehr kleinen Wert $0,04\,e^2 + e^2$, so ergibt sich

$$L = 3,1\,\sqrt{R\,e}.$$

Damit die Rolle beim Durchfahren der Polygonecken durch Schlag nicht zu sehr angreift, darf der Winkel nicht zu klein gewählt werden. Nach praktischen Erfahrungen nimmt man diesen Winkel $\sim 168^0$ an, so daß Winkel $a = 12^0$ ist.

Bedeutet φ den Zentriwinkel und n die Anzahl der Polygonseiten, so ist $L = R\,\dfrac{\varphi}{n}$ oder a und φ in Graden gemessen

$$L = \frac{2\,\pi}{360}\,R \cdot a^0 = \frac{2\,\pi}{360}\,R \cdot 12^0 \cong 0,2\,R.$$

Diese Formel $b = 0,2\,R$ benutzt man erfahrungsgemäß jedoch nur in Kurven mit einem Halbmesser unter 50 m. Für Kurven mit einem Halbmesser über 50 m gebraucht man die oben angegebene Formel

$$L = 3,1\,\sqrt{R\,e}.$$

Die seitliche Abweichung nach außen soll 300 mm nicht überschreiten; b im max. $= 1,7\,\sqrt{R}.$

Herrik gibt folgende Abweichungen zwischen Fahrdrahtkurven und Gleisachsenkurve an.

R (in m) . . .	15	17	20	23	30	35	45	55	85	100
e (in mm) . . .	250	200	175	150	150	100	100	75	75	50
Für $L = 3,1\,\sqrt{R\,e}$ L (in m). . . .	6,0	5,8	5,8	5,8	6,5	5,8	6,5	6,2	7,8	7
für $L = 0,2\,R$ L (in m) . . .	3,0	3,4	4,0	4,6	6,0	7,0	9,0	—	—	—

7. Bügel oder Rolle.

Der projektierende Ingenieur wird selten diese Frage zu lösen haben, da durchschnittlich dies schon bei Einforderung eines Projektes geregelt ist.

Der Bügelstromabnehmer brauchte immerhin eine Reihe von Jahren, bis man nachweisen konnte, daß er dem Rollenstromabnehmer überlegen sei. Der Firma Siemens & Halske, die den Bügelstromabnehmer eingeführt hat, gelang es durch die Praxis, die Vorzüglichkeit und Überlegenheit des Bügels zu beweisen. Insbesondere ist durch die Praxis bewiesen, daß für Bahnen mit höheren Geschwindigkeiten oder schwereren Zügen der Bügelstromabnehmer das einzig zuverlässige System darstellt.

Früher glaubte man, daß der Bügel die Leitung mehr angreife als die Rolle. Diese Ansicht ist durch die vorliegenden langjährigen Erfahrungen, die im Betriebe von Straßenbahnen nach dem Bügelsystem gemacht wurden, nicht nur hinfällig geworden, sondern es ist bewiesen, daß bei Verwendung des Bügels tatsächlich eine geringere Abnutzung des Fahrdrahtes eintritt als bei der Rolle.

Besonders deutlich zeigt sich in den Krümmungen die Abnutzung des Fahrdrahtes durch die Rolle, da die Flanschen derselben an diesen Stellen angreifen und nach kurzer Zeit stark abnutzen.

Auch die Lebensdauer des Schleifstückes ist derjenigen der Rolle bei gleich gut hergestellter Oberleitungsanlage überlegen. Die Laufdauer der Rolle ist nach öfterem Überdrehen unter den günstigsten Verhältnissen keine bedeutend höhere als 10000 Wagen-km. Unter normalen Verhältnissen beträgt die Lebensdauer eines Schleifstückes etwa 20—30000 Wagen-km. Bei einigen Betrieben wurden 50000 und im Maximum 99000 Wagen-km erreicht.

Die Vorteile, die die Verwendung des Bügels gegenüber der Rolle bietet, sind kurz folgende:

Die Gestaltung des oberirdischen Leitungsnetzes ist eine bedeutend einfachere als bei Anwendung der Rolle (Abb. 133 u. 134).

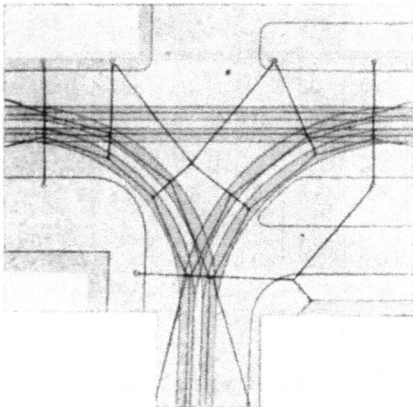

Abb. 133.

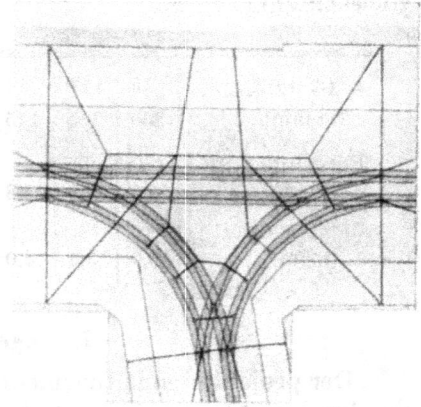

Abb. 134.

In den Krümmungen verlangt der Bügel bei seiner nutzbaren Breite von 0,9 m an nur etwa die Hälfte der Abspannungen als für Rollensystem notwendig ist, denn bei letzterer ist es erforderlich, den Draht, wie bereits vorstehend angegeben, möglichst im gleichbleibenden Abstande zur Gleisachse zu führen, da sonst Entgleisungen der Rolle unvermeidlich sind. Die schweren und unschönen Führungsstücke, die beim Rollensystem an den Weichen und Kreuzungen unvermeidlich sind, kommen beim Bügelbetrieb ganz in Fortfall, denn bei ihm werden die zusammenlaufenden Fahrdrähte in einer einfachen Doppelaufhängung gefaßt und glatt weiter geführt. Diese Ersparnis an Aufhängungen, Trag- und Spanndrähten, sowie der Fortfall von Weichen- und Kreuzungsstücken hat eine Verminderung der Anlagekosten, Verbilligung und Vereinfachung der Montage zur Folge. Daher werden auch die Unterhaltungskosten für Bügelbetrieb geringer sein als die für Rollenbetrieb.

Von Bedeutung ist ferner, daß durch weniger Aufhängepunkte für Bügeloberleitung auch weniger Isolationsfehler vorhanden sein müssen.

Das Straßenbild ist ein wesentlich schöneres mit Bügeloberleitung, da die Aussicht nach oben nicht durch die vielen Spann- und Querdrähte verdeckt ist.

Bezüglich Betriebssicherheit ist der Bügel der Rolle unbedingt überlegen, da ein Abspringen des Bügels vom Fahrdraht ausgeschlossen ist, aber bei der Rolle besonders in Krümmungen und Weichen infolge der schnellen Richtungsänderung an den Polygonnetzen sehr leicht vorkommt und zu Unglücksfällen und Betriebsstörungen führen kann. Namentlich in der Dunkelheit sind die durch das Abspringen der Rolle verursachten Störungen sehr lästig, da dann Fahrgäste und Personal im Dunkeln sitzen. Nach mehr oder weniger langem Probieren kann der Schaffner die Rolle an den Fahrdraht dann anlegen. In der erleuchteten Großstadt wird dies weniger lange dauern als bei Überlandbahnen.

Auch die Handhabung des Bügels im Betrieb ist bedeutend leichter als die der Rolle, da sich dieser in seinen meisten Ausführungsformen beim Wechsel der Fahrtrichtung selbsttätig umlegt, während die Rolle hierbei stets ein Abziehen, Drehen und Wiederanlegen erfordert.

Besonders wertvoll ist dieser Vorteil des Bügels bei Rangierbewegungen, wobei fast ständig mit einem Fahrtrichtungswechsel gerechnet werden muß.

8. Quer-, Spann- und Abspanndrähte.

Der Fahrdraht wird mit Hilfe von Aufhängungen durch Quer- bzw. Längsdrähte (Vielfachaufhängung) getragen, von Spanndrähten in Kurven in der durch den Stromabnehmer bedingten Lage gehalten und durch Abspanndrähte verankert oder abgespannt. Man verwendet für diese Drähte hauptsächlich verzinkte Stahldrähte von 4 bis 7 mm Durchmesser mit einer Bruchfestigkeit von 60 bis 90 kg per qmm. Patentstahldrähte von höherer Bruchfestigkeit zu verwenden, empfiehlt sich nicht, da dieselben sich schwer zu Ösen usw. verarbeiten lassen.

Zweckmäßig verwendet man:

1. für Telephonschutz verzinkte Stahldrähte von 4 mm Durchm.,
2. für Querdrähte in der geraden Strecke und in großen Kurven Stahldrähte von 5 mm Durchm.,
3. für Spann- und Abspanndrähte verzinkte Stahldrähte von 6 mm Durchm.,
4. bei besonders starken Zügen und Verspannungen verzinkte Stahldrähte von 7 mm Durchm.

Wo die Zugfestigkeit der Stahldrähte nicht ausreicht, müssen verzinkte flexible Stahlseile verwendet werden.

Der zur Verwendung gelangende Stahldraht muß, abgesehen von der vorgeschriebenen Bruchfestigkeit, folgenden Bedingungen entsprechen:

1. Die Oberfläche des Drahtes muß möglichst glatt, ohne Risse und Furchen sein.
2. Die Bruchfläche muß eine gleichförmige, matte, hellgraue Farbe besitzen und von gleichförmig feinem Korn sein.
3. Die Dehnung muß etwa 5 bis 7% betragen.
4. Die Verzinkung des Drahtes muß derartig gut vorgenommen sein, daß beim Biegen von Ösen die Zinkhaut nicht abblättert.

Entsprechend der Bruchfestigkeit und der vorgeschriebenen Sicherheit sind die Stahldrähte für die vorkommenden Züge zu berechnen.

Brauchbare Mittelwerte für die Belastung sind für verzinkte Stahldrähte von:

5 mm Durchm. (19,6 qmm Querschnitt) 450 kg Zug
6 mm   ,,   (28,3 ,,   ,,   ) 600 ,,   ,,
7 mm   ,,   (38,5 ,,   ,,   ) 800 ,,   ,,

Die Anbringung und Befestigung der Quer-, Spann- und Abspanndrähte erfolgt mittels Leitern, nachdem dieselben entsprechend der Länge der Stützpunkte unter Berücksichtigung der Steigungsverhältnisse und der Befestigungs- und Isoliermaterialien zugeschnitten sind. Würgebunde sollte man vermeiden, da die Festigkeit des Drahtes bei allen dem Würgen ausgesetzten Stellen erheblich leidet. Wie Versuche bei jeder Abnahme im Werk ergeben, tritt der Bruch stets in den zur Schleife ausgebildeten Teilen ein und zeigen ferner, daß die Festigkeit des gerade gestreckten Drahtes bedeutend größer ist als die des Würgebundes. Anstatt des Würgebundes sollte man daher die sog. Drahtklemme stets benutzen.

Bei der Verankerung (Abspannung) des Fahrdrahtes wird man, um Kupfer zu sparen, den Kupferdraht nur so weit ziehen, als der Stromabnehmer es erfordert, und dann zur Fortführung den billigeren Stahldraht bis zum Verankerungspunkt führen. Um bei Fahrdrahtbrüchen (Straßenbahnen) ein Verziehen der Oberleitung zu vermeiden, verwendet man sinngemäß Streckenverankerungen. Hauptsächlich sieht man dieselben bei Streckentrennungen (Streckenunterbrecher) vor (Abb. 135 u. 136).

Abb. 135.

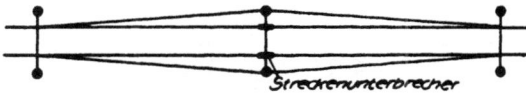

Abb. 136.

Da durch irgendwelche Umstände bei Straßenbahnen für eine längere Strecke keine Stützpunkte angebracht werden können, so behilft man sich mit der Brückenaufhängung (Abb. 137 u. 138).

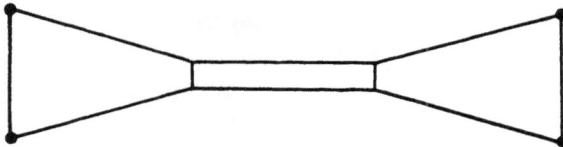

Abb. 137.

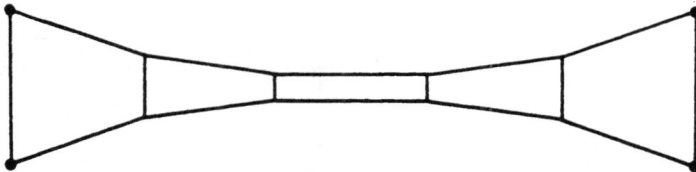

Abb. 138.

Für die Verspannung der Kurven gibt es verschiedene Möglichkeiten, die je nach der Geschicklichkeit des Bauleiters gelöst werden können. Nachstehend ist in Abb. 139, 140 u. 141 die Abspannung einer einfachen Kurve gezeigt.

Je nach ihrer Verwendung werden die Stahldrähte beansprucht. Die Endverankerungsdrähte übernehmen ohne weiteres den Zug im Fahrdraht. Die Querdrähte werden dagegen belastet

1. durch ihr Eigengewicht,
2. durch den von ihnen zu tragenden Fahrdraht nebst **Fahrdraht-aufhängung,**
3. durch den Winddruck und
4. durch Schnee- und Eislast.

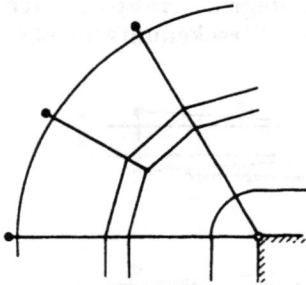

Abb. 139.

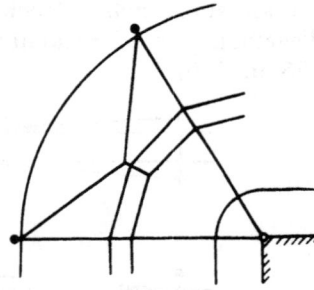

Abb. 140.

Bei Errechnung der Beanspruchung kann man das Eigengewicht und die Schnee- und Eislast unbedenklich vernachlässigen. Auch der Winddruck spielt nicht eine derartige Rolle, daß man ihn unbedingt bei etwa 4facher Sicherheit der Stahldrähte zu berücksichtigen braucht.

Wenn L die Entfernung zwischen zwei sich gegenüberliegenden Stützpunkten eines Querdrahtes,

l_1 und l_2 die Entfernungen vom Fahrdraht bis zu den Stützpunkten,

G Gewicht der vom Querdraht zu tragenden Fahrleitung und

W Winddruck bedeuten, so ergeben sich nach Abb. 142 die Züge in dem Querdraht

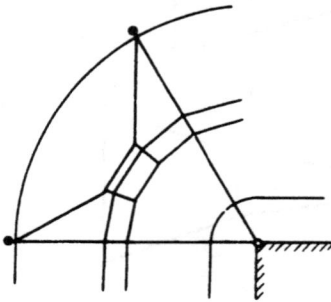

Abb. 141.

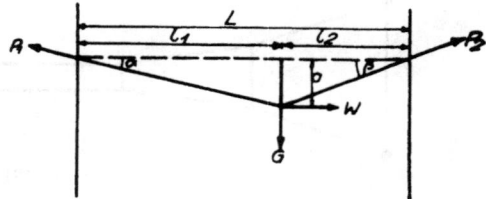

Abb. 142.

$$P_1 \cdot L \cdot \sin a = G \, l_2 + W \cdot a$$
$$P_1 = \frac{G \, l_2 + W \, a}{L \sin a}$$
$$P_2 \, L \sin \beta = G \, l_1 - W \cdot a$$
$$P_2 = \frac{G \, l_1 - W \, a}{L \sin \beta}.$$

Da die Winkel a und β stets sehr klein sind, so können wir statt sin ι und sin β, tang a und tang β schreiben.

Da nun

$$\text{tang } a = \frac{a}{l_1},$$

$$\text{tang } \beta = \frac{a}{l_2}$$

ist, so erhalten wir

$$l_1 = \frac{G\, l_2 + W\, a}{L\, \dfrac{a}{l_1}} \left.\vphantom{\frac{\frac{a}{l_1}}{\frac{a}{l_1}}}\right\}$$

$$l_2 = \frac{G\, l_1 - W \cdot a}{L\, \dfrac{a}{l_2}} \left.\vphantom{\frac{\frac{a}{l_1}}{\frac{a}{l_1}}}\right\}$$

Bei ungleicher Steigung des Querdrahtes nach seinen Stützpunkten bei einem Fahrdraht.

Liegt die Aufhängung in der Mitte der beiden Stützpunkte, also $l_1 = l_2 = \dfrac{L}{2}$, so ist

$$l_1 = \frac{G\, \dfrac{L}{2} + W\, a}{2\, a} \left.\vphantom{\frac{\frac{L}{2}}{\frac{L}{2}}}\right\}$$

$$l_2 = \frac{G\, \dfrac{L}{2} - W\, a}{2\, a} \left.\vphantom{\frac{\frac{L}{2}}{\frac{L}{2}}}\right\}$$

Bei gleicher Steigung des Querdrahtes nach seinen Stützpunkten bei einem Fahrdraht.

Bei Querdrähten in der geraden Strecke wird man stets eine gleiche Steigung derselben nach beiden Seiten, auch wenn der Fahrdraht nicht in der Mitte der beiden Stützpunkte liegt, vorsehen. Die Züge im Querdraht ermitteln sich zu denselben Werten wie vorstehend, wenn $l_1 = l_2$ wäre.

Sind 2 Fahrdrähte zu verlegen, so ergeben sich die Züge in den Querdrähten, wenn $G_1 = G_2 = G$ und $W_1 = W_2 = W$ ist, zu:

$$F_1 = \frac{G \cdot L + 2\, W\, a}{L\, \dfrac{a}{\lambda_1}} \left.\vphantom{\frac{\frac{a}{\lambda_1}}{\frac{a}{\lambda_1}}}\right\}$$

$$F_2 = \frac{G \cdot L - 2\, W\, a}{L\, \dfrac{a}{\lambda_1}} \left.\vphantom{\frac{\frac{a}{\lambda_1}}{\frac{a}{\lambda_1}}}\right\}$$

bei gleicher Steigung des Querdrahtes nach seinen Stützpunkten bei 2 Fahrdrähten.

Bei nicht gleicher Steigung des Querdrahtes zu den Stützpunkten (Abb. 143) ergibt sich ähnlich wie vorher gezeigt:

$$P_1 L \cdot \frac{a}{\lambda_1} = G \left(L - \lambda_1 + \lambda_2\right) + 2 W a$$

$$P_2 L \frac{a}{\lambda_2} = G \left(L - \lambda_2 + \lambda_1\right) - 2 W a.$$

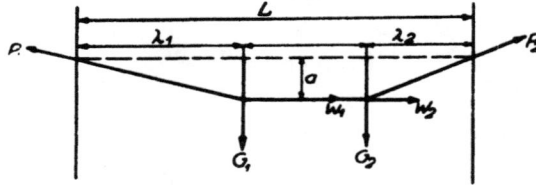

Abb. 143.

Vernachlässigt man den Winddruck, so erhält man nachstehende Formeln:

$$P_1 = G \, \dfrac{l_2}{L \dfrac{a}{l_1}} \Big\}$$

$$P_2 = G \, \dfrac{l_1}{L \dfrac{a}{l_2}} \Big\}$$

bei ungleichen Steigungen des Querdrahtes nach seinen Stützpunkten bei einem Fahrdraht

$$P_1 = P_2 = G \, \dfrac{\dfrac{L}{2}}{2\,a} \Big\}$$

bei gleicher Steigung des Querdrahtes nach seinen Stützpunkten bei einem Fahrdraht

$$P_1 = P_2 = G \, \dfrac{\lambda^{1)}}{a} \Big\}$$

bei gleicher Steigung des Querdrahtes nach seinen Stützpunkten bei 2 Fahrdrähten

$$P_1 = G \, \dfrac{L - \lambda_1 + \lambda_2}{L \dfrac{a}{\lambda_1}} \Bigg\}$$

$$P_2 = G \, \dfrac{L - \lambda_2 + \lambda_1}{L \dfrac{a}{\lambda_2}} \Bigg\}$$

bei ungleicher Steigung des Querdrahtes nach seinen Stützpunkten bei 2 Fahrdrähten.

Die Steigung bzw. Neigung der Querdrähte in der geraden Strecke

$$\frac{a}{l_1}, \frac{a}{l_2}, \quad \text{oder} \quad \frac{a}{\lambda_1}, \frac{a}{\lambda_2} = \frac{1}{n}$$

kann beliebig groß gewählt werden. Durchschnittlich verwendet man nachstehende Steigungen:

1 : 12 bis 1 : 15 bei Verwendung von Wandhaken in starken massiven Mauern,

---

1) wenn $\lambda = \lambda_1 = \lambda_2$.

1 : 10 bis 1 : 12 bei Verwendung von eisernen Masten oder
    Eisen-Betonmasten,

1 : 8 bis 1 : 9 bei Verwendung von Holzmasten,

1 : 8 bis 1 : 10 bei Verwendung von Wandhaken in weniger
    starken Mauern.

Die Höhe des Stützpunktes über Schienenoberkante (S.O.) errechnet sich dann (Abb. 144) wie folgt:

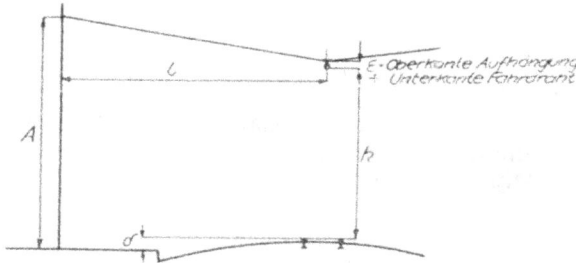

Abb. 144.

(Bei Querdrähten kann man δ, wenn dasselbe sehr klein ist, vernachlässigen, da dann die Steigung wenig dadurch beeinflußt wird.)

Beispiel: Für eine eingleisige Strecke ist der Querdraht $\frac{1}{12}$ nach
beiden Seiten gespannt. Wie groß ist der Zug im Querdraht, wenn das
von diesem Querdraht zu tragende Gewicht des Fahrdrahtes 24 kg,
der Winddruck auf die Fahrleitung 20 kg und die Länge vom Fahrdraht bis zum Stützpunkt 6 m beträgt?

Bei $\frac{1}{n} = \frac{1}{12}$ und $l_1 = 6$ m beträgt $a = \frac{6}{12} = 0,5$ m

$$P_1 = \frac{G\,l_1 + W\,a}{2\,a} = \frac{24 \cdot 6 + 20 \cdot 0,5}{2 \cdot 0,5} = 154 \text{ kg.}$$

Bei den Spanndrähten, auch wenn
sie als Querdrähte verlegt sind, ist die
Steigung durch die im Aufhängepunkt O
(Abb. 145) wirkenden Kräfte aus dem
Gewicht G der vom Spanndraht zu tragenden Leitung und dem Horizontalzug H
bestimmt.

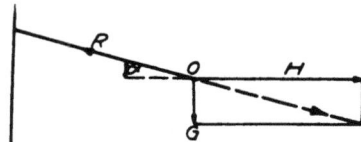

Abb. 145.

Das Gewicht läßt sich leicht berechnen und der Kurvenzug, wie
bereits weiter vorn gezeigt, ermitteln

$$\tan\alpha = \frac{G}{H} = \frac{1}{n}.$$

Die Höhe des Angriffspunktes über S.O. ist

$$A = h + \frac{l}{n} + \varepsilon \pm \delta; \quad n = \frac{H}{G}.$$

Beispiel: $h = 5,5$; $l = 10$ m; $H = 450$ kg; $G = 15$ kg;
$$\delta = +0,3 \text{ m}; \quad \varepsilon = 0,1 \text{ m}$$

$$A = 5,5 + \frac{10}{450 : 15} + 0,3 + 0,1 = 6,23 \text{ m}.$$

Ist der Spanndraht gleichzeitig als Querdraht verlegt, so erhält der innerhalb der Kurve liegende Teil desselben, wie bereits früher ausgeführt, keinen Zug.

Die Differenz δ von Schienenoberkante und Oberkante Bordstein am Mast oder Haus bestimmt man am besten mittels Meßlatte und Wasserwage. Man stellt die Meßlatte mit Hilfe der Wasserwage wagerecht ein und überträgt so die Höhe (bzw. Tiefe) von S.O. an das Haus oder den Mast.

9. Berechnung einer S-Kurve.

Eine S-Kurve, die wie Abb. 146 zeigt, wurde aufgemessen und soll mit einem Fahrdraht von 65 qmm Querschnitt in Höhe von 5,5 m

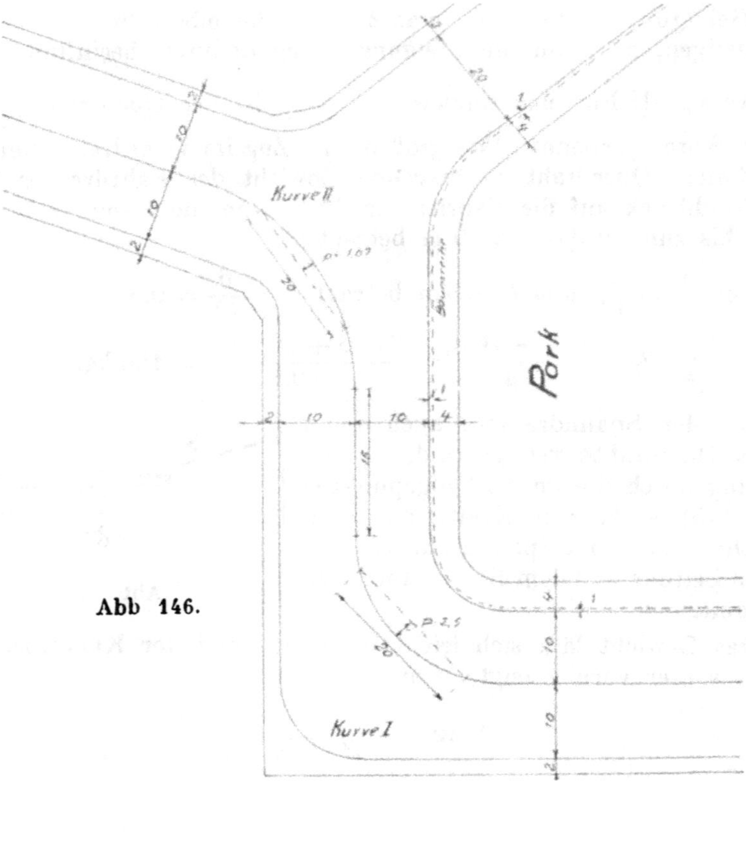

Abb 146.

über S.O. versehen werden. Für die betr. Straßenbahn sind zwei-
achsige Motorwagen mit einem Schleifbügel von 0,9 m nutzbarer Breite
Mitte Wagendach vorgesehen.

Es sind unter Vernachlässigung des Winddruckes die Kurvenzüge,
de Mastlängen und die Höhen der Wandrosetten zu bestimmen.

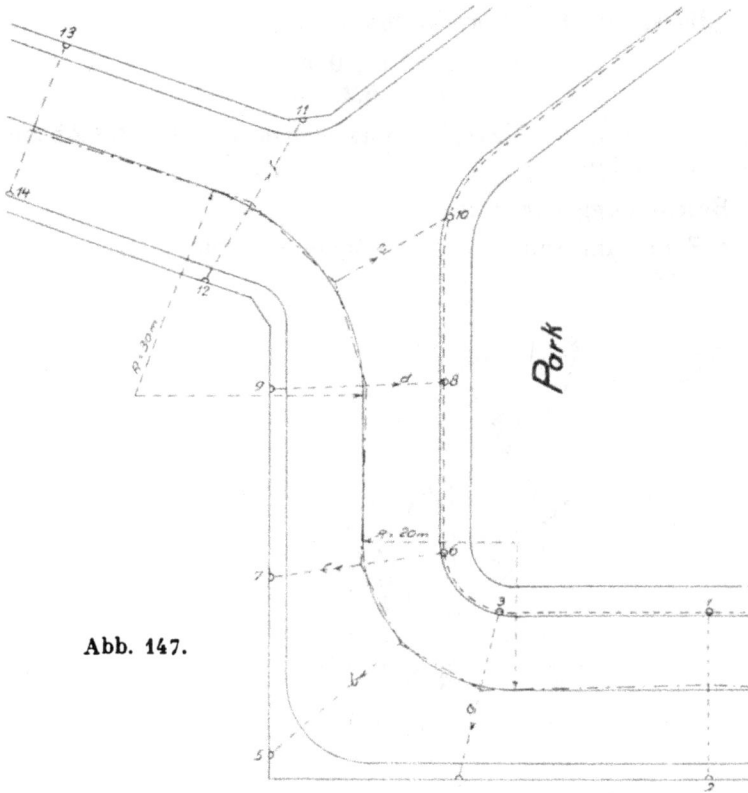

Abb. 147.

1. Bestimmung der Kurvenhalbmesser:

$$R = \frac{\left(\dfrac{L}{2}\right)^2}{2\,p}$$

für die Kurve I

$$R = \frac{\left(\dfrac{20}{2}\right)^2}{2 \cdot 2,5} = 20 \text{ m}$$

für die Kurve II

$$R = \frac{\left(\dfrac{20}{2}\right)^2}{2 \cdot 1,67} = 30 \text{ m}.$$

2. Bestimmung der Aufhängepunkte:

Nach der Tabelle im Abschnitt: „Fahrdraht in Kurven (Bügel)"
ergeben sich für die Kurve I (20 m Halbmesser)

$$L = 12,00 \text{ m}$$
$$a = 4,25 \text{ m}$$

und für die Kurve II (30 m Halbmesser)

$$L = 14,70 \text{ m}$$
$$a = 5,2 \text{ m}$$

Diese Maße in den Lageplan eingetragen, ergeben die Abspannung
wie Abb. 147 zeigt.

3. Bestimmung der Kurvenzüge:

Der Fahrdraht soll mit einer Spannung von $p_{max} = 10$ kg/qmm
verlegt werden.

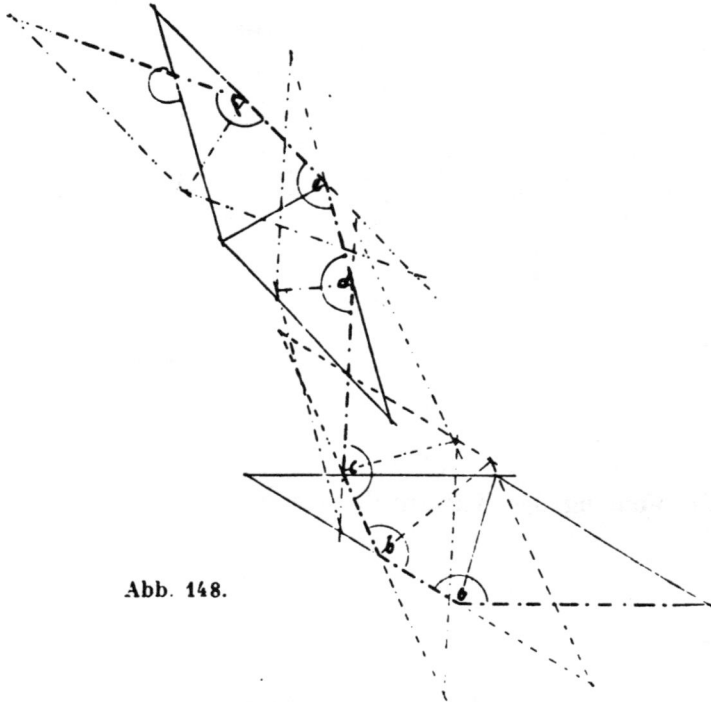

Abb. 148.

Abb. 148 zeigt die graphische Ermittlung der Kurvenzüge, die die
schnellste und für diese Zwecke genügend genauen Resultate ergibt.

$$\text{Kurvenzug } a = 350 \text{ kg}$$
$$\text{„ } b = 390 \text{ „}$$

$$\text{Kurvenzug } c = 300 \text{ kg}$$
$$\text{,,} \quad d = 200 \text{ ,,}$$
$$\text{,,} \quad e = 315 \text{ ,,}$$
$$\text{,,} \quad f = 295 \text{ ,,}$$

Nach der Formel $H = \dfrac{Z L}{R}$ erhält man

für Kurvenzug b 390 und
für Kurvenzug e 319 kg.

In der vorerwähnten Tabelle findet man für den Kurvenzug b 381 und e 314 kg.

Will man die übrigen Kurvenzüge ebenfalls rechnerisch ermitteln, so sind dieselben nach Abb. 128 (Fahrdraht in Kurven) abzuleiten.

Die Formel $H = \dfrac{Z L}{2 R}$ darf hier nicht angewendet werden, da der Kurvenanfang des Gleises nicht mit dem Kurvenabzug des Fahrdrahtes zusammenfällt, sondern sich zwischen beiden eine jeweilige Differenz a ergibt.

4. Bestimmung der Mastlängen und der Höhen der Wandrosetten über S.O.:

Mast 1. Der Mast steht in der Geraden, Kurvenzug ist nicht vorhanden, nur Verspannung des Fahrdrahtes für Bügel. Die Gesamtlänge desselben ergibt sich aus:

Fahrdrahthöhe	5,50 m
Neigung des Querdrahtes 1 : 12 . .	0,92 ,,
(bei 11 m Entfernung)	
Höhe der Fahrdrahtaufhängung . .	0,10 ,,
Mastschellenbreite	0,03 ,,
Einsatztiefe des Mastes	1,60 ,,
	8,15 m

Da der Mast nicht mit der Mastschelle abschneiden kann, sondern für alle Fälle und des besseren Aussehens wegen etwas länger vorgesehen werden muß, so ist noch ein kleiner Zuschlag zu wählen. Dieser Zuschlag ist möglichst so zu wählen, daß man für bestimmte Masttypen eine Einheitslänge schafft. Maste, die zu weit über Mastschelle ragen, sehen nicht allein unschön aus, sondern bedeuten auch eine Materialverschwendung und unnötige Verteuerung der Anlage.

Für Mast 1 genügt ein Zuschlag von 0,15 m, so daß dessen Gesamtlänge 8,30 m beträgt.

Wandrosette 2. Für diese gelten dieselben Bedingungen wie für Mast 1. Die Höhe Mitte Wandrosette setzt sich zusammen aus:

Fahrdrahthöhe . . . . 5,50 m
Neigung 1 : 12 (bei 12 m Entfernung) 1,00 „
Höhe der Fahrdrahtaufhängung . . 0,10 „
Höhe Unterkante Haus über S.O. . 0,20 „
_____
6,80 m

Mast 3. Derselbe steht in der Innenkurve und erhält keinen Kurvenzug. Sein Querdraht soll mit 1 : 12 verlegt werden. Da auch die Entfernung Mitte Gleis bis Mitte Mast dieselbe ist, wie bei Mast 1, so ergibt sich für ihn dieselbe Länge zu 8,30 m.

Wandrosette 4. Der Kurvenzug a beträgt 350 kg. Höhe Mitte Wandrosette über S.O. $= h + \dfrac{l}{n} + \varepsilon \pm \delta$

$$n = \frac{H}{G}.$$

Das Gewicht G setzt sich zusammen aus:

1. 12 m Fahrdraht . . . . 6,95 kg
2. 13 m Stahldraht 6 mm Durchm. . . . . 2,94 „
3. Aufhängung (einschl. Fahrdraht- und
   Beidrahtklemmen und Beidraht) . . . . 3,11 „
   _____
   13,00 kg

$$n = \frac{350}{13} = 27.$$

Die Höhe Mitte Wandrosette über S.O. ist daher

$$5,5 + \frac{13}{27} + 0,10 + 0,25 = 6,33 \,\text{m}.$$

Wandrosette 5. Kurvenzug b beträgt 390 kg.

Höhe Mitte Wandrosette über S.O.:

$$h + \frac{l}{n} + \varepsilon + \delta = 5,5 + \frac{23}{30} + 0,10 + 0,25 = 6,62 \,\text{m}$$

Gewicht wie bei Wandrosette 4

$$n = \frac{390}{13} = 30.$$

Mast 6. Für diesen Mast gilt dasselbe wie für Mast 3. Die Gesamtlänge desselben ist daher ebenfalls 8,30 m.

Wandrosette 7. Kurvenzug c beträgt 300 kg.

Gewicht der Fahrleitung 27 kg:

$$n = \frac{300}{27} = 11,1.$$

Da nun für den Querdraht eine Neigung 1 : 12 vorgesehen ist, so ist hier diese stärkere Neigung des Querdrahtes vorzusehen.

$n = 12$ entspricht einem Kurvenzug von 324 kg. Höhe Mitte Wandrosette über S.O.:

$$5{,}5 + \frac{12}{12} + 0{,}10 + 0{,}20 = 6{,}80 \text{ m.}$$

Mast 8. Dieser Mast erhält einen Kurvenzug $d = 200$ kg. Gewicht der Fahrleitung 29 kg.

$$n = \frac{200}{29} = 7.$$

Da $n = 12$ vorgesehen ist, so ergibt sich die Gesamtlänge aus:

Fahrdrahthöhe . . . . 5,50 m
Neigung des Querdrahtes . . . . . 0,92 „
Höhe der Fahrdrahtaufhängung . . 0,10 „
Mastschellenbreite . . . . 0,03 „
Einsatztiefe . . . . 1,60 „
_____
8,15 m
Zuschlag . . . . 0,15 „
_____
8,30 m

Wandrosette 9. Die Wandrosette ist in der Innenkurve. Die Höhe der Wandrosette über S.O. setzt sich zusammen aus:

Fahrdrahthöhe . . . . 5,50 m
Neigung des Querdrahtes (bei 12 m
Länge desselben) . . . . . . 1,00 „
Höhe der Fahrdrahtaufhängung . . 0,10 „
Höhe. Oberkante Haus über S.O. . 0,20 „
_____
6,80 m

Mast 10. Kurvenzug e beträgt 315 kg. Neigung des Querdrahtes

$$n = \frac{315}{14{,}5} = 22.$$

Die Gesamtlänge des Mastes setzt sich zusammen aus:

Fahrdrahthöhe . . . . 5,50 m
Neigung des Querdrahtes (bei 17 m
Entfernung) . . . . 0,78 „
Höhe der Fahrdrahtaufhängung . . 0,10 „
Mastschellenbreite . . . . 0,03 „
Einsatztiefe . . . . 1,80 „
_____
8,21 m
Zuschlag . . . . 0,19 „
_____
8,40 m

Wandrosette 11. Kurvenzug $f = 295$ kg

$$n = \frac{295}{32} = 9{,}3; \text{ festgelegt } n = 12.$$

Höhe Mitte Wandrosette über S.O.:

$$5{,}50 + \frac{12}{12} + 0{,}10 + 0{,}20 = 6{,}80 \text{ m.}$$

Wandrosette 12. Innenkurve.

Höhe Mitte Wandrosette über S.O.:

$$5{,}50 + 1{,}00 + 0{,}10 + 0{,}20 = 6{,}80 \text{ m.}$$

Wandrosette 13 u. 14. In der Geraden.

Die Errechnung gestaltet sich wie für Wandrosette 2. Höhe Mitte Wandrosetten über S.O. also 6,80 m.

10. Montage

a) der Fahrleitung.

Die errechneten Werte werden selten mit den tatsächlich auftretenden Kräften genau übereinstimmen, da die Einregulierung sich nicht genau nach einigen kg bewerkstelligen läßt, und der Monteur auch nicht dauernd mit dem Thermometer in der Hand dabei stehen kann. Ein erfahrener Oberleitungsmonteur spannt den Fahrdraht ohne Zugmesser und Thermometer bis auf 50 kg Differenz, wenn Auge und Hand bei demselben vollständig geschult sind.

Auch wenn sich der Fahrdraht genau nach den errechneten Werten montieren ließe, so würden Abweichungen nach kurzer Zeit eintreten, da einmal, wie man sagt, die Maste etwas kommen (d. h. sich durchbiegen und der Erddruck gegen die Mastfundamente etwas nachgibt) und das zweite Mal sich die Quer- und Abspanndrähte längen. Um hierüber ein einigermaßen übersichtliches Bild zu erhalten, empfiehlt es sich für den Bauleiter, in den fix und fertig montierten Fahrdraht einen Zugmesser (Dynamometer) einzubauen, ein Thermometer an dem Mast zu befestigen und in bestimmten Zeitabständen den Zug im Fahrdraht und die Temperatur ablesen zu lassen. Wenn dieses Verfahren bei verschiedenen Bauten und Jahreszeiten durchgeführt wird, so trägt dasselbe zur richtigen Erkenntnis und Beurteilung der Beanspruchung der gesamten Oberleitungsanlage sehr viel bei. Erfahrung mit Wissen gepaart, sind die Grundlagen guter Leistungen. Dies wissen auch unsere altbewährten Firmen, die Bahnen bauen, sehr wohl und senden daher ihre Ingenieure längere Zeit (nicht nur 2, 3 Monate) als Assistenten eines tüchtigen Bauleiters auf den Bau und stellen sich nicht auf den Standpunkt, daß Gott demjenigen, dem er ein Amt gibt, auch den nötigen

Verstand hierzu leiht. Gleichzeitig soll hier bemerkt werden, daß nur der Ingenieur, der als Bauleiter längere Zeit tätig war, ein erstklassiger Projekteningenieur sein kann, weil er ein jedes Projekt nach seinen Erfahrungen beurteilen und dementsprechend ausführen kann. Gewiß lernt ein Ingenieur auch im Bureau an den Abbildungen die benötigten Materialien kennen und stellt hiernach einen Kostenanschlag zusammen. Dieses Abzählen der Materialien und das Einsetzen der Preise macht jedoch auch jeder Kaufmann automatisch nebenamtlich mit.

Für jeden tüchtigen Oberleitungs-Ingenieur sollte der Grundsatz gelten, daß derselbe das, was er berechnen kann, auch bauen kann, und was er bauen kann, auch muß berechnen können. Dann würden schließlich die vielen verunglückten Bahnanlagen aus der Welt verschwinden.

Unter Berücksichtigung der vorher erwähnten und berechneten Beanspruchung muß der Fahrdraht verlegt werden. Bevor jedoch mit der Verlegung des Fahrdrahtes begonnen wird, sind verschiedene Vorarbeiten nötig. Daß auf der Strecke alles Nötige hergerichtet ist, ist selbstverständlich. Für das Abrollen des Drahtes ist ein Trommelwagen nötig, oder wenn derselbe nicht vorhanden ist, so ist ein sog. Bahnmeisterwagen dazu umzuändern (bei Vollbahnen nimmt man am besten einen Güterwagen, Abb. 149). Beim Bahnmeisterwagen be-

Abb. 149.

festigt man in der Mitte an seinen beiden Seiten zwei in Höhe für den Trommelhalbmesser passende Lagerböcke. In diese Lagerböcke wird die Fahrdrahttrommel mittels einer entsprechenden starken Welle gebracht. Der Trommelwagen muß natürlich eine stark anziehende Bremse besitzen. Aber auch die Trommel selbst muß auf dem Wagen eine Bremsvorrichtung haben. Je weiter der Draht von seinem Endpunkte entfernt verlegt wird, desto mehr wird er infolge seines Eigengewichtes das Bestreben haben, durchzuhängen und schließlich, wie es tatsächlich vorkommt, zwischen den Aufhängepunkten auf der Erde liegen. Hat man nun auf dem Trommelwagen eine an den Rändern der Trommel angreifende Bremsvorrichtung, so kann man, indem man den Trommelwagen weiterfahren läßt, die Trommel bremsen und die Drehung derselben, die durch das Abrollen verursacht wird, einhalten. Da sich nun nicht mehr Draht abwickeln kann, der Trommelwagen sich aber weiter bewegt, so wird nunmehr der durchhängende Fahrdraht nachgezogen und erhält einen verminderten Durchhang bzw. einen kleinen Zug.

Zu den Vorarbeiten gehört es auch, von Abfallenden des Stahldrahtes angefertigte S-Haken an die Aufhängepunkte in der Geraden zu hängen. In diese Haken wird beim Hochnehmen der Fahrdraht gelegt. In den Kurven lassen sich diese Haken nicht verwenden, da dieselben von den Kurvenzügen aufgebogen oder weggezogen werden. An den Kurvenaufhängungen muß dagegen der Fahrdraht an den Isolierbolzen (Außenseite der Kurve) gelegt und mittels eines weichen Eisendrahtes durch über die Fahrdrahtaufhängungen reichende Bunde befestigt werden. Es ist jedoch darauf Rücksicht zu nehmen, daß der Draht in den Bunden etwas Spielraum hat, um beim Anziehen und Nachspannen keinen unnötigen Widerstand zu erhalten.

Wie bereits erwähnt, kann man den Fahrdraht mittels gebremster Trommel anziehen. Dieses Verfahren läßt sich nur für verhältnismäßig kurze Strecken anwenden und dient hauptsächlich dazu, Unglücksfälle bei der Montage zu vermeiden. Beim Lösen der Trommelbremse wird sich der Draht sofort abwickeln und den alten Zustand herzustellen versuchen. Um dies zu vermeiden, befestigt man provisorisch Ankerdrähte an dazu geeigneten Masten und zieht den Draht mit einem Flaschenzug derartig an, daß derselbe fast die errechnete Zugspannung erhält. Hierdurch vermindert man den Durchhang und Verschnitt. Es ist ja einleuchtend, daß man eine kilometerlange Strecke von dem einen Ende aus nicht so anziehen kann, daß eine gleichmäßige Beanspruchung mit dem hierzugehörigen Durchhang erreicht werden kann. Normalerweise rechnet man 3% für Durchhang und Verschnitt.

Die betr. Ankerdrähte dürfen nicht bei dem Aufnehmen des Fahrdrahtes angebracht werden, sondern müssen bereits vorher an den Masten (natürlich zu Bunden aufgewickelt) befestigt werden. Da bei dem Fahrdrahthochnehmen durch unvorhergesehene Umstände Zwischenfälle und Störungen aller Art vorkommen können, so empfiehlt es sich, die Enden mehrerer Stahldrahtringe für Ankerdrähte vorzusehen und im Montagewagen mitzuführen. Im Bedarfsfalle schneidet man dann von den Ringen die Anker der benötigten Länge noch ab.

Das Hochnehmen des Fahrdrahtes geht am besten so vor sich, daß man hinter dem Trommelwagen im Abstand von etwa 30 m den

Turmwagen (Gerüst- oder Montagewagen, Abb. 150) aufstellt (in den Kurven im Abstand von 15 bis 20 m). Man wickelt das Ende des Fahrdrahtes behutsam von der Trommel ab und führt es über den Turmwagen zum Verankerungsmast. Nach Befestigung des Drahtendes läßt man die Wagen in den genannten Abständen fahren. In der geraden Strecke werden die auf dem Wagen befindlichen Arbeiter, ohne daß derselbe hält, den Draht in die S-Haken legen; in den Kurven wird allerdings ein kleiner Aufenthalt entstehen, da hier die Befestigung gut ausgeführt werden muß. Unbedingt ist darauf zu achten, daß bei

Abb. 150.

der Fahrdrahtmontage die Leute niemals in der Kurve stehen, da dieselben unfehlbar von einem sich lösenden Draht auf die Erde gerissen werden. Auch soll darauf geachtet werden, daß jeder Mann, der nicht auf der ebenen Erde arbeitet, stets den Sicherheitsgürtel um hat, und daß beim Besteigen der Leiter stets ein zweiter Mann zum Halten der Leiter vorhanden ist. Unglücksfälle durch leichtsinniges Vorgehen werden nie ausbleiben, und wenn ein Verschulden des Bauleiters vorliegt, gibt es viele Scherereien mit der Polizei und dem Staatsanwalt. Ein schuldig befundener Bauleiter wird nicht allein bestraft, sondern kann je nach den Verhältnissen den Verunglückten zeitlebens ernähren.

Bei neu anzulegenden Bahnen lassen sich diese Arbeiten am Tage ausführen, während bei bestehenden nur nachts die den Betrieb störenden Arbeiten ausgeführt werden dürfen.

Große Sorgfalt ist auf das Abwickeln und das Freimachen des Fahrdrahtes, sowie auf das Wiederbefestigen der Drahtenden auf der Trommel zu verwenden, da durch unachtsames Freimachen oder schlechtes Befestigen infolge Zurückschnellens der Drahtenden schwere Unfälle herbeigeführt werden. Auch das Ab- bzw. Aufwickeln des Drahtes muß sorgfältig gemacht werden, um Knicke, die sich nie ganz ausbessern lassen, zu vermeiden.

Sobald der Fahrdraht hochgenommen und gut verankert ist, gibt man demselben die errechnete Zugspannung. Würde man nun an dem

Abb. 151.

einen Ende den Fahrdraht anziehen, so erhält man wohl an dem betr. Ende den gewünschten Zug, aber in der Mitte der Strecke und am anderen Ende wäre kaum etwas von einer Zugspannung zu merken, da der Fahrdraht infolge seines Eigengewichtes und der Reibung (hauptsächlich in den Kurven) einen gewissen Widerstand entgegensetzt. Infolgedessen wählt man kleinere Abschnitte, gibt denen die erforderliche Spannung und verankert, bevor man den Flaschenzug abnimmt, die betr. Strecke. Bei scharfen Kurven ist man gezwungen, die Strecken in noch kürzere Abschnitte einzuteilen, da, wie ja denkbar ist, an diesen Stellen die größte Reibung vorhanden ist und daher auch der Draht am wenigsten nachgibt. Nachdem nun der Draht gespannt ist, kann mit dem Einklemmen begonnen werden (Abb. 151). In der Geraden geht dies leicht vonstatten. In den Kurven muß man jedoch mittels

Flaschenzug vom Mast (Außenkurve) den Draht abfangen, da ihn niemand beim Lösen der Bunde und beim Einlegen in die Fahrdrahtklemmen mit der Hand halten kann und die Arbeiter von ihm unfehlbar vom Gerüstwagen gerissen würden. Die Fahrdrahtaufhängungen mit ihren Klemmen werden bereits vor Verlegen des Drahtes eingebaut und so reguliert, daß die Lage des Fahrdrahtes ungefähr stimmt. Beim Einklemmen ist genauestens darauf zu achten, daß sich der Profildraht nicht verdrillt hat. Nachdem der Fahrdraht nunmehr eingebaut ist, beginnt die Einregulierung desselben, d. h. ihm ist eine genau lotrechte und wagerechte Lage über dem Gleis zu geben.

Als einfachstes aber zweckmäßiges Mittel kann man sich leicht ein von einem Mann tragbares Meßgestell bauen. Dasselbe besteht aus einem oberen und unteren Teil, der letztere ist so anzufertigen, daß er entsprechend den Spurkränzen sich auf die Schienen setzen läßt. Der obere Teil ist ausziehbar (Abb. 152) und mit einer Querlatte versehen. Die Querlatte, der untere und der ausziehbare Teil sind entsprechend mit Zentimeterteilung zu versehen, so daß man Maße für die Höhe und die seitliche Lage des Fahrdrahtes ablesen kann.

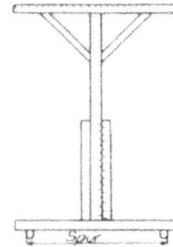

Abb. 152.

Bei auf Schienen laufenden Montagewagen bringt man am besten an dem Geländer sinngemäß eine derartige Meßvorrichtung an. Nicht immer wird man mit einer derartigen Vorrichtung auskommen. Bei Wagen mit sehr langen oder nicht in der Mitte befindlichen Stromabnehmern oder bei Drehgestellwagen in großen Kurven wird der Radius des Gleisbogens mit demjenigen des Stromabnehmers nicht übereinstimmen. Die Abweichungen lassen sich, wie später gezeigt wird, leicht rechnerisch bestimmen. Es empfiehlt sich jedoch, falls man nicht einen außerordentlich tüchtigen Monteur hat, ein Meßgestell entsprechend Wagen und Stromabnehmer zu bauen und den Fahrdraht hiernach einzuregulieren. Man vermeidet dann bei Betriebseröffnung unliebsame Dinge, wie Bügelentgleisung, Reißen der Querdrähte usw.

Bei Bahnen über 1000 Volt werden die Maste geerdet, weil Konstruktionsteile, die nicht als leitend vorgesehen sind, durch irgendeinen Zufall unter Spannung geraten und Personen gefährden können. Die Erdung wird so ausgeführt, daß man Maste und Schienen durch einen Kupferdraht verbindet. Die Verbindungsstellen müssen so hergestellt werden, daß die Auflageflächen später nicht oxydieren können. Sind auf den Masten Speiseleitungen verlegt, so ist es notwendig, die Schienen in gewissen Abständen zu erden. Dies geschieht, indem man an den Schienen eine Erdplatte, die ins Grundwasser gebettet ist, anschließt.

Bei Bahnen unter 1000 Volt werden durchschnittlich nur die mit einer Blitzschutzvorrichtung versehenen Masten mit Hilfe der Schienen geerdet.

Wenn Gewitterneigung vorhanden ist, sind die montierten Oberleitungsdrähte häufig statisch so stark geladen, daß die daran arbeitenden Personen empfindliche elektrische Schläge erhalten. Als Sicherung hiergegen empfiehlt es sich, eine provisorische Verbindung zwischen Oberleitungsdraht und Schienen herzustellen. Es genügt, wenn ein Abfallende vom Fahrdraht beschwert an die betr. Leitung gehängt und das untere Ende auf die Schienen dauernd gepreßt wird. Bei auf Schienen laufenden Montagewagen versieht ein an diesem befestigter und mit den Rädern leitend verbundener Erdungsbügel denselben Dienst.

Vorstehende Vorsichtsmaßregel ist unbedingt bei jedem auch noch so entfernten Gewitter vorzunehmen, da die Leitungen bis in die Gegend, wo das Unwetter tobt, reichen können oder ein schnell heranziehendes Gewitter den Anfang der Leitung berühren kann. Ein in die Leitung einschlagender Blitz wird, wenn eine genügende Erdung unterlassen ist, die mit der Leitungsmontage beschäftigten Leute gefährden.

Die Arbeiten sind bei einem in der Nähe befindlichen Gewitter einzustellen.

b) Der Speiseleitung.

Bei Verwendung von Stützenisolatoren ist die Befestigungsart des Isolators auf den Stützen von größter Bedeutung. Es gibt die verschiedensten Kitte, die teilweise wegen ihrer chemischen Einflüsse auf die Stützen, teilweise wegen ihres vom Porzellan verschiedenen Ausdehnungskoeffizienten untauglich sind. Bewährt hat sich das Aufziehen mit Hanf, der mit Leinöl oder Mennige getränkt ist.

Bei Spannungen von 60000 Volt werden Stützenisolatoren zu groß und zu schwer. Man benutzt deshalb Hängeisolatoren.

Die Isolatoren dürfen nicht nach Belieben an den Masten befestigt werden, da sowohl der Abstand der Leiter von der Erde, als auch der Abstand der Leiter unter sich berücksichtigt werden muß. Nach den Vorschriften des V.D.E. müssen ungeschützte Hochspannungsfreileitungen in der Regel mit ihrem tiefsten Punkt 6 m von der Erde und bei befahrenen Wegübergängen mindestens 7 m von der Fahrbahn entfernt sein. Diese Mindesthöhen beziehen sich auch auf den tiefsten Punkt der Leitungen, nicht auf Schutzdrähte oder Schutznetze. Zu beachten ist auch die Vorschrift der Postverwaltung, die vorschreibt, daß der senkrechte Abstand der unter Spannung stehenden Konstruktionen der Starkstromanlage von den Schwachstromleitungen mindestens 2 m betragen muß. Dieser Abstand soll auch vorhanden sein, wenn der Durchhang der Leitung bei + 40° C durch Schadhaftwerden von Konstruktionsteilen vergrößert oder wenn bei — 5° C und Zusatzlast sämtliche Leitungen in einem Nachbarfelde reißen und sich der Mast nach dem Kreuzungsfeld durchbiegt und dadurch den Durchhang vergrößert.

Der gegenseitige Abstand von ungleichpoligen Gleichstromleitungen ist von den physikalischen Eigenschaften, von der Spannweite und dem Durchhang der Leitungen abhängig. Wagerecht nebeneinander liegende Drähte müssen weiter voneinander verlegt werden als versetzt angeordnete. Stark beanspruchte Leiter werden durch Winddruck weniger weit abgelenkt werden als mäßig beanspruchte und spezifisch leichtere Drähte. Wirbelwinde und in Massen gleichzeitig auffliegende Vögel können bei böigem Wetter die Leitungen von kleineren Abständen zum Zusammenschlagen bringen.

Bei Wechselstromleitungen ist es wegen der resultierenden Induktion (Induktanz) wünschenswert, die Leitungen möglichst nahe zusammenzulegen. Jedoch muß ein gewisser Leiterabstand aus den vorher angegebenen Gründen innegehalten werden. Die Grenze ist hier durch die Betriebssicherheit, durch die Strahlungsverluste bei höheren Spannungen und durch die Kapazität der Leitungsanlage bei sehr langen Strecken gegeben.

Bei Anlagen bis rund 50000 Volt und 50 bis 60 m Mastabstand soll der kleinste wagerechte Leiterabstand nicht unter 300 mm und der lotrechte nicht unter 200 mm gewählt werden.

Der Leiterabstand A wagerecht nebeneinander liegender Drähte kann unter dieser Berücksichtigung bei einer Mastentfernung a in cm und Spannung E in Kilovolt für Kupferleitungen durch nachfolgende Formel festgesetzt werden:

$$A = \frac{1}{250} \cdot a + 10 \sqrt{E}.$$

Für Aluminium sind die Werte auf das 1,25 fache zu erhöhen. Bei Anbringung der Leiter am Mast kommen die in nachstehenden Abbildungen gezeigten Ausführungen in Betracht.

Bei Gleichstromanlagen kommt, wie anfangs erwähnt, nur die Betriebssicherheit in Betracht (Vermeidung des Zusammenschlagens der Leitungen). Werden mehrere parallel geschaltete Leitungen auf gemeinsamen Masten verlegt, so sind dieselben möglichst übersichtlich zu verlegen und möglichst Kreuzungen an den Verteilungs-Speiseleitungspunkten zu vermeiden. Man sollte schwere Leitungen, um die Tragkonstruktion besser auszunutzen, möglichst nach unten und geerdete nach oben anordnen.

Dasselbe läßt sich von Wechselstromanlagen sagen, nur ist hier darauf zu achten, daß die resultierende Induktion möglichst niedrig gehalten wird. Häufig wird man eine kleine Erhöhung des induktiven Widerstandes in Kauf nehmen, um eine praktische Anordnung der

Leitung zu haben (Zugänglichkeit für Ausführung der Anschlüsse usw.). An den Abb. 153 bis 156 ist die Verteilung zweier parallel geschalteter Einphasenstromleitungen in verschiedener Weise angegeben.

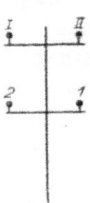 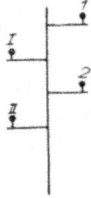 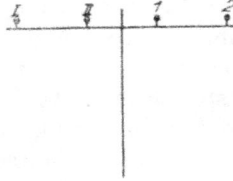 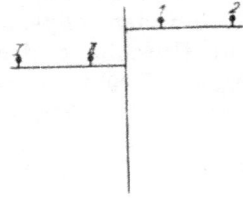

Abb. 153.   Abb. 154.   Abb. 155.   Abb. 156.

Abb. 157 u. 158 zeigt die Verteilung einer Drehstromleitung, deren Leiter so anzuordnen sind, daß sie die Ecken eines gleichseitigen Dreiecks bilden. Hierdurch wird erreicht, daß die gegenseitige Induktionswirkung jeder Leitung auf die andere die gleiche ist.

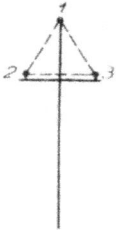 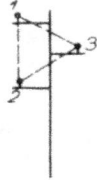 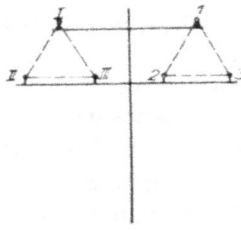 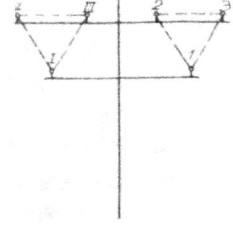

Abb. 157.   Abb. 158.   Abb. 159.   Abb. 160.

Abb. 159 u. 160 zeigt die Verteilung zweier parallel geschalteter Drehstromleitungen, deren Verteilung ebenfalls so angeordnet ist, daß die Leiter jeder Drehstromleitung unter sich in den Ecken eines gleichschenkligen Dreiecks sich befinden.

Wird nun eine Drehstromleitung verlegt, so ist, um die unsymmetrischen Spannungen an den Endpunkten zu vermeiden, die Leitung an beliebigen Stellen zu verdrillen (Abb. 161).

Abb. 161

Es stellt nämlich jeder Leiter mit Erde einen Kondensator dar, dessen Kapazität und somit Ladestrom von der Entfernung Leiter bis Erde abhängig ist. Um den Einfluß des Ladestromes und der dadurch hervorgerufenen Phasenverschiebung auszuschalten, ist das Verdrillen nötig.

Auf Bahnmasten werden häufig Drehstrom- und Fernsprechleitungen zusammen verlegt. Durch elektromagnetische und elektrostatische Induktion wird der Gebrauch des Fernsprechers ganz oder teilweise unmöglich gemacht. Um diese Induktionswirkungen zu beseitigen, sind die Fernsprechleitungen mindestens 1,2 m von den Starkstromleitungen entfernt zu verlegen und recht oft zu verdrillen (etwa alle 500 m). Es empfiehlt sich, die Hochspannungsleitung ebenfalls zu verdrillen (Abb. 162).

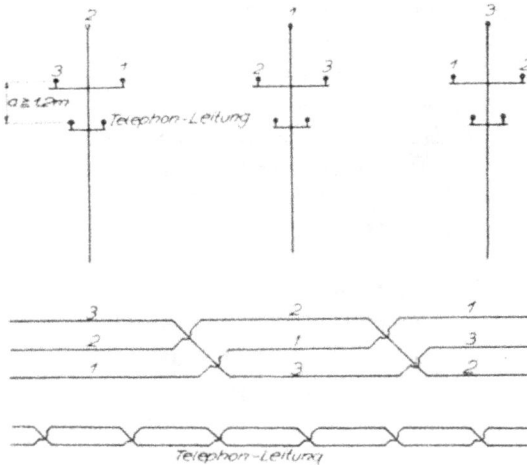

Abb. 162.

Das Abwickeln des Leitungsdrahtes von der Kabeltrommel geschieht im Gegensatz zu dem des Fahrdrahtes von der Erde aus. Die Kabeltrommel ist so weit entfernt vom ersten Mast aufzustellen, daß der Draht unter einem Winkel von höchstens 45° auf den Mast aufläuft (Abb. 163). Die mit einer Welle versehene Kabeltrommel wird in zwei

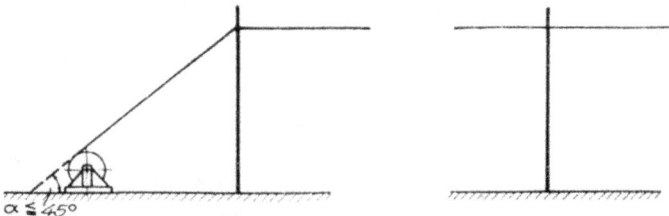

Abb. 163.

Lagerböcken so befestigt, daß der Draht von der Trommel abgezogen werden kann. Um die Umlaufgeschwindigkeit der Kabeltrommel zu regulieren, ist eine an die Trommelränder angreifende Bremse vorzusehen.

Um den Draht, der keine Knicke aufweisen darf, nicht durch Schleifen auf steinigem Erdboden zu verletzen, empfiehlt es sich, Rollen, in denen der Draht geführt wird, an den Masten anzubringen. Die Rollen können bei Verwendung von starken Masten auf den Traversen neben den Isolatoren gesetzt werden. Man verbindet nun ein Seil mit dem Drahtende und legt das Seil mittels Stangen auf die Rollen und zieht an diesem Seil den Draht von Mast zu Mast. Bei schwächerem Gestänge wird man die Rollen nur so hoch anbringen, daß der Leiter nicht auf der Erde beim Ziehen schleppt. Aluminiumdraht darf nur auf diese Art abgewickelt werden, weil sonst das weiche Metall zu sehr verletzt wird.

Bei Hängeisolatoren gestaltet sich das Drahthochnehmen wegen der weitausladenden Ausleger schwieriger. Es erleichtert jedoch die Montage, wenn man die Isolatorenkette nach dem Maste zu verschiebbar anbringt und die Rollen in der für den Leiter festgesetzten Höhe am Maste anbringt. Nun ist der Draht, wie vorher beschrieben, auf den Rollen zu verlegen und zu spannen. Hierauf schiebt man die Isolatorenketten an die Maste und befestigt den Draht in den an den Isolatorenketten befindlichen Klemmen. Nunmehr werden die Isolatoren nebst Leiter in die vorgeschriebene Stellung geschoben.

Das Spannen des Leiters entspricht dem des Fahrdrahtes.

Bei reinen Fernleitungen sind zu beobachten die „Allgemeinen Vorschriften für die Ausführung elektrischer Starkstromanlagen bei Kreuzungen und Näherungen von Bahnanlagen" und die „Allgemeinen Vorschriften für die Ausführung und den Betrieb neuer elektrischer Starkstromanlagen ausschl. der elektrischen Bahnen, bei Kreuzungen und Näherungen von Telegraphen- und Fernsprechleitungen" des V.D.E.

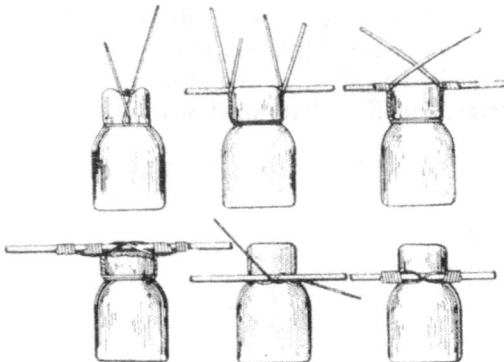

Abb. 164.

In gerader Strecke wird der Leitungsdraht in der Kopfrille, in den Krümmungen und Winkelpunkten in der Halsrille festgebunden, und zwar so, daß der Zug des Leitungsdrahtes stets den Isolator, nie aber den Bindedraht beansprucht, d. h. der Leitungsdraht muß stets durch den Kurvenzug und nicht durch den Bindedraht an den Isolator gepreßt werden. In der Abb. 164 sind Kopf- und Seitenbund abgebildet.

Für den Kopfbund werden zwei Drähte notwendig, für den Seitenbund jedoch nur einer. Außerdem gibt es noch verschiedene Arten von
Klemmen, mit Hilfe derer man den Draht am Kopfe des Isolators befestigen kann.

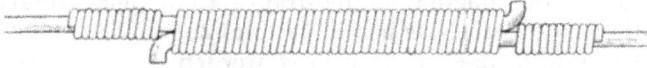

Abb. 165.

Der Herstellung der Drahtverbindungen und Abzweigstellen ist die
größte Sorgfalt zuzuwenden. Dieselben müssen unbedingt von Zug
entlastet sein, wenn die Art der Verbindung die Festigkeit des Leiters
herabsetzt. Die Verbindungsstelle muß die Festigkeit des Leiters besitzen, wenn sie durch Zug beansprucht wird (Abb. 165). Massive
Drähte bis 25 qmm können durch Würgehülsen nach System Arld verbunden werden. Nach diesem Verfahren werden die Enden der zu ver-
bindenden Drähte von beiden Seiten in eine gutpassende Metallhülse
so gesteckt, daß beide Enden über die Hülse hinausragen. Sodann wird
die Hülse samt den Drähten mittels besonderer Hebelkluppen schrau-
benförmig verdreht (Abb. 166). Das richtige Maß der Verdrehungen
ist durch 5 bis 6 Umdrehungen erreicht. Die vorstehenden Enden werden dann entweder abgebogen oder um die durchlaufenden Drähte
herumgewickelt. Dieser Drahtverbindung wird große Festigkeit und
guter metallischer Kontakt nachgesagt.

Abb. 166.

Eine gute Verbindung ist der von der Firma J. W. Hofmann,
Kötzschenbroda b. Dresden, in den Handel gebrachte Nietverbinder.
Die Drähte bzw. Seile werden in die Hülse eingeschoben, und dann
ein konischer Dorn in die Löcher der Hülse geschlagen. Hierdurch
werden die Drähte in die seitlichen Ausbuchtungen der Hülse getrieben.
Nachdem der Dorn entfernt ist, werden in die Löcher Niete einge-
setzt und vernietet. Diese Verbinder gibt es für jeden Querschnitt.
Von derselben Firma werden auch die sog. Konusverbinder hergestellt.
Bei dieser Verbindung erfolgt das Festklemmen der Drähte des Seils
durch konische Klemmkegel.

Die Schlußbunde an Abspannmasten und an Winkelpunkten werden, weil sie sich zu teuer stellen, kaum noch durch Wickelstellen
(Abb. 167) und Klemmen hergestellt. Bei nicht zu starker Beanspruchung genügen die Nietverbinder (Abb. 168).

Eine gute Konstruktion ist der Konusschlußbund. Das Seil wird an dem Kopfstück des Schlußbundes befestigt und letzterer mit einer Schleife aus verzinktem Flußstahldrahtseil über den Kopf des Isolators geschoben.

Zum Löten der harten Kupferdrähte kann nicht geraten werden, da durch die Erwärmung das harte Material 25 bis 35% seiner Festigkeit verliert. Aluminium darf nicht gelötet werden und muß mittels Klemmen gekuppelt werden.

Verbindungen der Seile durch Spleißen oder durch Wickelbunde herzustellen, ist nicht zu empfehlen, da dieselben nicht immer mit der notwendigen Sorgfalt ausgeführt werden.

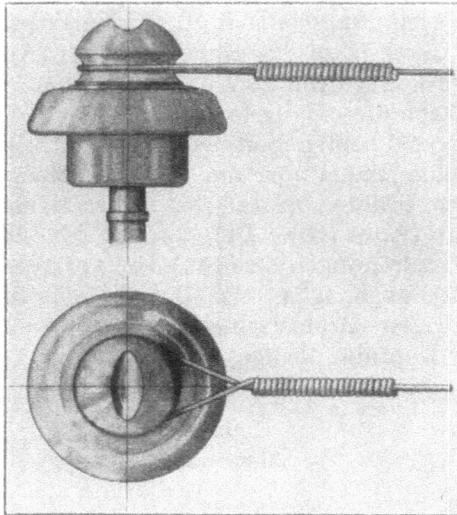

Abb. 167.

Freileitungen müssen an Wegübergängen und an sonst gefährdeten Stellen so geschützt werden, daß bei etwaigem Reißen der Leitungen Unglücksfälle vermieden werden. Zu diesem Zwecke verwendet man an den gefährdeten Punkten Schutznetze, die die Hochspannungsleitung allseitig oder von unten und von beiden Seiten umschließen. Diese Schutznetze müssen so hergestellt sein, daß das Abschnellen und Zurerdefallen eines gerissenen Hochspannungsdrahtes ausgeschlossen ist. Die Netze müssen gut geerdet sein. Da die Schutznetze vielfach selbst die Ursache zu Betriebsstörungen sind und außerdem die Anlagekosten erheblich verteuern, so hat man sich durch Anbringung von sog. Erdschlingen geholfen, das sind kreisförmig gebogene starke Kupferdrähte, die vor den Isolatoren derartig angebracht sind, daß die durch sie hindurchgezogenen Leitungsdrähte bei Reißen sich unbedingt an die Schlingen anzulegen gezwungen sind und die herabhängenden Enden des Leiters stromlos werden. Die Schlingen müssen ebenfalls gut geerdet sein.

Demselben Zweck dient die Gouldsche Sicherheitskupplung; dieselbe ist auf dem Isolator befestigt, und der abgepaßte Leitungsdraht wird an jedem Ende mit einem entsprechenden Kabelschuh versehen. Bei einem Drahtbruch lösen sich die Kabelschuhe aus den Kupplungen, und die betreffenden Leitungsteile fallen stromlos auf den Boden.

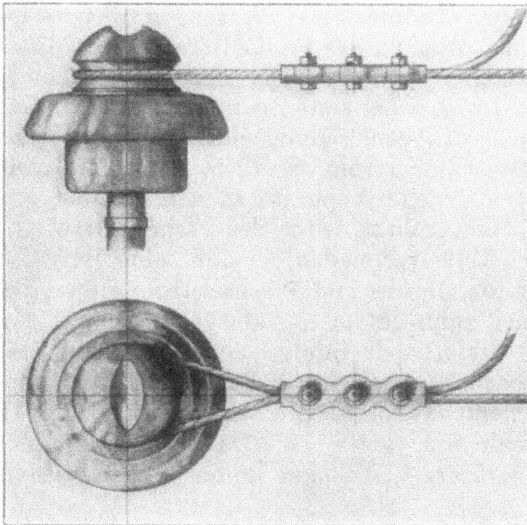

Abb. 168.

Die Fernleitungen sind den bei Gewittern auftretenden atmosphärischen Entladungen ausgesetzt. Damit nun der in die Leitungen einschlagende Blitz nicht seinen Weg durch Transformatoren, Maschinen und andere an die Leitung angeschlossene Apparate nimmt, müssen die Leitungen mit Blitzschutzvorrichtungen versehen werden. Zu diesem Zweck wird zuweilen oberhalb der ganzen Leitung ein Eisenstacheldraht gespannt, der in bestimmten Abständen geerdet ist, oder es wird ungefähr jeder fünfte Mast (außerdem noch jeder Mast an der dem Blitz besonders ausgesetzten Stelle) mit einer eisernen Blitzauffangspitze versehen, die durch einen längs des Mastes herabführenden Draht mit der Erde gut leitend in Verbindung gebracht ist.

Außerdem werden an mehreren Stellen der Leitung noch besondere Blitzschutzvorrichtungen eingeschaltet. Diese Vorrichtungen müssen so beschaffen sein, daß sie dem Blitz einen sicheren, möglichst widerstandslosen Weg zur Erde bieten und den entstandenen Lichtbogen automatisch ablöschen. Eine weitere Forderung ist, daß die Blitzschutzvorrichtung, nachdem der Blitz über sie zur Erde geleitet ist, unbeschädigt und weiter funktionsfähig bleibt, ohne daß eine Erneuerung einzelner Teile notwendig wird.

Die Wirkung eines Blitzschutzapparates beruht hauptsächlich auf der Tatsache, daß der Blitz viel leichter über einen bedeutenden Widerstand unmittelbar zur Erde überspringt, als daß er seinen Weg durch die Wicklung der Maschinen und Apparate nimmt, wo er infolge der auftretenden hohen Induktion einen sehr großen Widerstand findet. Ein sich durch den Blitz in der Funkenstrecke des Blitzschutzapparates bildender Lichtbogen wird auch für den Maschinenstrom einen Weg zur Erde bilden. Es ist daher erste Bedingung eines derartigen Apparates, daß sofort eine Lichtbogenlöschung eintritt. Die Funkenstrecke ist so groß, daß der Maschinenstrom sie allein nicht überspringen kann.

Es sind verschiedene Apparate in den Handel gebracht worden, von denen der Hörnerblitzableiter der verbreitetste ist. Bei ihm sind alle beweglichen Teile vermieden, so daß seine Betriebssicherheit sehr groß ist. Er ist für Gleich- und Wechselstrom zu verwenden. Der Abstand der Hörner kann entsprechend der Spannung der Anlage eingestellt werden. Bildet sich infolge eines Blitzschlages zwischen den Hörnern ein Lichtbogen, so wird er durch die aufsteigende warme Luft und durch die elektrodynamische Wirkung des in den Drähten fließenden Stromes nach oben getrieben. Da die Hörner nach oben auseinanderweichen, muß der Lichtbogen immer länger werden, abreißen und erlöschen.

Nach den „Erläuterungen zu den Vorschriften für Errichtung und Betrieb von Starkstromanlagen" sind Erdungen für unisolierte Leitungen vorzusehen. Man hat zwei Arten der Erdung zu unterscheiden, und zwar die Betriebserdung und die Schutzerdung. Als betriebsmäßig geerdete Leitungen kommen hauptsächlich die Mittelleiter von Mehrleitersystemen und die neutralen Leiter von Mehrphasenleitungen in Betracht. Die Schutzerdung ist dort vorzusehen, wo Gefahr besteht, daß nicht zur Stromleitung bestimmte Konstruktionsteile durch unbeabsichtigte Überbrückung mit stromführenden Teilen oder durch Induktion unter Spannung geraten. Die Schutzerdung soll in erster Linie Beschädigung von Personen verhüten und erfordert daher sorgfältigste Herstellung.

Der kleinste Kupferquerschnitt von Erdleitungen sollte nicht unter 25 qmm, der Eisenquerschnitt nicht unter 100 qmm angenommen werden. Die Erdleiter sind als massive Leiter und nicht als Seil zu verlegen. Bei Erdleitungen an eisernen Masten kann der Mast, soweit er sich über Erde befindet, als Erdleiter mit benutzt werden, oder es wird im Innern desselben der Erdungsdraht verlegt und festgeklemmt. Wird der Erdungsdraht außerhalb des Mastes oder an Gebäuden verlegt, so ist er durch ein übergeschobenes Gasrohr gegen mechanische Beschädigung in 2 bis 3 m über Erdboden zu schützen.

Um einen guten Übergang nach der Erde zu erhalten, werden in dauernd feuchtem Erdreich Erdplatten in nicht allzugroßer Tiefe verwendet. In steinigem, trockenem Erdreich kann der Übergangswiderstand der Erdplatten durch Einbetten in feingemahlenen Koks (ca. 180 kg) vermindert werden. Die beste Erdung erhält man im Grundwasser. Kann man jedoch kein Grundwasser antreffen, so verwendet man zweckmäßig Rohrelektroden von 2,5 bis 3,0 m Länge aus Gasrohr von etwa 2½″ Durchmesser. Diese Elektroden versieht man mit einer Spitze und treibt sie in den Erdboden ein.

Ist die Hochspannungsleitung auf Bahnmasten verlegt, so kann die Erdung durch die Schienen geschehen, die wiederum in gewissen Abständen im Grundwasser zu erden sind.

VI. Einfachaufhängung.

Bedingungen für die Ausführung und Beschaffenheit einer Stromzuführungsanlage. (SSW-Material.)

Allgemeines.

Die oberirdische Leitungsanlage ist für Stromabnahme mittels des Gleitbügels einzurichten, und die Ausführung der Anlage hat unter Zugrundelegung nur bewährter Konstruktionen zu erfolgen.

Als stromzuführende Leitung ist ein Profilkupferdraht von . . . . qmm Querschnitt zu verwenden, der in einer Höhe von 5,5 m über Schienenoberkante aufzuhängen ist. Der tiefste Punkt des Fahrdrahtes soll nicht unter 5,2 m liegen.

In der geraden Strecke soll die Entfernung zweier Aufhängepunkte nicht über 40 m betragen.

Die Aufhängung der Fahrdrähte soll im allgemeinen an Masten mit Auslegern, in den Ausweichen teilweise auch an Querdrähten erfolgen.

Tragwerk.

Die Aufhängung des Fahrdrahtes an den Masten soll durch gut verzinkte Stahldrähte von 5 und 6 mm Durchmesser und einer Bruchfestigkeit von 60 kg pro qmm erfolgen; an den Auslegern ist statt des

Stahldrahtes verzinktes Stahlseil von 20 qmm Querschnitt zu verwenden, um eine größtmöglichste Elastizität der Aufhängung zu erreichen.

Die Enden der Stahldrähte und Stahlseile sind unter Zuhilfenahme von sog. Drahtklemmen an den Masten bzw. Auslegern sitzenden
Spannvorrichtungen, Isolationskörpern usw. zu befestigen. Diese Drahtklemmen bestehen aus einem gabelförmig aus-
gestalteten Tempergußkörper, um den der Draht
in mehreren Windungen geschlungen ist, und
einer Hakenschraube, durch welche das Ende
der Drähte festgeklemmt wird (Abb. 169).

Abb. 169.

Die Querdrähte müssen von Mast zu Mast bzw. an den Auslegern
ununterbrochen durchgehen; die Fahrdrahtaufhängungen, insbesondere
auch diejenigen in den Kurven, sind so einzurichten, daß jederzeit eine
Verschiebung derselben auf dem durchgehenden Querdrahte stattfinden
kann, ohne daß an den übrigen Teilen des Tragwerkes etwas geändert
wird. Sog. Würgestellen sind bei den Quer- und Spanndrähten nicht
statthaft (s. Abb. 170 bis 172).

Um eine genügende Isolation des Fahrdrahtes gegen Erde zu erreichen, ist das Tragwerk so einzurichten, daß an jedem Aufhängepunkte des Fahrdrahtes eine doppelte Isolation gegen Erde vorhanden
ist. Die erste Isolation ist in die Fahrdrahtaufhängungen zu legen, die
zweite in die Befestigungspunkte der Quer- und Spanndrähte an den
Masten bzw. Auslegern. Bei den Endabfangungen ist die erste Isolation
an den Punkt zu legen, wo der Fahrdraht endet (Abb. 170 bis 175).

Die Fahrdrahtaufhängungen (Abb. 176 bis 182), sowohl diejenigen
für die geraden Strecken als auch für die Kurven, sollen aus einem zweiteiligen Tempergußgehäuse bzw. aus verzinktem gepreßtem Stahl-
gehäuse bestehen, in welchem ein mit Hartgummi umpreßter Bolzen
aus Stahl sitzt, der an seinem freien Ende mit $^5/_8''$ Gewinde versehen ist.
Als Isolationskörper für die Befestigungspunkte der Drähte an den
Masten und Auslegern sind sog. Schnallenisolatoren (Abb. 183) zu
verwenden.

Als Isolationsmaterial für alle in der Leitungsanlage vorkommenden Teile ist möglichst bester Hartgummi (Eisengummi) zulässig.

Es ist dafür Sorge zu tragen, daß jeder Quer-, Abfang- und Anker-
draht mit einer Spannvorrichtung (Abb. 170 bis 174) von 230 mm
Gesamtspannbereich versehen ist, welche sowohl ein Nachlassen als
auch ein Anspannen der betreffenden Drähte gestattet. Es sind nicht
isolierte Spannschrauben mit Rechts- und Linksgewinde zu verwenden,
die unmittelbar an der Mastschelle sitzen, so daß der sie betätigende
Arbeiter auch dann gegen elektrische Schläge sicher ist, wenn die Isolation der Fahrdrahtaufhängungen beschädigt ist (Abb. 184).

Abb. 170.

Abb. 172.

Abb. 173.

Abb. 174.

Abb. 176.

Abb. 177.

Die Querdrähte an den Auslegern erhalten keine besonderen Spannvorrichtungen; es ist vielmehr durch Anbringung einer Spann-schraube (s. Abb. 175) an einem Ende des Auslegers für die Nachspann-barkeit zu sorgen. Die Mastschellen (Abb. 185) sind so einzurichten, daß sie sich leicht verschieben lassen.

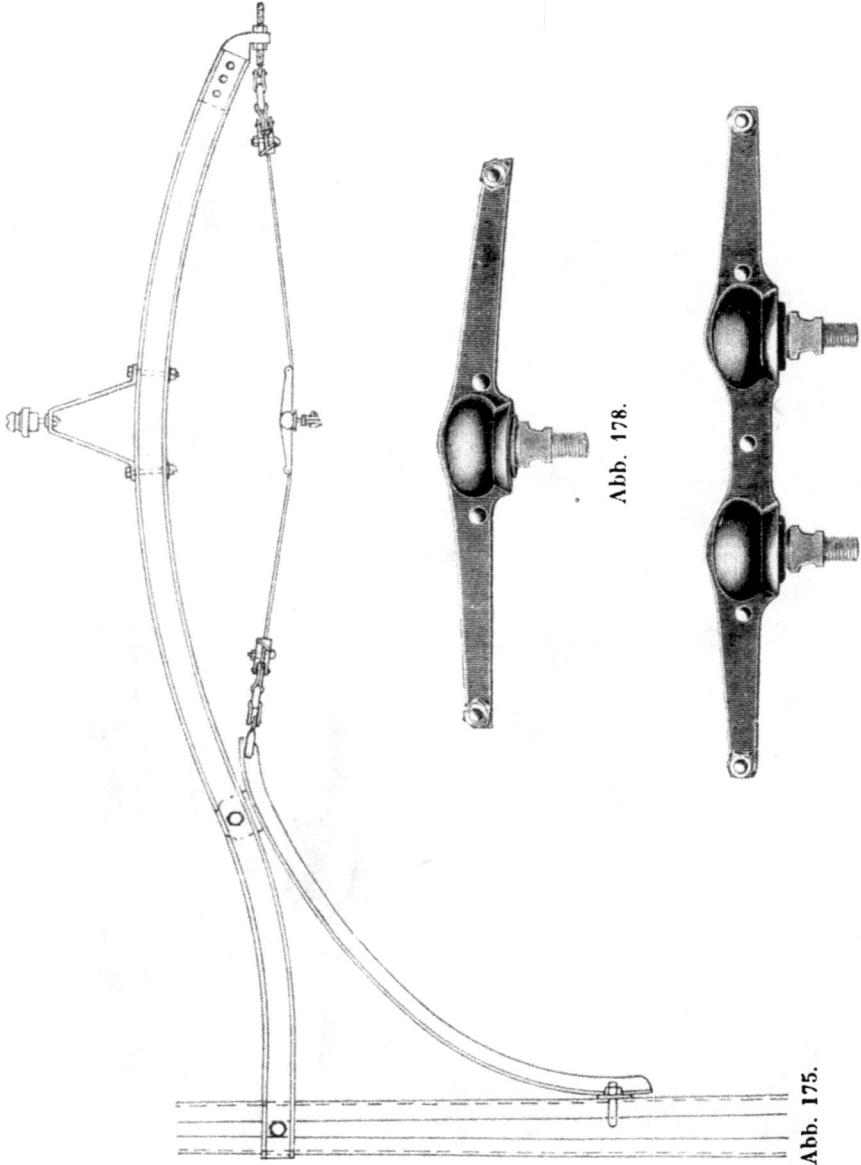

Abb. 178.

Abb. 179.

Abb. 175.

An den Stellen, wo die Quer- bzw. Abfangdrähte zwischen der Aufhängung und dem Mast mit Bäumen in Berührung kommen können, ist als besondere Isolation noch ein Schnallenisolator einzuschalten unter Zuhilfenahme zweier Drahtklemmen. Der Fahrdraht ist an allen Auf-

Abb. 180.

Abb. 181.

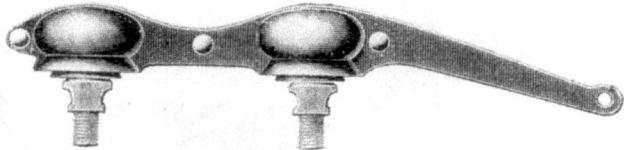

Abb. 182.

Abb. 183.

Abb. 184.

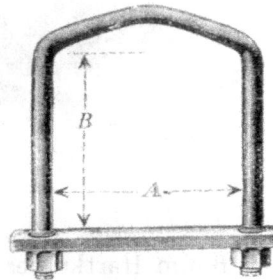

Abb. 185.

Abb. 186.

Abb. 187.

Abb. 188.

Abb. 189.

hängepunkten ohne jede Lötung durch Klemmen zu befestigen. Die Klemmen (Abb. 186 bis 189) sind so auszubilden, daß sie den oberen Teil des Fahrdrahtes auf eine Länge von 100 mm genau und fest umschließen, so daß ein Kanten des Drahtes ausgeschlossen ist. Die Fahrdrahtklemmen sollen zweiteilig sein, ganz aus Rotguß bestehen und durch zwei kräftige Stahlschrauben mit Messingmutter zusammengehalten werden; die Schraubenlöcher in der einen Hälfte der Klemmen sind mit Gewinde zu versehen.

Die Befestigung des Fahrdrahtes an den Aufhängungen in den Kurven geschieht unter Zuhilfenahme von sog. Beidrähten, damit ein Schiefstellen der Aufhängungen und ein Anschlagen des Bügels an die Quer- und Abfangdrähte vermieden wird. Der Beidraht (Abb. 190) ist

Abb. 190.

aus 8 mm Hartkupferdraht herzustellen und soll 2,5 m lang sein. Derselbe soll mittels Beidrahtklemmen (Abb. 191 u. 192) an dem Fahrdraht, der in einem Beidrahtwinkel zu legen ist (Abb. 193) befestigt werden. Die Übergangsstelle muß durchaus glatt sein und darf keine Veranlassung zur Funkenbildung geben.

Abb. 191.    Abb. 192.    Abb. 193.

Die Aufhängung des Fahrdrahtes in gerader Strecke und in den Kurven ist so zu betätigen, daß die Anzahl der Quer- und Abfangdrähte nach Möglichkeit beschränkt wird und hierdurch das Tragwerk ein gefälliges und leichtes Aussehen erhält.

Die Montage des Tragwerkes muß in sauberster Weise erfolgen, insbesondere dürfen die Quer- und Abfangdrähte keine Knicke enthalten, sondern müssen mit dem Richtholz ausgerichtet werden. Nach Fertigstellung des Tragwerkes und Beendigung der Fahrdrahtmontage auf den einzelnen Abschnitten sind alle Teile mit Ausnahme der Isolation mit einem Ölfarbenanstrich zu versehen; einen ebensolchen Anstrich müssen alle Teile vor dem Einbau bereits erhalten haben. Die Gewinde sämtlicher Schrauben in der Leitungsanlage, soweit ein Nachspannen derselben erfolgt, müssen mit einer Mischung aus Talg und Graphit eingefettet werden, damit dieselben nicht einrosten.

Sämtliche Bestandteile des oberirdischen Leitungsnetzes, die Drähte, Isolationskörper, Spannschrauben usw. sind in solchen Abmessungen auszuführen, daß bei einer Temperatur von —20° C und unter Berücksichtigung des Winddruckes (125 kg für 1 qm senkrecht getroffener Fläche) eine mindestens ... fache Sicherheit gegen Bruch vorhanden ist.

Fahrdraht.

Der Fahrdraht soll aus hartgezogenem, profiliertem Kupferdraht mit einer Bruchfestigkeit von mindestens 38 kg pro qmm und einem Querschnitt von ... qmm bestehen.

Das zur Herstellung des Drahtes verwendete Hartkupfer muß eine Leitfähigkeit von mindestens 97% des chemisch reinen Kupfers bei 15° C (Leitfähigkeit 100% = 60) besitzen.

Der Fahrdraht ist so zu spannen, daß bei einer Temperatur von —20° C noch eine mindestens vierfache Sicherheit vorhanden ist.

In der Mitte zwischen je 2 Streckenisolatoren ist im allgemeinen eine Nachspannvorrichtung anzubringen, mittels deren der Durchhang der Fahrdrahtleitung der Jahreszeit entsprechend eingestellt werden kann (Abb. 194).

Abb. 194.

Das gesamte Fahrdrahtnetz ist in Abschnitte von ungefähr ... m zu zerlegen, welche voneinander durch Streckenisolatoren getrennt sind.

Die Streckenisolatoren (Abb. 195) sind zwecks Stromlosmachung der hinter dem Isolator liegenden Strecke mit einem aufmontierten Ausschalter zu versehen, welcher mittels einer Bambusstange (Abb. 196) vom Erdboden aus betätigt werden soll. Die Bambusstange ist an dem nächstgelegenen Mast verschließbar anzubringen.

Die Befestigung des Fahrdrahtes an den Endstücken geschieht mit Hilfe eines Beidrahtes, um eine möglichst sichere Befestigung (an zwei Stellen) zu erreichen. Die untere Lauffläche für den Bügelstromabnehmer muß vollständig glatt und ununterbrochen sein.

Jeder der durch die Streckenisolatoren gebildeten Streckenabschnitte ist gegen atmosphärische Entladungen durch einen sicher wirkenden Hörnerblitzableiter (Abb. 197 u. 198) zu schützen, dessen Erdleitung mit den Fahrschienen zu verbinden ist. Diese Erdleitung hat aus verzinntem Weichkupferdraht von 8 mm Durchmesser zu bestehen.

Abb. 195.

Der Isolationswiderstand der Fahrleitungen gegen Erde muß mit der Betriebsspannung gemessen mindestens 50000 Ohm für das km einfacher Länge betragen.

Schutzvorrichtungen für Schwachstromleitungen.

Als Schutz für Schwachstromleitungen sind teils Gummileisten (Abb. 199) mit Schutzbügel für die Fahrdrahtaufhängungen (Abb. 200) und Endhaken (Abb. 201), teils geerdete Schutzdrähte (Abb. 214 u. 215) zu verwenden. Letztere müssen aus 6 mm starkem blankem Hartkupferdraht bestehen und über jeden Fahrdraht in einem Abstande von ca. 750 mm gespannt werden (Abb. 202 bis 204).

Die zur Verlegung des geerdeten Schutzdrahtes benötigten Materialien zeigen die Abb. 205 bis 213.

Die Befestigung der geerdeten Schutzdrähte soll in der Regel auf besonderen auf den Auslegern zu montierenden Stützen, die einen Isolator (s. Abb. 204) tragen, erfolgen. Die Isolatoren sollen aus Porzellan oder aber aus demselben Material wie die Aufhängungen bestehen, also aus einem zweiteiligen Tempergußgehäuse, welches einen mit Hartgummi umpreßten Eisenbolzen umschließt. An diesen Isolatoren ist auf den oberen Teil des Gehäuses der Schutzdraht in geeigneter Weise zu befestigen (Abb. 214 u. 215).

Die Erdanschlußleitung der Schutzdrähte ist aus 6 mm starkem verzinntem Kupferdraht herzustellen und muß so eingerichtet sein, daß sie leicht abgeklemmt werden kann, damit bei Arbeiten unter Spannung das Personal nicht gefährdet wird.

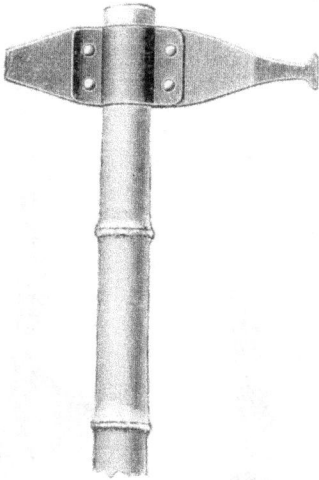

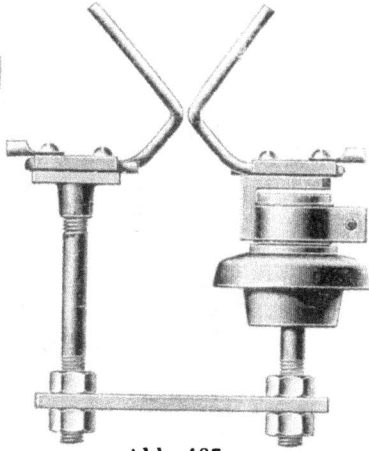

Abb. 197.

Abb. 198.

Abb. 196.

Abb. 199.

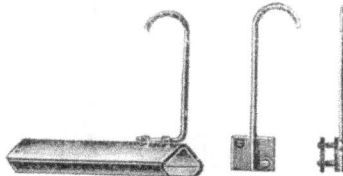

Abb. 200.

Abb. 201.

Abb. 202.

12*

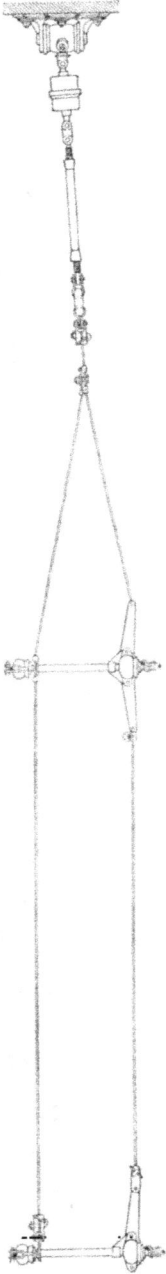

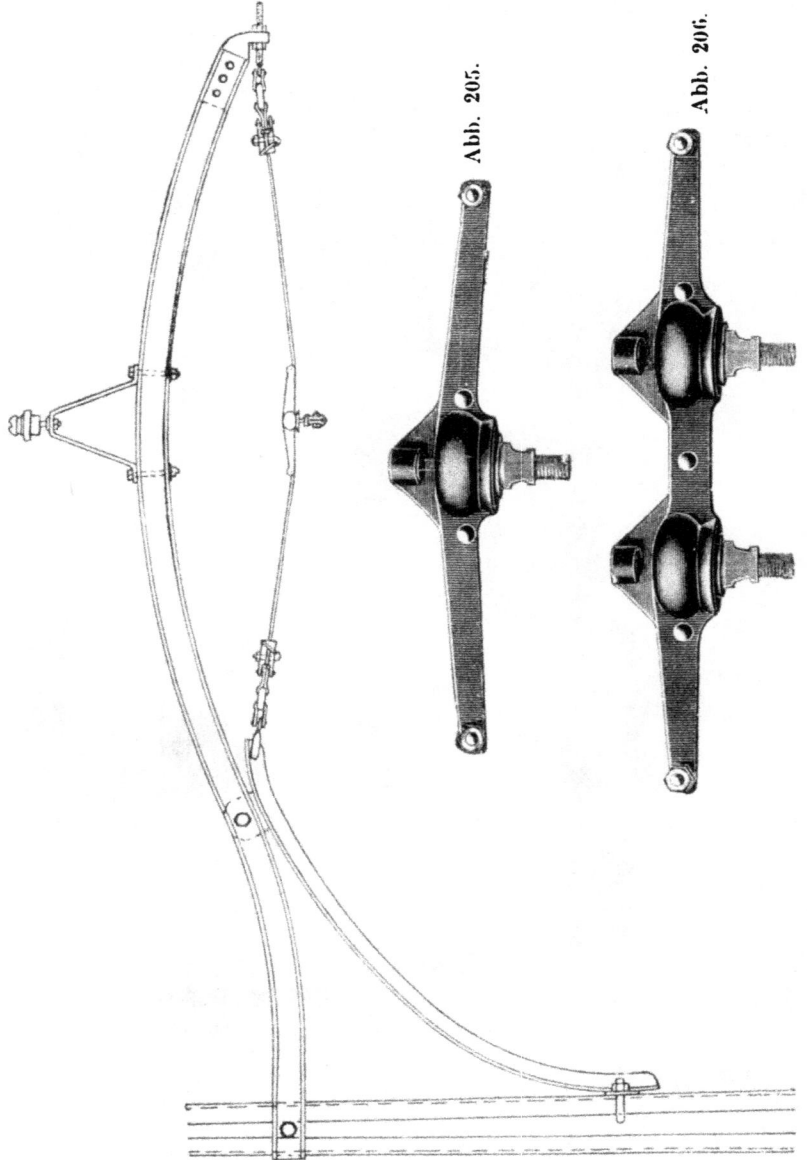

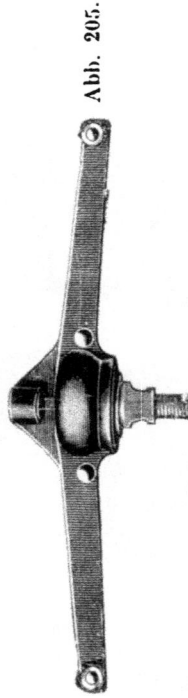

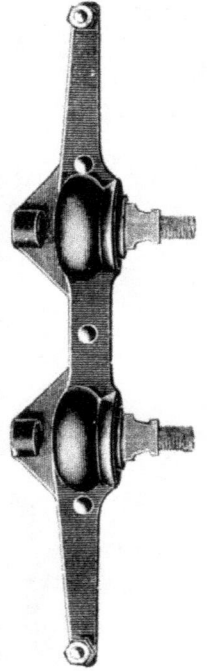

Abb. 205.

Abb. 206.

Abb. 203.

Abb. 204.

Bei Schutzdrähten, die länger sind als 70 m, sind zwei Erd-
anschlüsse herzustellen.

Stromzuführung und Rückleitung.

Der Anschluß der Stromzuführung an die Fahrleitung soll unter
Zwischenschaltung eines doppelpoligen Ausschalters in wasserdichtem

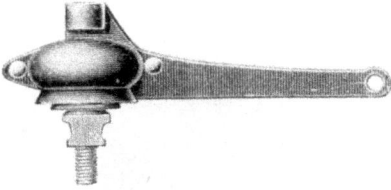

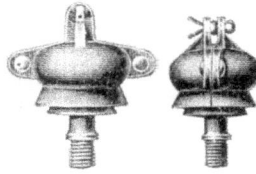

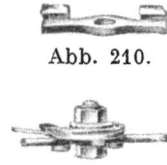

Abb. 210.

Abb 207.

Abb. 209.

Abb. 211.

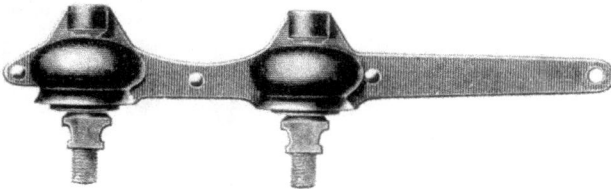

Abb. 208

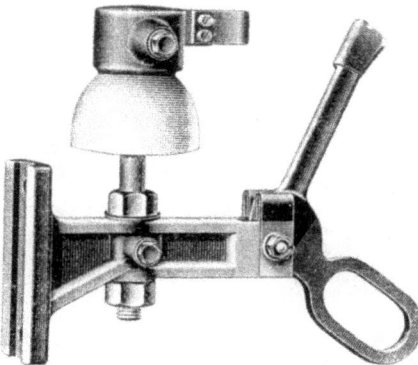

Abb. 213.

Abb. 212.

gußeisernen Gehäuse erfolgen (Abb. 216, 217 u. 218). Die Zuführungs-
leitungen zum Schalter sind als isolierte Leitungen zu verlegen und in
ein Eisenrohr einzuziehen, welches wasserdicht mit dem Ausschalter-
kasten zu verschrauben ist. An seinem oberen Ende ist das Schutz-

Abb. 214.

Abb. 215.

Abb. 216.

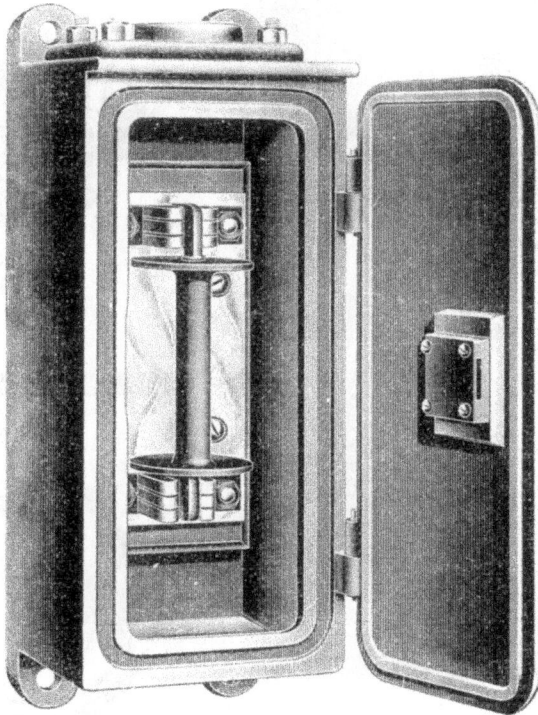

Abb. 217.

rohr mit einem Schwanenhals zu versehen und wasserdicht abzuschließen (Abb. 219 u. 220).

Der Anschluß der Rückleitung an die Fahrschienen soll durch blanke Leitung erfolgen, die gleichfalls durch ein Rohr gegen mechanische Verletzungen zu schützen ist; dieser Rohrschutz hat auch unterhalb der Erdoberfläche zu erfolgen.

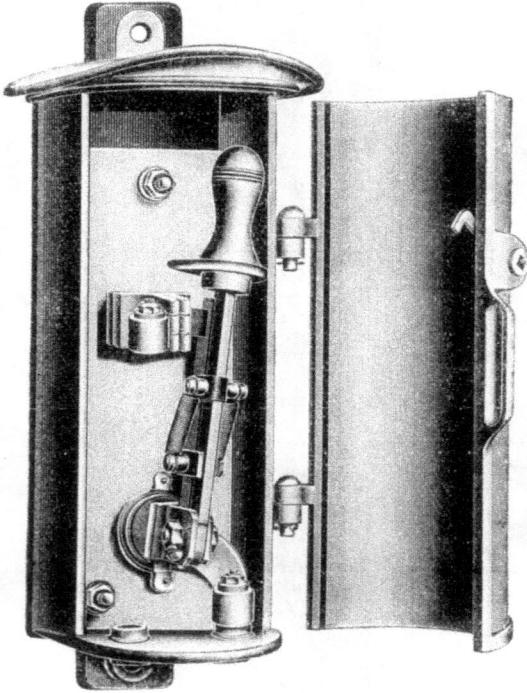

Abb. 219.

Abb. 220.

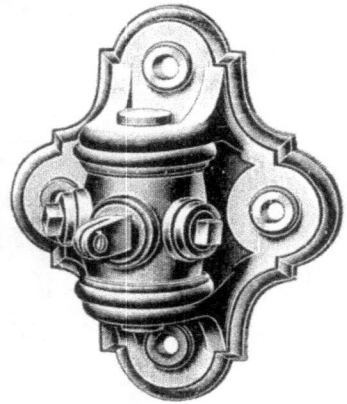

Abb. 218.

Abb. 221.

Abb. 223.

Abb. 222.

Abb. 225.

Abb. 224.

Im vorstehenden Abschnitt sind nur die wichtigsten Oberleitungs-
materialien für Bügelbetrieb beschrieben. Nachstehend sollen (wie bereits
in den Abb. von 221 bis 239 gezeigt) auch die anderen für den Oberlei-
tungsbau benötigten Gegenstände (S.S.W.-Material) dargestellt werden.

Abb. 226

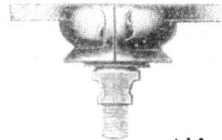

Abb. 230

Abb. 228

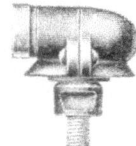

Abb 229   Abb. 227   Abb. 231

Abb. 221   Wandrosette mit Schalldämpfung,
  „   222   Gabelschraube,
  „   223   Steinschraube,
  „   224   Wandrosette und Gabelbolzen,
  „   225   Schelle für Rohrmaste,
  „   226   Befestigungsöse zwischen Mastschelle und Spannschloß,
  „   227   Schalldämpfer für einfache Wandrosetten,
  „   228   einfache Verbindungslasche,
  „   229   doppelte Verbindungslasche zwischen Schalldämpfer und
           Spannschloß,
  „   230   Deckenaufhängung für obere Befestigung,
  „   231   Deckenaufhängung für seitliche Befestigung,
  „   232   Endklemmen mit Keil für Fahrdrahtverankerung,

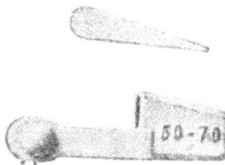
Abb 232.

Abb 233

Abb. 233   Doppelkreuzlasche für Fahrdrahtstoßverbindung,
  „   234   Fahrdrahtstoßverbindung,
  „   235   Streckenunterbrecher ohne Ausschalter,
  „   236   Streckenunterbrecher mit doppeltem Ausschalter,
  „   237   einstellbare Kreuzung für Winkel von 45° bis 90°,

Abb. 234.

Abb. 235.

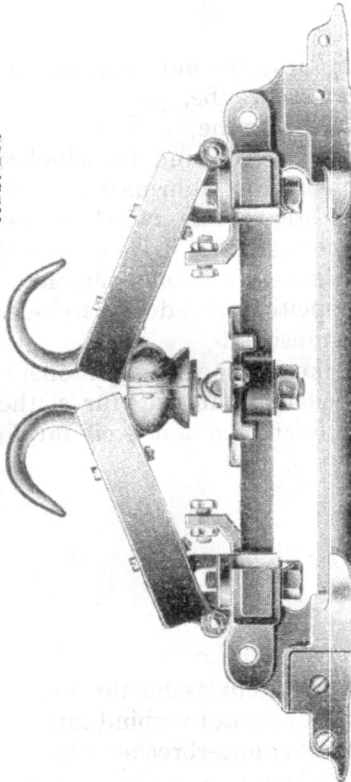

Abb. 236.

Abb. 237.

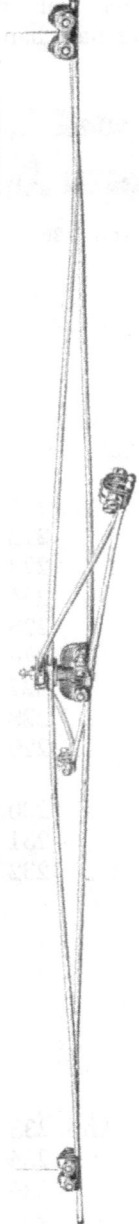

Abb. 238.

Abb. 238 Einbauanordnung zu obiger Kreuzung,

"   239 Einführungstüllen aus Porzellan und Hartgummi für die durch Eisenrohr vom Ausschaltkasten zum Fahrdraht geführte isolierte Leitung. (Wird am oberen Ende des Rohres befestigt, um ein Durchscheuern der Isolation der Zuleitung zu vermeiden.)

Abb. 239.

Für Rollenbetrieb kommen nachstehende Materialien in Betracht:

Abb. 240 bis 243 Tragwerksanordnungen,

"   244 Aufhängung des Fahrdrahtes an Auslegern,

"   245 u. 246 Endabfangungen des Fahrdrahtes,

"   247 bis 249 Fahrdrahtaufhängungen für gerade Strecke,

"   250 bis 257 Fahrdrahtaufhängungen für Kurven,

"   258 Deckenaufhängung,

"   259 Drahtbruchschutzvorrichtung,

"   260 Fahrdrahtklemme für Runddraht,

"   261 Fahrdrahtklemme für Profildraht,

"   262 gebogene Fahrdrahtklemmen für Kurven,

"   263 Fahrdrahtklemmen für Kabelanschluß,

"   264 Fahrdraht-Verbindungsklemme,

"   265 Fahrdraht-Verankerungsklemme,

"   266 Beidrahtklemme,

"   267 Streckenunterbrecher ohne Ausschalter,

"   268 Streckenunterbrecher mit Ausschalter,

"   269 Ausschaltstange,

"   270 feste Luftkreuzung,

"   271 einstellbare Luftkreuzung,

"   272 Luftweiche.

Für Fahrleitungsteile für Gruben- und Werkbahnen sind Materialien wie nachstehende Abbildungen zeigen, gebräuchlich.

Abb. 273 Leitungsschienenklammer für T-Eisen,

"   274 Leitungsschienenklammer am Fuß eines T-Eisens,

"   275 Gleitführung zur beweglichen Befestigung des Fahrdrahtes an Fahrdrahtaufhängungen,

Abb. 240.

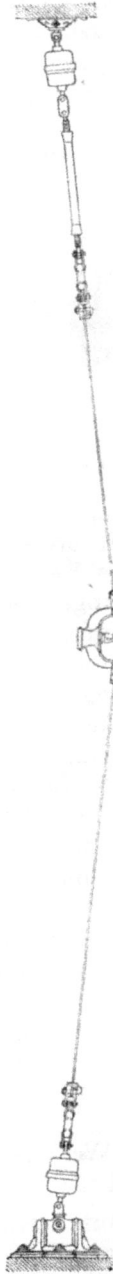

Abb. 241.

Abb. 242.

Abb. 243.

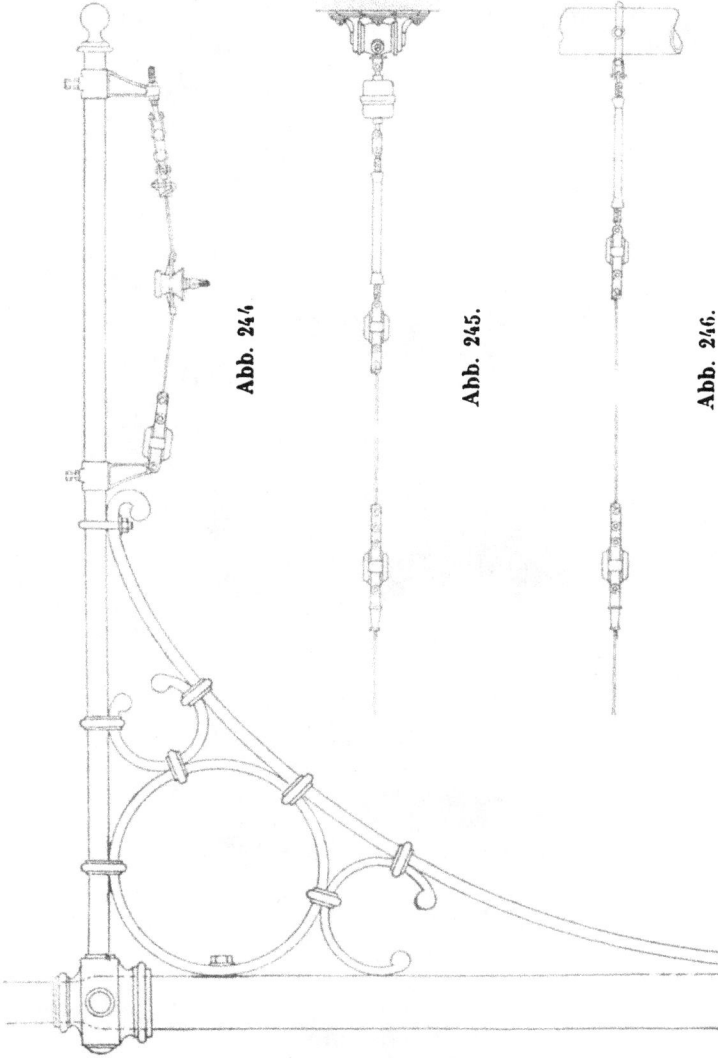

Abb. 244.

Abb. 245.

Abb. 246.

Abb. 249.

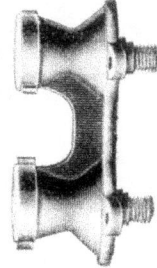

Abb. 248.

Abb. 247.

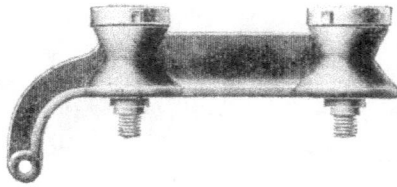

Abb. 250.

Abb. 251.

Abb. 252.

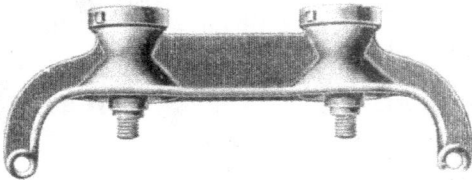

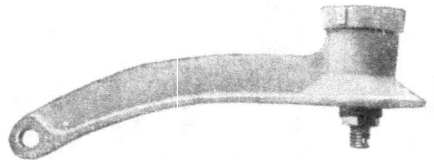

Abb. 253.

Abb. 254.

Abb. 255.

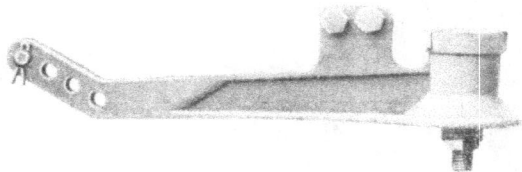

Abb. 256.

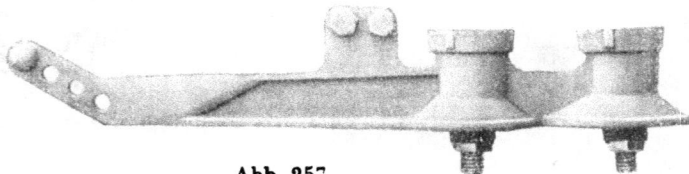

Abb. 257.

Abb. 258.

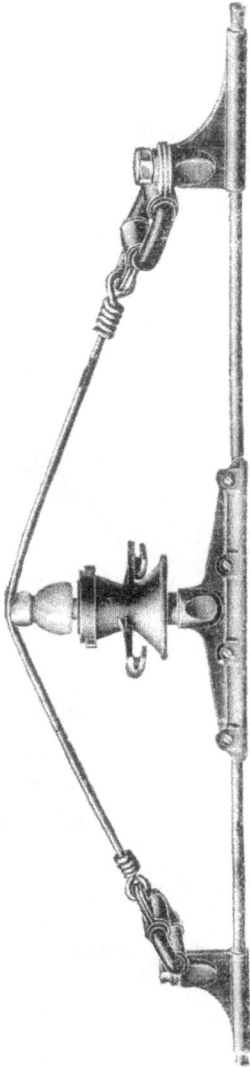

Abb. 259.

Abb. 262.

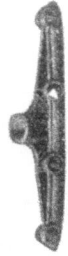

Abb. 261.

Abb. 260.

Abb. 265.

Abb. 264.

Abb. 263.

Abb. 267.

Abb. 266.

Abb. 268.

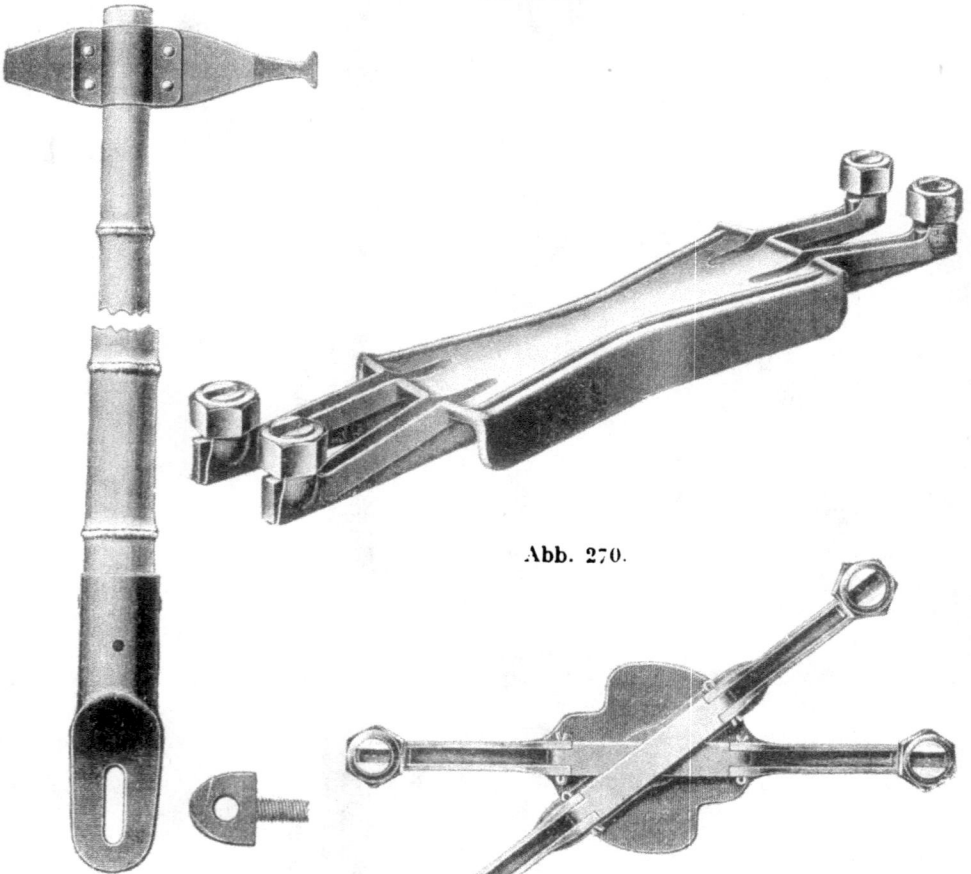

Abb. 270.

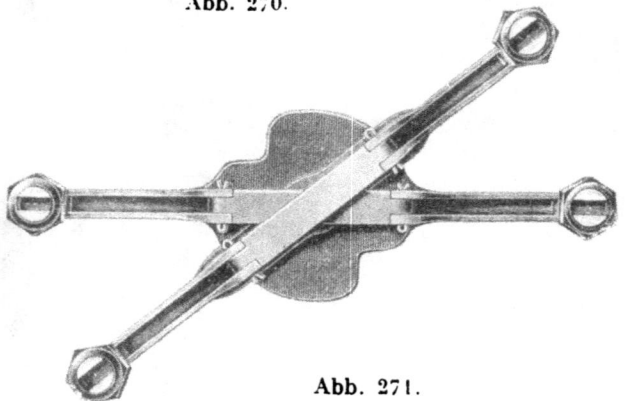

Abb. 269.

Abb. 271.

Abb. 276 Fahrdrahtaufhängung für gerade Strecken,
„ 277 Fahrdrahtaufhängung für Kurven,
„ 278 Fahrdrahtaufhängung mit Schelle für Rohrausleger,
„ 279 Deckenaufhängung mit Flansch,

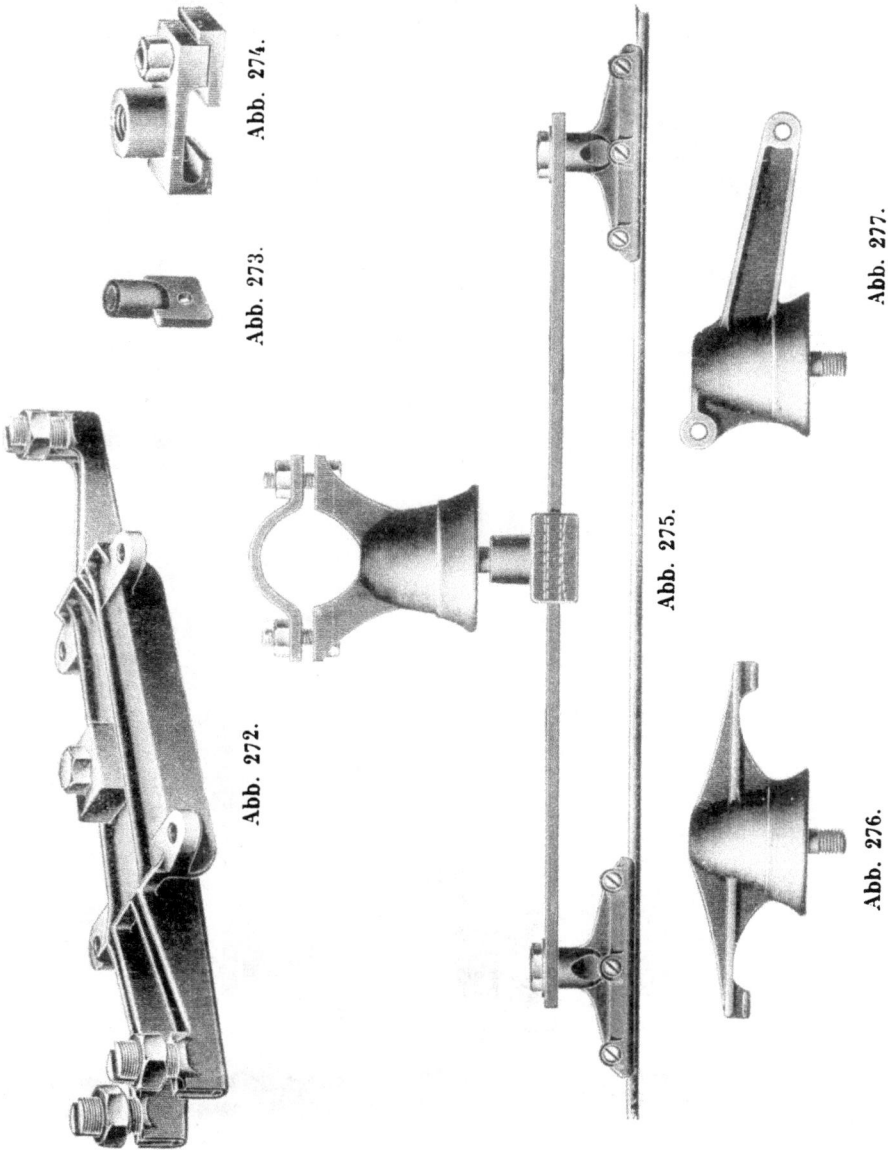

Abb. 274.

Abb. 273.

Abb. 272.

Abb. 275.

Abb. 277.

Abb. 276.

Abb. 280 Deckenaufhängung mit Stutzen,
„ 281 Auslegermast für gerade Strecke einer verschiebbaren Fahrleitung,
„ 282 Joch für Kurven einer verschiebbaren Fahrleitung,
„ 283 Endabfangung mit selbsttätiger Nachspannvorrichtung,
„ 284 Ausleger für starre Fahrdrahtaufhängung,
„ 285 Ausleger für nachgiebige Fahrdrahtaufhängung.

Abb. 278.

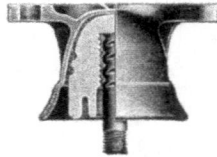

Abb. 279.

Abb. 280.

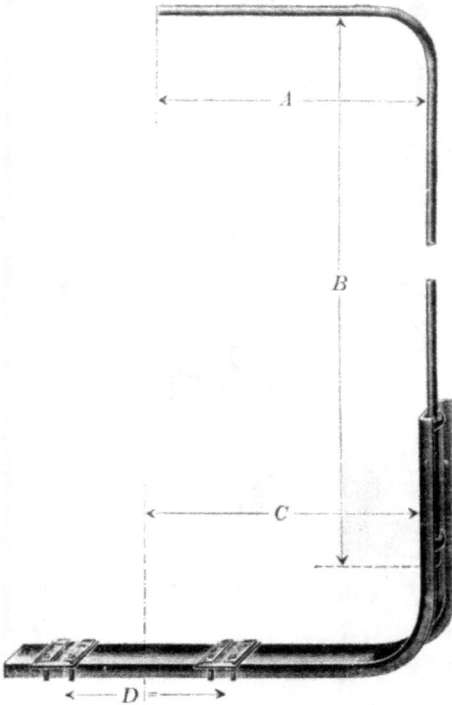

Abb. 281.

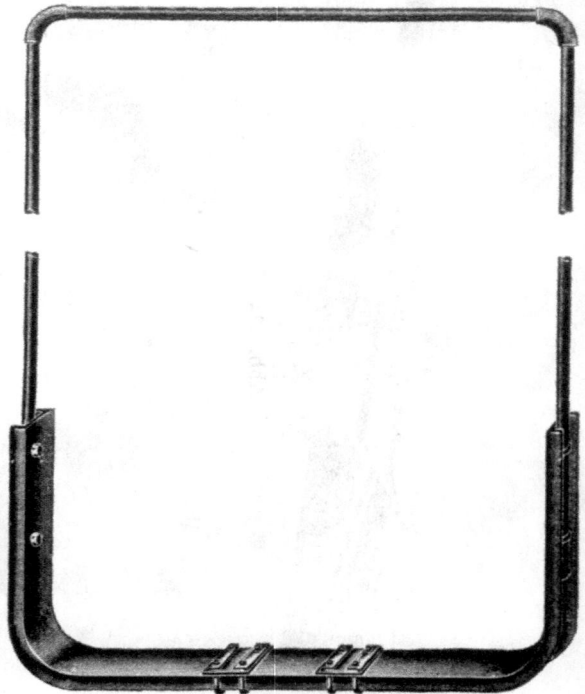

Abb. 282.

Da Fahrdrahtaufhängungen für Rollenbetrieb teilweise so angefertigt werden, daß dieselben ihrer Form nach in Fahrleitungen für Bügelbetrieb eingebaut werden können, so soll hier darauf hingewiesen werden, daß dieselben sich durchschnittlich hierzu nicht eignen. Die Kurvenzüge in der Oberleitung für Bügelbetrieb sind, wie früher bereits erwähnt, bedeutend stärker als diejenigen für Rollenbetrieb. Die Isolation in den Fahrdrahtaufhängungen für Rolle sind wohl so stark,

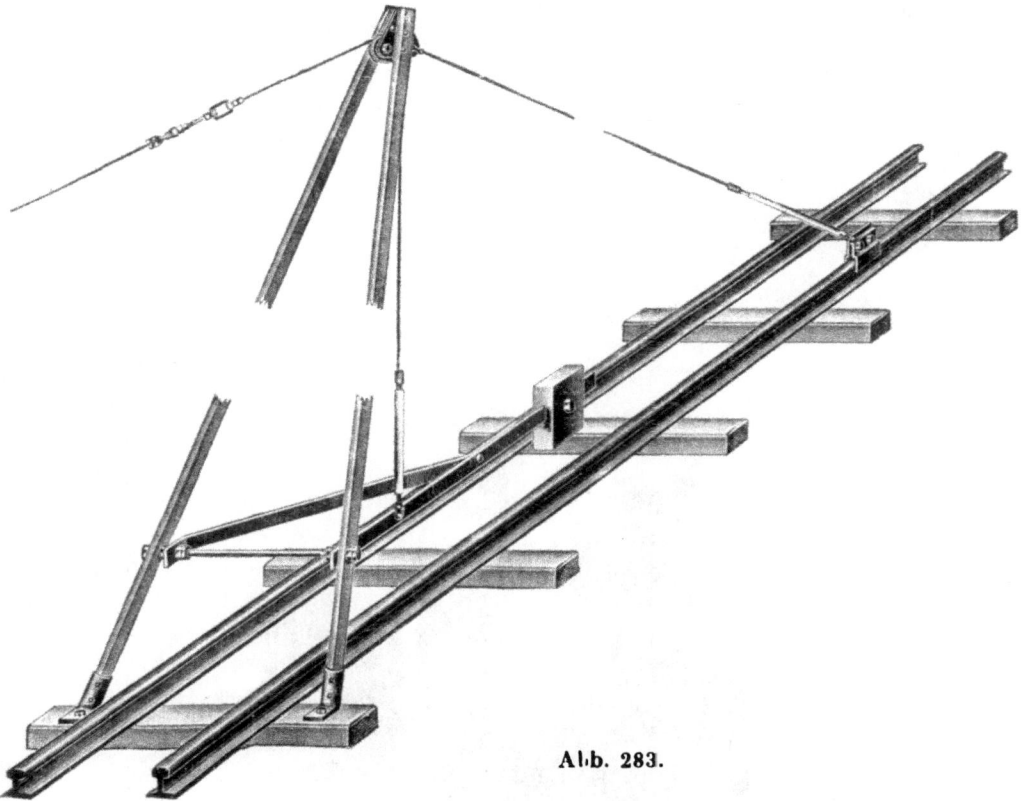

Abb. 283.

daß sie für die in dieser Fahrleitung auftretenden Kurvenzüge genügt, aber bei stärkerer Beanspruchung für Bügeloberleitung zerdrückt wird. Hierdurch kommt die vorgeschriebene zweite Isolation am Aufhängepunkt in Fortfall und der Isolierbolzen fällt schließlich aus dem Gehäuse. Dies hat zur Folge, daß ein Stützpunkt fortfällt (die Entfernung zwischen zwei Aufhängepunkten verdoppelt wird) und der Durchhang dermaßen vergrößert wird, daß er eine Gefahr für hochbeladene Fuhrwerke sein kann, und der Stromabnehmer durch den herabhängenden Isolierbolzen

13*

beschädigt werden kann. In einer scharfen Kurve ist zu befürchten, daß sämtliche derartige Isolierbolzen beschädigt werden können und, abgesehen von Beschädigungen, den Betrieb eine Zeitlang stillegen.

Abb. 286.

Abb. 286 Oberleitung (gerade Strecke) für Bügelbetrieb (mit geschleuderten Stahlbetonmasten),

„ 287 Oberleitung (Weichenabspannung) für Bügelbetrieb (mit geschleuderten Stahlbetonmasten),

„ 288 Oberleitung (gerade Strecke) für Rollenbetrieb (mit geschleuderten Stahlbetonmasten),

Abb. 287.

Abb. 289 Oberleitung (Gleiswechsel) für Rollenbetrieb (mit geschleuderten Stahlbetonmasten),

,, 290 Oberleitung für Straßenbahn (mit Gittermasten) und Grubenbahn (mit geschleuderten Stahlbetonmasten).

Abb. 288.

VII. Vielfachaufhängung.

Als der elektrische Strom anfing, den Dampf von den Vorortbahnen zu verdrängen, mußten die bereits bestehenden Fahrzeiten natürlich innegehalten werden und eine größere Fahrgeschwindigkeit als bei den bestehenden Straßenbahnen vorgesehen werden.

Abb. 289.

Für Straßenbahnen innerhalb der Städte, wo die Fahrgeschwindigkeit mit etwa 25 km begrenzt war, genügte die vorbeschriebene Einfachaufhängung. Bei Verbindungs- und Überlandbahnen, die Fahrgeschwindigkeiten von 30 km und mehr in der Stunde hatten, zeigte sich infolge
des verhältnismäßig großen Fahrdrahtdurchhanges ein ungenügendes
Zusammenarbeiten von Fahrleitung und Stromabnehmer. Der letztere
klappt an den Aufhängepunkten unter mehr oder weniger starkem
Feuern ab. Hierdurch wird bei den Aufhängepunkten der Fahrdraht
frühzeitig abgenutzt, gleichgültig, ob die betreffende Anlage mit Bügel-
oder Rollenstromabnehmern ausgerüstet ist.

Abb. 290.

Diesen Übelstand suchte man dadurch zu beseitigen, indem man
den Fahrdraht mit möglichst wenigem Durchhang (also in möglichst
gerader Linie) verlegte. Die Stromübertragung von Fahrdraht nach
dem Motor fand hierdurch eine einwandfreie Lösung.

Die Abb. 291 zeigt die Entwicklung der Vielfachaufhängung der
S.S.W.

An Quertragwerken, deren typische Anordnung aus Abb. 292 zu
ersehen ist, und die in Abständen von 60 bis 100 m aufgestellt sind, ist
in Richtung der Gleise auf Isolatoren oder isolierten, drehbaren Aus-

legern ein Tragseil aus Stahl, Kupfer oder Bronze von 35 bis 95 qmm Querschnitt und einer Bruchfestigkeit von $K_z = 40$ bis 70 kg/qmm mit einem Durchhang von 1,5 bis 3 m gespannt. Dieses Tragseil trägt in Abständen von 6 bis 20 m durch Hängedrähte entweder unmittelbar

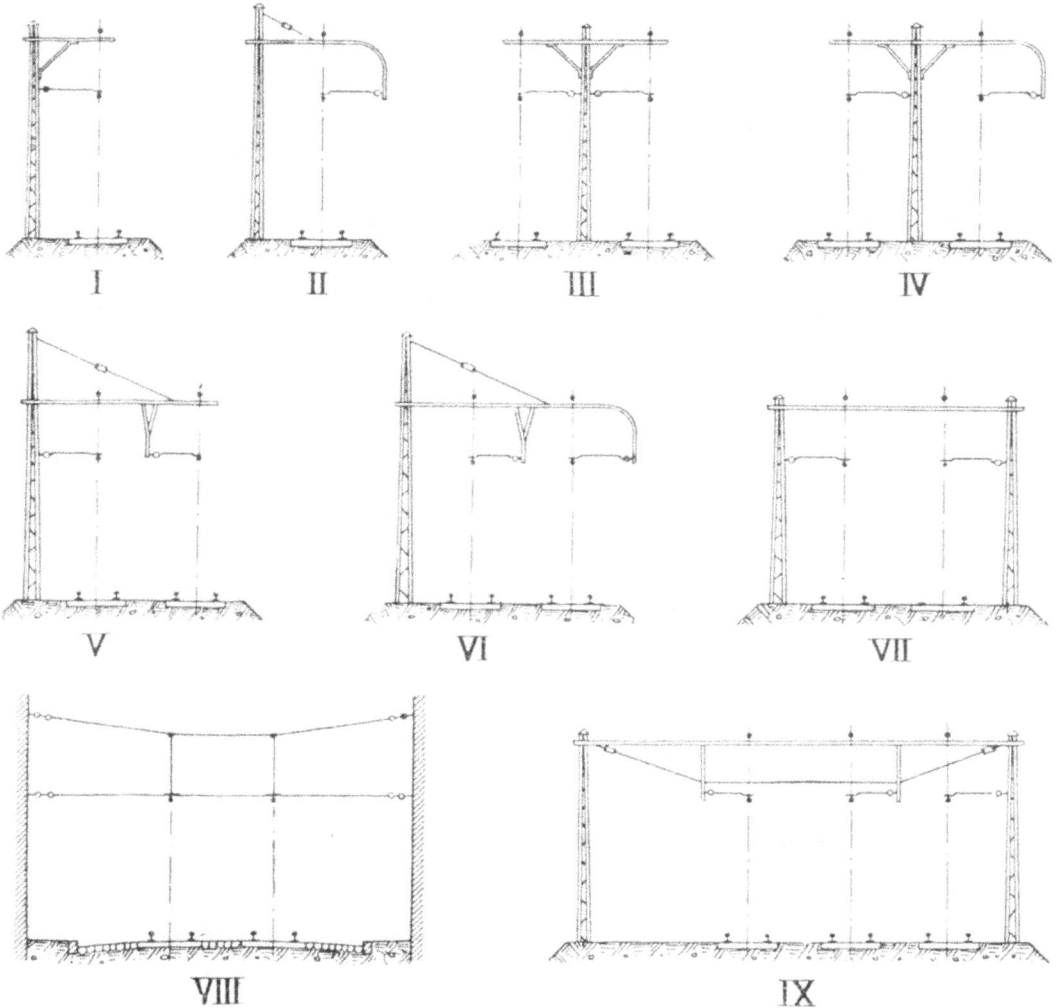

Abb. 291.

oder unter Einschaltung eines sog. Hilftragdrahtes je nach der zu übertragenden Stromstärke einen oder zwei Fahrdrähte von 60 bis 120 qmm Querschnitt. Die durch Kurvenzug und Winddruck erzeugten Seitenkräfte werden von isolierten Streben, Außenzügen oder Querdrähten

aufgenommen. Zum Ausgleich der Dehnung bei Temperaturwechsel
werden je nach Art des Systems in Abständen von 0,5 bis 1,5 km
Nachspannungen derart eingebaut, daß entweder nur der Fahrdraht
allein oder gleichzeitig Tragseil und Fahrdraht nachgespannt werden.

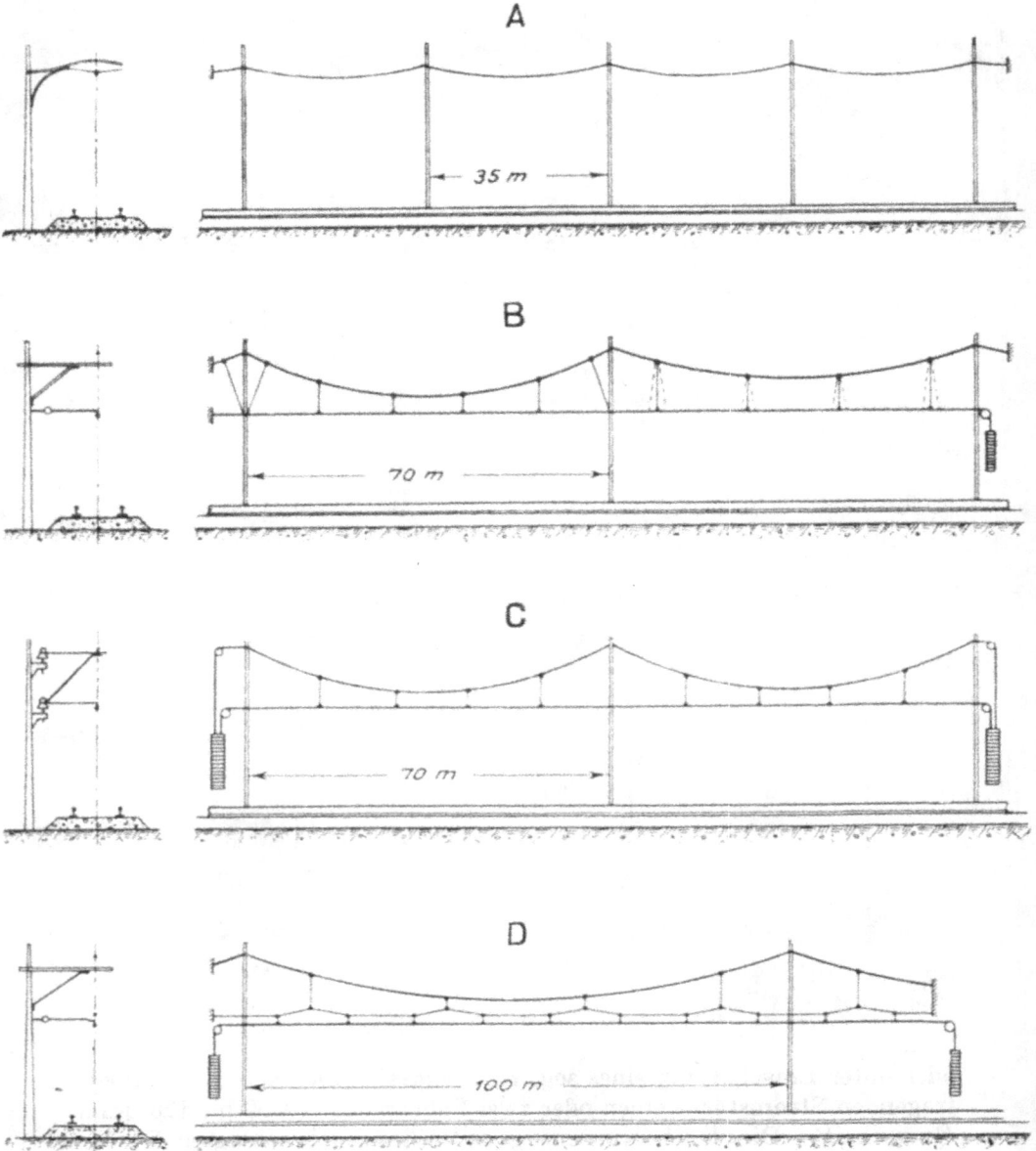

Abb. 292.

Das Nachspannen erfolgt entweder von Hand durch Betätigung in die Leitung eingebauter Spannschlösser, die in der Regel zweimal im Jahr

Abb. 293.

nachgestellt werden oder durch selbsttätig wirkende Vorrichtungen, bei denen die Drähte durch Gewichte oder Federn unabhängig von der

Temperatur unter gleichbleibender Zugspannung gehalten werden. Die selbsttätigen Nachspannvorrichtungen werden bei denjenigen Anlagen verwendet, bei denen eine gute Stromabnahme besonders wichtig ist, insbesondere also bei den mit großer Geschwindigkeit fahrenden Voll-bahnen.

Gegenüber der Einfachaufhängung bietet die Vielfachaufhängung den großen Vorteil, daß zwischen den Stützpunkten je nach Bedarf beliebig viele Aufhängepunkte geschaffen werden können, so daß der

Abb 294

Fahrdraht eine nahezu parallele Lage zu den Schienen erhält, wodurch auch bei sehr hohen Fahrgeschwindigkeiten eine gute, stoßfreie Abnahme gewährleistet wird. Die Entfernung der Stützpunkte für das Tragseil, also der Mastabstand, kann verhältnismäßig groß gewählt werden; die Größe selbst ist abhängig von der Bügelbreite und ist begrenzt durch das Abtreiben der Fahrleitung bei Seitenwind. In der Praxis hat man Spannweiten bis zu 100 m mit Erfolg angewendet. Infolge der geringen Zahl der Isolatoren bei den großen Spannweiten werden die Stromverluste und Fehlerquellen wesentlich vermindert. Die Bean-spruchung der Drähte und Seile kann wirtschaftlich in niedrigen Grenzen gehalten werden.

Ob Einfach- oder Vielfachaufhängung zu wählen ist, wird hauptsächlich nach der Geschwindigkeit der betreffenden Anlage zu bestimmen sein. Einfachaufhängungen sollte man bei Geschwindigkeiten über
etwa 35 km in der Stunde nicht bauen.

Die Systemunterschiede und Anwendungsgebiete der Vielfachaufhängung kann man nach folgenden Gesichtspunkten unterteilen:

1. Ohne selbsttätige Fahrdrahtnachspannung für Straßen-, Klein-
   und Überlandbahnen bei Fahrdrahtgeschwindigkeiten bis etwa
   50 km i. d. Std., Fahrdrahtnachspannung von Hand alle 300
   bis 500 m (Abb. 292 A).

Abb. 295.

2. Mit selbsttätiger Fahrdrahtnachspannung in Abständen von
   1000 bis 1500 m und festem Tragseil für Klein-, Überland- und
   Vollbahnen bei einer Fahrgeschwindigkeit bis etwa 75 km i. d.
   Std. (Abb. 292 B und 292 D).

3. Mit selbsttätiger Fahr- und Tragseildrahtnachspannung in Abständen von 1000 bis 1500 m für Klein-, Überland- und Voll-

bahnen bei Fahrgeschwindigkeiten bis etwa 100 km i. d. Std. (Abb. 292C).

Abb. 296.

Abb. 297.

Die nachstehenden Abbildungen sind ausgeführte Anlagen von:

1. Siemens-Schuckert-Werke G. m. b. H.

Abb. 293 Vielfachaufhängung ohne selbsttätige Fahrdrahtnachspannung,

Abb. 294 desgl., jedoch mit 2 Fahrdrähten,
„ 295 desgl., jedoch am Querdraht,
„ 296 Vielfachaufhängung mit selbsttätiger Nachspannvorrichtung,
„ 297 Vielfachaufhängung mit selbsttätig nachgespanntem Fahrdraht und Tragseil an drehbaren Auslegern,
„ 298 Fahrleitung im Tunnel mit selbsttätig nachgespanntem Fahrdraht,

Abb. 299 Nachspannvorrichtung für Fahrleitung an drehbaren Auslegern,
„ 300 Vielfachaufhängung mit Hilfstragdraht und selbsttätiger Fahrdrahtnachspannung,

Abb. 298.

Abb. 299.

Abb. 301 Fahrleitungen an Jochen über 16 Gleise,
„ 302 Fahrleitung am Querdraht,
„ 303 Fahrleitung bei einer oben geschlossenen Brücke,
„ 304 Fahrleitung unter einer Straßenüberführung, gedoppelte
Fahrdrähte.

Abb. 300.

Abb. 301.

2. Bergmann-Elektrizitäts-Werke, A.-G.

Abb. 305 Auslegermast,
„ 306 Maste für Ausleger und Kurvenabzug,
„ 307 Anklammermaste mit Kurvenabzug,

Abb. 302.

Abb. 308 Tragseilaufhängung und seitliche Festlegung des Fahrdrahtes,
„ 309 Maste mit Querträgern,

Abb. 303.

Abb. 304.

Abb. 305.

14*

Abb. 306.

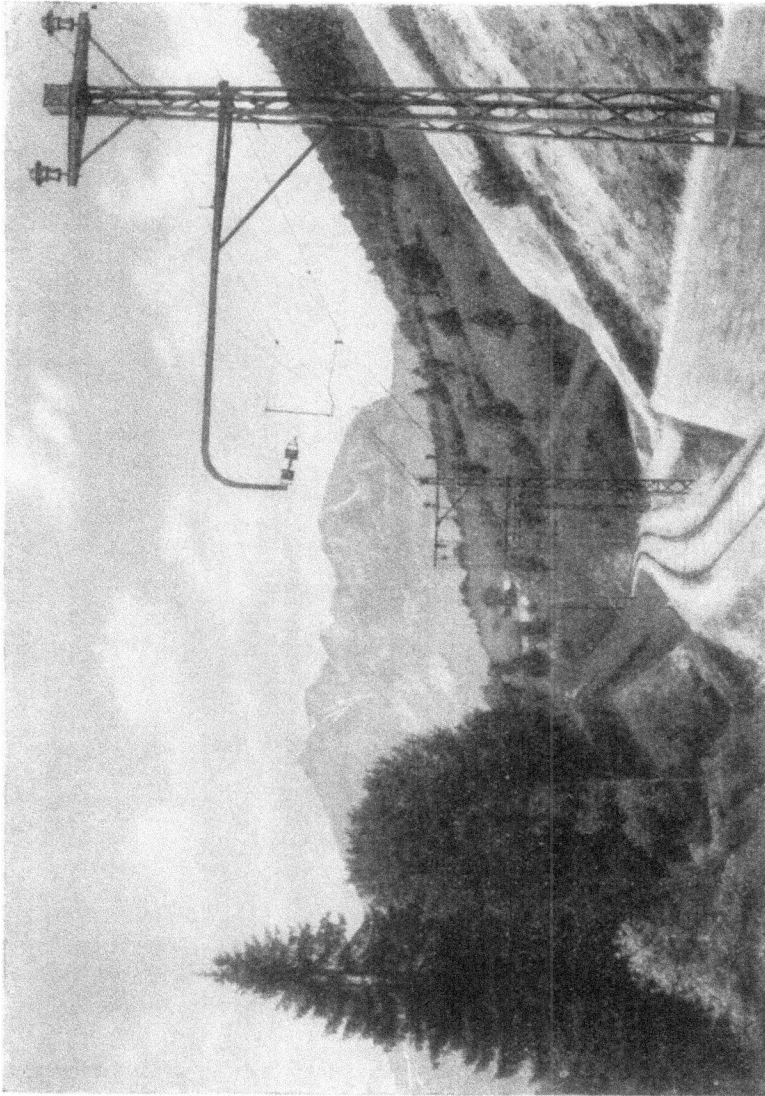

Abb. 307.

Abb. 308.

Abb. 309.

Abb. 310 Selbsttätige Fahrdrahtnachspannvorrichtung,
„ 311 desgl.,
„ 312 Fahrdrahtweiche mit Kurvenabzug,
„ 313 Querträger auf einem Bahnhof,
„ 314 desgl.,

Abb. 310.

Abb. 311.

Abb. 312.

Abb. 313.

Abb. 314.

Abb. 315.

Abb. 315 Anordnung der Fahrleitung unter einer Brücke,
„   316 Streckentrennung,
„   317 Verspannung der Fahrleitung über einer Drehscheibe.

Abb. 316.

Natürlich kann man Vielfach- und Einfachaufhängung auf ein und derselben Strecke verlegen. Die nachstehenden Abbildungen zeigen eine von den „Bergmann-Elektrizitäts-Werke" für elektrischen Betrieb

Abb. 317.

umgebaute, mit Dampf betriebene Kleinbahn. Die Bahn hatte eigenen Bahnkörper und diente dem Personen- und Güterverkehr zwischen einem Staatsbahnhof und einer 6 km davon entfernt liegenden Stadt.

Um auch gleichzeitig die Vorteile einer Straßenbahn zu erhalten, wurde von der Mitte der Strecke eine zweite Linie abgezweigt, die durch die betreffende Stadt führt.

Abb. 318.

Der Personenverkehr wird nun durch die Stadt geleitet, während der Güterverkehr auf der alten Strecke weitergeführt wird. Die gemeinsame Strecke bis zur Abzweigung ist mit Vielfachaufhängung (Abb. 318 u. 319) ausgerüstet, die nach der Stadt und durch dieselbe führende

Linie hat Einfachaufhängung (Abb. 320) erhalten. Die nur dem Güterverkehr dienende Strecke hat eine Kombination von Einfach- und Vielfachaufhängung erhalten (Abb. 321). Der Fahrdraht wird auf dieser

Abb. 319.

Strecke in der Mitte zwischen je 2 Masten durch einen Tragdraht nur
einmal gehalten. Die Mastentfernungen betragen auf der Strecke für
Vielfachaufhängungen 75 m, auf derjenigen für Einfachaufhängung

35 m und auf der Strecke für Güterverkehr 50 m. Da die Spannung nur 750 Volt beträgt, konnte für die gesamte Anlage Straßenbahnmaterial verwendet werden.

Abb. 320.

Für die Isolation von Bahnoberleitungen kommt nach Verlassen der Niederspannungsgrenze ausschl. Porzellan in Frage mit Rücksicht auf die technischen Anforderungen erstens in elektrischer Hinsicht

Abb. 321.

(Durchschlagsfestigkeit), zweitens in mechanischer Hinsicht und drittens in bezug auf Wetterbeständigkeit.

Die elektrische Sicherheit der Isolation ist, wenn man vom Überschlag auf der Oberfläche, welcher durch die Konstruktion des Isolators gegeben ist, absieht, eine Frage des Materials. Wenn auch für gewisse Scherbenstärken Durchschnittswerte der Durchschlagsspannung angenommen werden können, nach denen sich die Konstruktion richtet, so ist doch mit Rücksicht auf die Fabrikation des Porzellans eine individuelle Prüfung jedes Isolators erforderlich, um Fabrikationsfehler, die von außen nicht sichtbar sind, auszumerzen. Bisher bediente man sich zu dem Zweck der von den V.D.E. vorgeschriebenen Bottichprüfung, bei der eine größere Anzahl von Isolatoren gleichzeitig parallel geschaltet zwischen den beiden Polen der Prüfeinrichtung angeordnet wurde. Als Prüfspannung kam eine etwa 5% unterhalb der Überschlagsspannung liegende Spannung in Betracht. Dieser Versuch wurde eine Viertelstunde lang durchgeführt und mußte bei vorkommenden Durchschlägen eine entsprechend lange Zeit darüber hinaus fortgesetzt werden. Da es sich aber im Betriebe häufig zeigte, daß Isolatoren, welche die Verbandsprüfung ausgehalten hatten, nachträglich durchschlugen, so ging man daran, schärfere Prüfbedingungen auszuarbeiten. Zunächst versuchte man es mit einer Hochfrequenz-Prüfung. In neuester Zeit wendet man sich der Gleichstrom-Stoßprüfung zu. Für dieselbe wurde in der Porzellanfabrik Rosenthal durch vieljährige Arbeiten des Oberingenieur Bucksath die theoretische Grundlage geschaffen, welche es ermöglichte, bei der Prüfanordnung die im Betriebe auftretenden Verhältnisse möglichst genau zu reproduzieren, nämlich Wanderwellen mit steiler Stirn gegen den Isolator stoßen zu lassen. Infolge der außerordentlichen Geschwindigkeit dieses Vorgangs mußte die Spannung am Isolator bis zum Überschlag wesentlich über die normale Überschlagsspannung hinaus gesteigert werden, da für die Ionisierung nicht genügend Zeit übrig blieb. Auf diese Weise werden die Isolatoren außerordentlich stark beansprucht und ergeben auch entsprechend höhere Ausfallziffern bei der Prüfung. Stücke, die tadellos waren, hielten 100000 Schläge aus, ohne entzwei zu gehen. Diese Prüfungsart hat speziell für die Bahnbetriebe großes Interesse, da es hier in ganz besonders hohem Maße auf das Vermeiden von Betriebsstörungen ankommt.

Ebenso wichtig wie die elektrische Sicherheit ist die mechanische Sicherheit der Isolatoren. Auch diese ist, wenn man von der Konstruktion absieht, ausschließlich durch geeignete Zusammensetzung der Porzellanmasse bedingt. In der Beziehung sind in der letzten Zeit wesentliche Fortschritte erzielt worden. Serienversuche mit Probestäben aus verschiedenen Porzellanmassen haben in der Porzellanfabrik Rosenthal Werte bis zu 350 kg pro qcm ergeben. Selbstverständlich darf man bei Dimensionierung von Isolatoren nicht diese Zahlen als

Bruchgrenze ansetzen, da bei den Probestäben die Zugbeanspruchung in praktisch reiner Form auftrat, während bei Isolatorenkonstruktionen in der Regel noch Biegungs- und Scherbeanspruchungen auftreten.

Als dritte außerordentlich wichtige Frage ist die Kittfrage zu nennen. Bekanntlich wurden früher mit Vorliebe mehrteilig zusammengekittete Isolatoren verwendet. Infolge der Volumenänderung des Zements haben sich nach 3- bis 4 jährigem Betrieb in zahlreichen Anlagen schwere Störungen ergeben. Die Zementfrage war daher Gegenstand besonderer Untersuchungen in der Porzellanindustrie. So hat u. a. die Porzellanfabrik Rosenthal fortgesetzt Versuche im mechanischen Laboratorium der Technischen Hochschule Dresden, welche von Dr. Luftschitz angestellt wurden, durchgeführt. Hiernach ergibt sich, daß der Zement nach mehreren Jahren seinen Schwindungsprozeß beendet und Gesteinscharakter annimmt, und dringt von diesem Zeitpunkt ab Feuchtigkeit in die Zementmischung ein, so ergibt sie neben der normalen Wärmedehnung des Zements eine zusätzliche Volumenvergrößerung, und beide zusammen genügen, eine Zerstörung des Porzellanscherbens herbeizuführen. Um diesen Übelstand zu beseitigen, wird von der Porzellanfabrik Rosenthal neuerdings der im In- und Ausland geschützte Permanitzement des Dr. Bültemann verwendet. Dieser mischt den Zement mit einer Schmelzmasse und erwärmt die Mischung einige Wochen nach dem Zusammenkitten des Isolators bis zum Schmelzpunkt der Pechmasse. Diese fließt in sämtliche Poren des Zementes hinein und macht ihn unhygroskopisch und dauernd raumbeständig.

Wenn man also mit dem Permanitzement ein Mittel an der Hand hat, welches die Sprengungsgefahr vermeidet, so werden doch noch immer mit Vorliebe Konstruktionen verwendet, die aus einem einzigen Scherben bestehen. Unter Berücksichtigung der bei Bahnen vorgeschriebenen doppelten Isolation und der vorher beschriebenen elektrischen Gleichstrom-Stoßprüfung müssen auch solche einteiligen Isolatoren als durchaus betriebssicher angesprochen werden.

Die Beständigkeit des Materials gegen atmosphärische Einflüsse bedingt einen gut durchgebrannten Scherben, der vollkommen unhygroskopisch sein muß; zur weiteren Sicherheit ist noch eine gut deckende Glasur erforderlich, die unempfindlich gegen Temperaturschwankungen sein muß. Aus erstem Grunde sind Steingutisolatoren, aus letzterem Grunde Glasisolatoren für Bahnzwecke vollkommen unbrauchbar.

Für die Isolierung der Fahrleitung hat sich in Deutschland der Diabolo-Glocken- oder Kelchisolator als Einheitstype durchgesetzt. Hierbei werden auf einem Rohr drei Isolatoren montiert, von welchen die äußeren beiden mit den Tragböcken, der mittlere mit dem Tragseil verbunden sind (Abb. 322). Abarten dieser Konstruktion sind in Abb. 323 bis 325 enthalten. Das Prinzip ist in allen Fällen das gleiche.

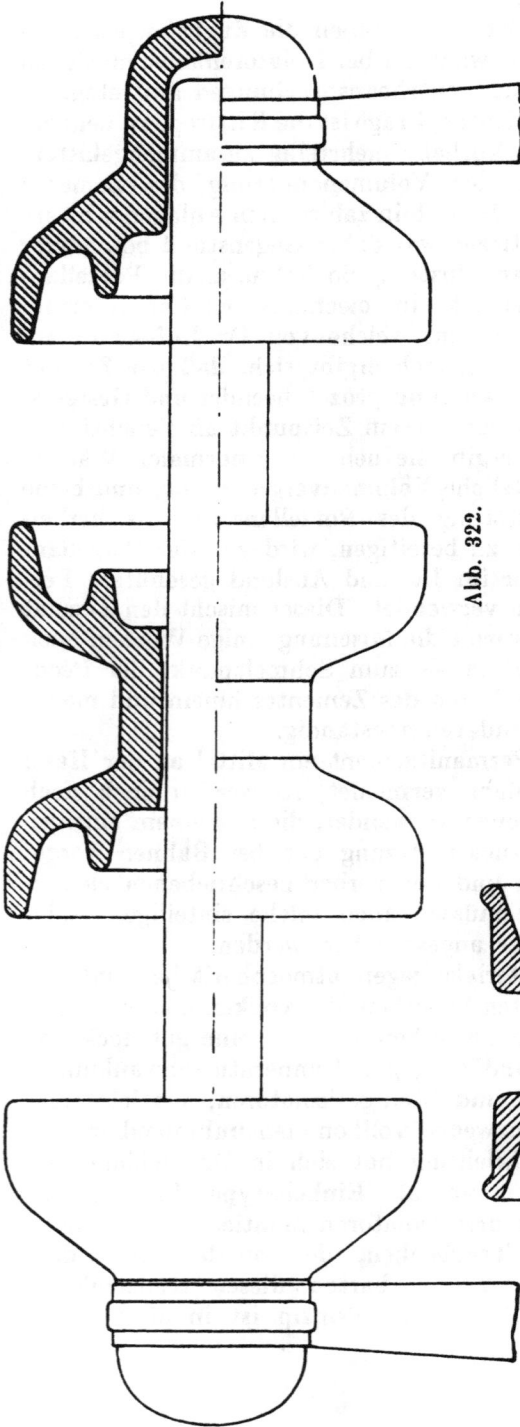

Abb. 322.

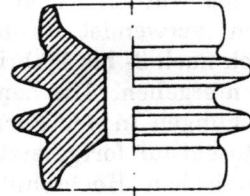

Abb. 325.

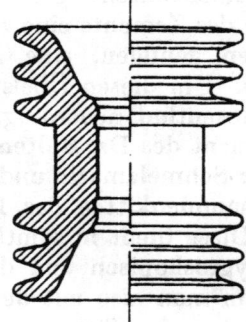

Abb. 324.

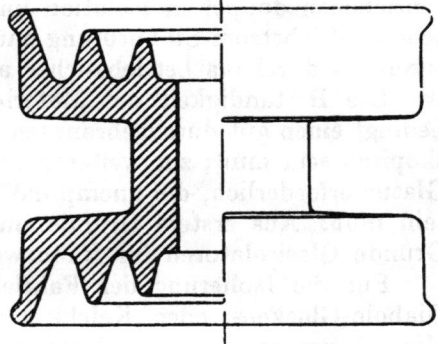

Abb. 323.

An Stelle der Dreiglockenisolatoren wird in anderen Ländern, z.B. in der Schweiz, ein System verwendet, bei dem der mittlere Glockenisolator beibehalten ist, aber die beiden seitlichen Isolatoren durch Stützenisolatoren nach Abb. 326 u. 327 ersetzt sind. Zur Abspannung dient sowohl das System der Dreiglockenisolatoren als auch zwei hintereinander geschaltete Abspannisolatoren. Für letztere Zwecke haben sich kleine Schlingenisolatoren, welche erstmalig von der AEG-Union Wien verwendet worden sind, sehr gut bewährt. Durch den Isolator werden zwei Stahl- oder Bronzebänder schlingenartig hindurchgesteckt, so daß selbst bei Bruch des Porzellans ein Herabfallen der Leitung ausgeschlossen ist.

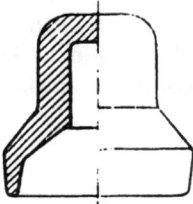

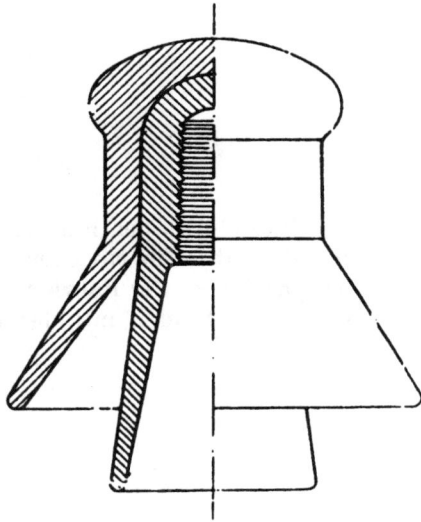

Abb. 326.   Abb. 327.

VIII. Speiseleitungen.

Durch die technische Entwicklung der Elektrizitätswerke und des Freileitungsbaues ist es möglich geworden, die Speisung der elektrischen Bahnen von weitabliegenden Werken zu bewirken. Man war früher, wenn nicht in der Nähe ein Elektrizitätswerk lag, auf eigene Bahnkraftwerke angewiesen. Die für die Wirtschaftlichkeit der verschiedenen Anlagen benötigten hohen Spannungen konnten nur dann praktisch durchgeführt werden, wenn auch dementsprechend die Isolation der Leiter unter sich und gegen Erde in gleicher Weise wuchs. Im Freileitungsbau wird diese Isolation durch die Porzellanisolatoren bewirkt.

Die Stromzuführungsleitungen dienen dazu, den hochgespannten Strom von dem Kraftwerk (Abb. 328) den Unterwerken zur Umwandlung in die für die Fahrleitung benötigte Spannung und Stromart zuzuführen. Von den Unterwerken werden auf den kürzesten Wegen mittels Anschlüssen die Fahrleitungen gespeist.

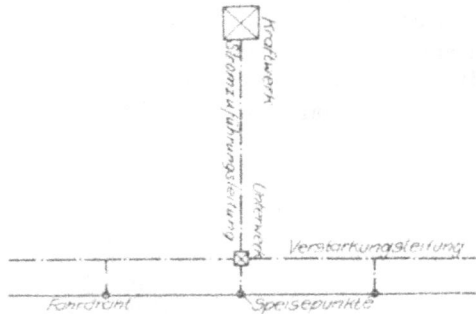

Abb. 328.

Ist der Querschnitt der Fahrleitung größer zu wählen, als er sich durch zwei Fahrdrähte für ein Gleis verlegen läßt, so wird man auf den Bahnmasten parallel zu der Fahrleitung Verstärkungsleitungen verlegen, die in gewissen Abständen mit der Fahrleitung verbunden sind.

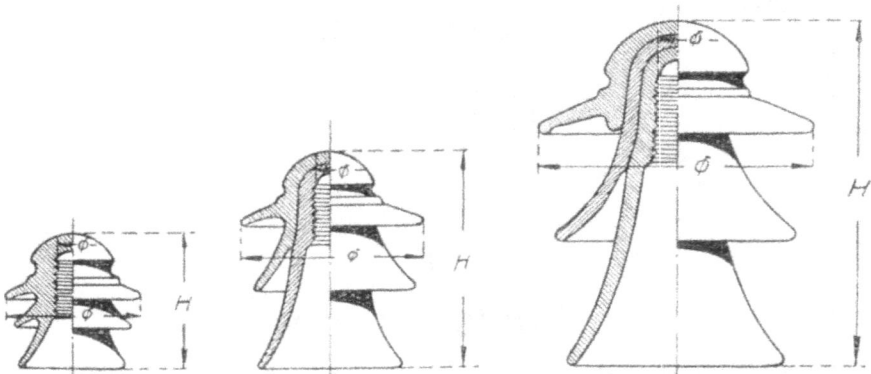

Abb. 329 I.   Abb. 329 II.   Abb. 329 III.

Unter Umständen bietet sich auch Gelegenheit, die Stromzuführungsleitung auf die Bahnmaste zu verlegen.

Je nach der Spannung werden hier Stützisolatoren oder Hängeisolatoren verwendet. Nachstehend sind die normalen Serien für Dreimantelisolatoren (Deltaglocken, Abb. 329), sowie Weitschirmisolatoren (Abb. 330) der Porzellanfabrik Rosenthal aufgeführt:

Isolator Nr.	V.D.E. Bezeichnung	Nach Abb.	Höhe	Durchmesser	GewindeDurchmesser	Weltmarktspannung	Betr. Sp. nach den Normen des V.D.E.	Überschlagsspannung		Gewicht
								trocken	3 mm Regen	
			min	mm	mm	Volt[1]	Volt	Volt	Volt[2]	ca. kg
919 B		I	90	92	20	6 000		53 000	28 000	0,4
920 B		II	108	106	22	9 000		61 000	34 000	0,7
921 B	H 6	II	130	120	28	12 000	6 000	69 000	39 000	0,9
922 B	H 10	II	145	135	28	16 000	10 000	76 000	45 000	1,3
923 B	H 15	II	165	150	28	20 000	15 000	84 000	51 000	1,8
924 B		II	185	162	31	23 000		91 000	56 000	2,3
925 B		II	204	176	31	26 000		98 000	62 000	3,0
926 B	H 25	II	220	190	31	30 000	25 000	104 000	68 000	3,5
927 B		II	242	204	36	34 000		110 000	73 000	4,2
928 B		II	260	218	36	38 000		116 000	78 000	5,1
929 B		II	280	232	38	42 000		122 000	83 000	5,7
930 B	H 35	II	295	250	38	46 000	35 000	128 000	88 000	6,8
931 B		II	320	260	40	50 000		133 000	93 000	7,8
932 B		II	340	274	40	53 000		138 000	97 000	8,9
933 B		II	358	288	40	56 000		143 000	101 000	10,1
934 B		III	376	302	43	58 000		148 000	106 000	12,1
935 B		III	395	315	43	60 000		153 000	110 000	13,5
936 B		III	415	330	43	62 000		157 000	114 000	14,1
937 B		III	434	344	44	64 000		161 000	118 000	15,8
938 B		III	452	358	44	66 000		165 000	122 000	17,5
939 B		III	471	372	46	68 000		170 000	126 000	19,1
940 B		III	490	385	46	70 000		174 000	129 200	22,0

[1]) Betriebshöchstspannung bei Verwendung geerdeter Stützen.

[2]) Die Überschlagswerte sind bei Leitungswasser festgestellt, bei natürlichem Regenwasser ergeben sich günstigere Werte.

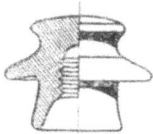

Abb. 330 I.

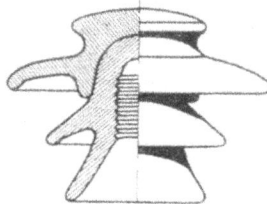

Abb. 330 II.

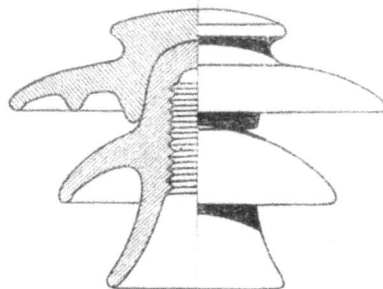

Abb. 330 III.

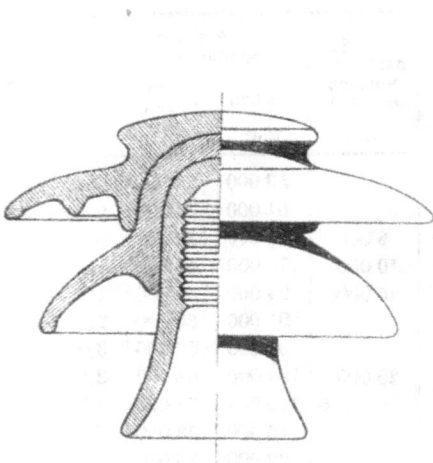 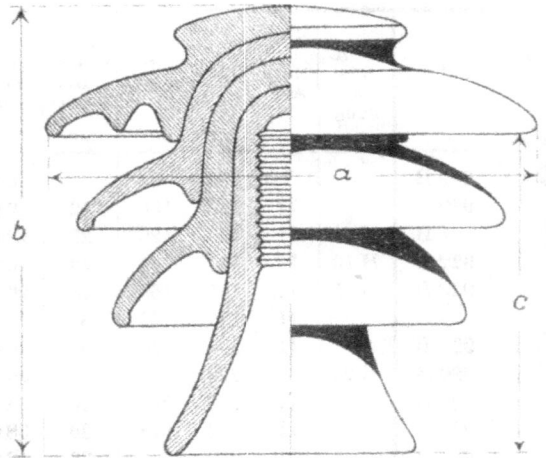

Abb. 330 IV.   Abb. 330 V.

Dreimantelisolatoren kommen nach neueren Erfahrungen höchstens bis Spannungen von etwa 35 kV in Frage. Von 25 bis 70 kV werden Weitschirmisolatoren, die namentlich bei den höheren Spannungen gegenüber den Dreimantelglocken wesentliche Vorteile haben, verwendet. Anderseits ist man in Deutschland schon bei Spannungen von 50 kV zur Verwendung von Hängeisolatoren übergegangen. Nachfolgend seien einige moderne Typen, die sich aus der Menge verschiedenartiger Konstruktionen den Weg in die Praxis gebahnt haben, aufgeführt.

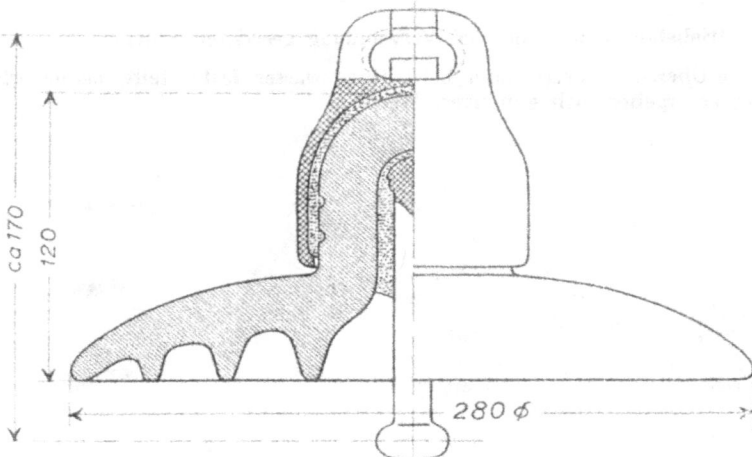

Abb. 331.

Isolator Nr.		Abmessungen			Abb.	Betriebsspannung¹)						Überschlagsspannung²)		Durchschlag unter Öl	Prüfspannung	Mechan. Festigkeit	Gewicht
Rosenthal	Synd.					Sicherheitsgrad A		Sicherheitsgrad B		Sicherheitsgrad C		trocken	unter 3 mm Regen				
		a	b	c		σ	kV	σ	kV	σ	kV	kV	kV	kV	kV	ca. kg	ca. kg
		mm	mm	mm												ca. kg	ca. kg
1906	W 6	100	75	33	I			4,7	6	3,5	8	50	28	90	30	1000	0,6
1910	W 10	125	85	36	I	8,5	4	3,4	10	2,7	12	60	34	100	40	1200	0,8
1915	W 15	150	100	45	II	5,6	7	2,8	15	2,4	18	70	41	110	50	1300	1,4
1920	W 20	170	120	57	II	3,6	13	2,4	20	2,2	23	80	49	115	60	1400	1,9
1925	W 25	190	135	71	III	3,2	17	2,2	25	2,0	29	88	55	120	80	1400	2,7
1930	W 30	215	155	88	III	2,8	23	2,1	30	1,9	34	98	64	130	90	1500	3,4
1935	W 35	235	170	102	III	2,7	26	2,0	35	1,8	40	106	70	145	100	1700	4,0
1940	W 40	255	190	120	III	2,6	30	1,9	40	1,7	45	114	78	160	105	2000	4,5
1950	W 50	290	230	150	IV	2,5	36	1,8	50	1,6	55	129	91	190	120	2500	7,9
1960	W 60	330	270	185	IV	2,4	44	1,7	60	1,5	67	144	106	210	130	3000	11,9
1970	W 70	365	310	223	IV	2,3	51	1,7	70	1,5	77	157	118	230	150	3500	15,2
1980	W 80	400	360	265	V	2,3	57	1,65	80	1,5	87	170	130	280	160	4000	23,1

¹) A = H-Serie des V.D.E.
B = maximale Betriebsspannung für Deutschland.
C = maximale Betriebsspannung fürs Ausland.

²) Die Überschlagswerte sind bei Leitungswasser festgestellt. Bei natürlichem Regenwasser und destilliertem Wasser liegen die Werte höher und betragen etwa das 1,3 bis 1,4 fache obiger Tabellenwerte.

Die ursprünglich von Amerika nach Deutschland eingeführten sog. kanadischen Typen, bei denen Kappe und Bolzen eingekittet werden (nach Abb. 331), werden heute nur verhältnismäßig wenig verwendet.

Statt dessen haben sich zwei verbesserte gekittete Typen gut eingeführt, und zwar der Kugelkopfisolator und der Untraisolator (Abb. 332 u. 333). Beide haben den kugelförmig ausgebildeten Kopf gemeinsam; während aber der Kugelkopfisolator im Innern des Kopfes eine eingebrannte

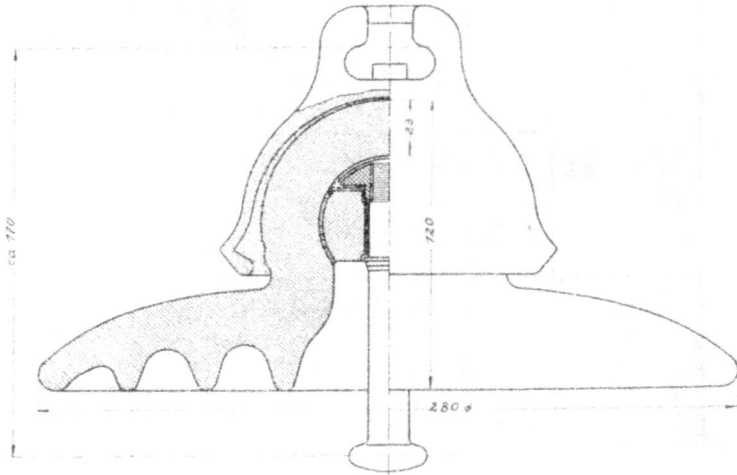

Abb. 332.

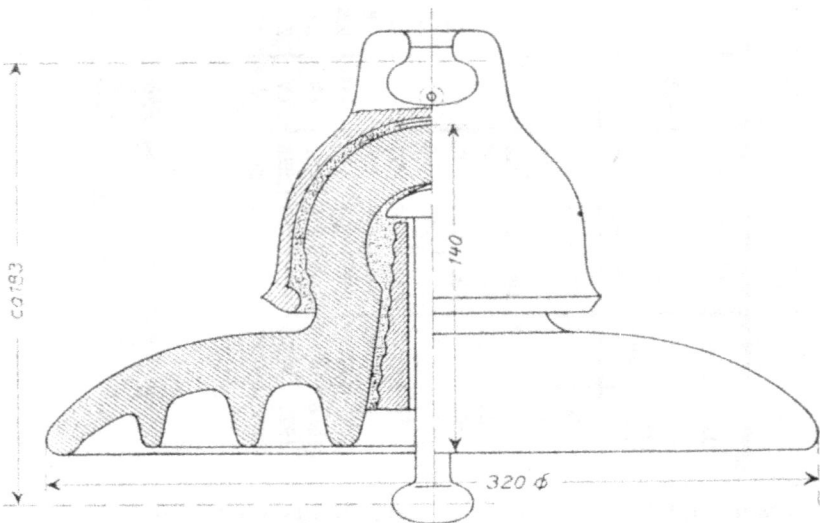

Abb. 333.

Porzellankugel enthält, durch welche der Klöppel hindurchgesteckt wird, ruht der einteilige Klöppel der Untraisolatoren direkt auf dem Zement, welcher auf die Höhlung im Isolatorenkopf beschränkt bleibt, während der übrige Raum durch einen zweiteiligen Porzellankonus

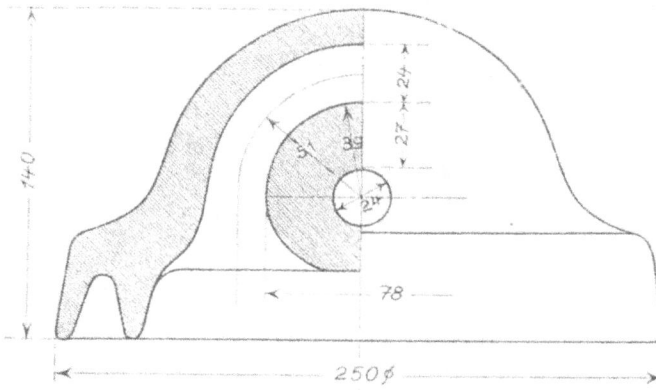

Abb. 334.

ausgefüllt wird. Die Abgrenzung des Zements vom Porzellan erfolgt durch dünne Schichten von Lack bzw. von Paraffin. Beide Typen haben sich in in- und ausländischen Anlagen gut bewährt.

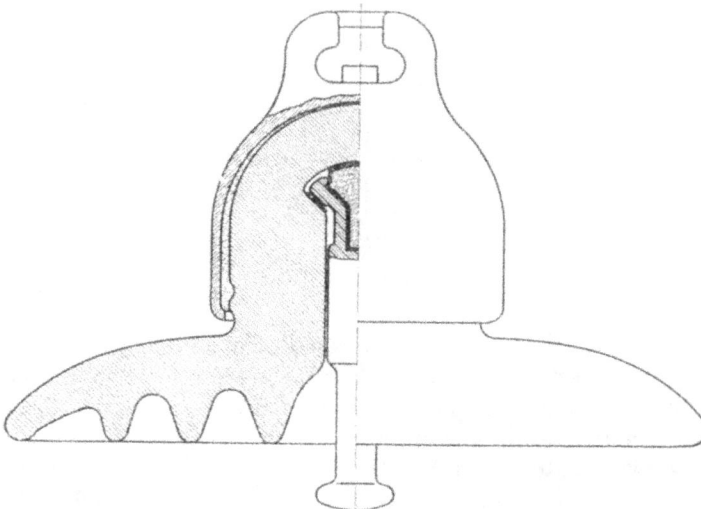

Abb. 335.

Als Typen, bei denen der Zement grundsätzlich vermieden ist, seien die folgenden genannt: Der Schlingenisolator (Hewlettisolator) (Abb. 334), gleichfalls eine amerikanische Konstruktion. Bei Speiseleitungen verwendet man in der Regel der einfacheren Montage wegen statt Bänder Stahl- oder Bronzeseile. Der Hewlettisolator ist mechanisch zwar gut, hat aber elektrisch wegen geringerer Durchschlagsfestigkeit und ungleicher Spannungsverteilung auf der Kappe den anderen Typen gegenüber einen gewissen Nachteil. — Ein weiterer kitt-

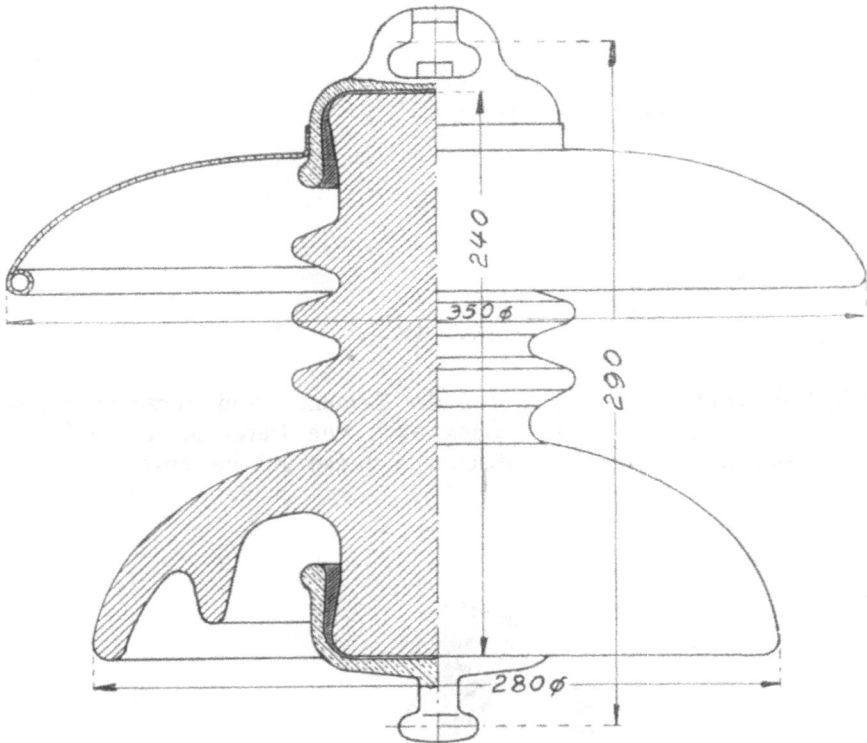

Abb. 336.

loser Isolator, der sich in seiner äußeren Form dem Untra- und Kugelkopfisolator annähert, ist der Kegelkopfisolator (Abb. 335). Bei diesem wird ein an seinem Kopfende geschlitzter Bolzen nach lokaler Erwärmung über einen Stahlkonus gespreizt und legt sich unter Zwischenschaltung eines Polsters aus Hanfgewebe, das mit Leinöl imprägniert ist, gegen die gleichfalls konisch ausgebildete Porzellanfläche. Die Verbindung zwischen Klöppel und Konus ist außerordentlich fest, so daß der Bruch des Bolzen erfolgt, ehe es gelingt, den Konus aus dem Bolzen herauszuziehen. Der Kegelkopfisolator ist in elektrischer Hinsicht den übrigen Kappenisolatoren gleich zu erachten. Mechanisch erreicht er sehr hohe Werte, die je nach der Type zwischen 5000 bis 7000 kg liegen. Schließlich sei noch der Motorisolator (Abb. 336) genannt, welcher von einem ganz anderen Prinzip ausgeht und bei dem das Porzellan auf Zug beansprucht wird. Er besteht aus einem langgestreckten Rotations-körper mit zwei mittels Bleilegierung aufmontierten Kappen. Zur Erhöhung der Überschlagsspannung erhält er einen Porzellanschirm am unteren Teil und einen großen Metallschirm an seinem oberen Teil. Ein Motorisolator ist elektrisch zwei Kappenisolatoren gleich zu bewerten. Die mechanische Festigkeit ist außerordentlich hoch. Bei der Rosen-thalschen Spezialmasse wird eine Bruchfestigkeit von 7800 kg erreicht. Ein weiterer Vorteil dieses Isolators ist, daß er infolge seiner Konstruk-tion überhaupt nicht durchschlagen kann.

Nachfolgend eine Tabelle der aufgeführten Isolatoren (Porzellanfabrik Rosenthal):

Kappen-, Hänge- und Abspann-Isolatoren.

Type	Abb.	Durch-messer	Höhe	Überschlags-spannung		Durch-schlags-festigkeit unter Öl	Garan-tierte Zug-festigkeit	Ge-wichte
				trocken	3 mm Regen			
		mm	mm	ca. kV	ca. kV	ca. kV	kg	ca. kg
Kappen-Hänge-Isol. 10 288	331	280	120	85	42	130	3 000	5,8
Kugelkopf-Hänge-Isol. 10 843	332	280	120	85	42	130	4 000	6,5
Untra-Isol. 10 793	333	280	120	85	42	130	4 800	7,0
Hewlett-Hänge-Isol. 10 435	334	250	140	80	30	90	2 500	5,2
Kegelkopf-Hänge-Isol. 10 860	335	280	120	85	42	130	4 000	6,1
Motor-Isol. 10 950	336	250	300	130	77	—	4 800	10,2

Bei den üblichen Speiseleitungsspannungen von 50 bis 60 kV werden in der Regel 3 Hänge- bzw. 4 Abspannelemente verwendet, bei 100 bis 110 kV werden 6 bis 7 Hänge- und 7 bis 8 Abspannelemente genommen.

Im nachstehenden seien einige Abbildungen der verschiedenen Ausführungsarten von Speiseleitungen dargestellt (Isolatoren für Fahr- und Speiseleitungen von der Porzellanfabrik Ph. Rosenthal).

Abb. 337.

Abb. 338.

Abb. 337 bis 339 Speiseleitungen auf Bahnmasten,
   „   340 110 kV-Leitung (verlegt nach den früher bestehenden
          Sicherheitsvorschriften),

Nachstehende Abbildungen geben Ansichten von Hochspannungsleitungen mit Isolatoren anderer Porzellanfabriken. Es sei noch darauf
aufmerksam gemacht, daß die verwendeten Maste sog. „geschleuderte
Stahlbetonmaste" (Fabrikat Dyckerhoff & Widmann) sind.

Abb. 339.

Abb. 341 Hochspannungsleitung 60 kV,
   „   342 Hochspannungsleitung 60 kV,
   „   343 Eisenbahnkreuzung 60 kV,
   „   344 60-kV-Doppelleitung,
   „   345 Hochspannungsleitung auf Mast und Querträger aus
          Eisenbeton,
   „   346 Kreuzung einer 60-kV-Leitung auf Betontraversen
          (Mastlänge 20 m, Spitzenzug 3400 kg).

Abb. 340.

16*

Abb. 341.

Abb. 342.

Abb. 313.

Abb. 344.

Abb. 345.

Abb. 346.

IX. Windbelastung.

Die Beanspruchung der Leitungsdrähte durch Wind ist in den Vorschriften des V.D.E. nicht berücksichtigt und auch nicht notwendig, da eine Windbelastung in Deutschland nur durch Weststürme, die nie bei Frostwetter auftreten, hervorgerufen wird. Für die Beanspruchung der Maste spielt der Winddruck auf die Leitungen eine Rolle.

Der Winddruck ist nach dem V.D.E. mit 125 kg pro qm getroffene Fläche zu berücksichtigen. Die Angriffsrichtung der Windkraft ist wagerecht anzunehmen.

Da der Wind stets stoßweise wirkt, so wird ein Pendeln des Drahtes bzw. des Seiles eintreten. Die Entfernung aus der senkrechten Lage läßt sich nach Abb. 347 ermitteln. Das Gewicht g des Drahtes wirkt lotrecht, der Winddruck W dagegen wagerecht.

Die Entfernung E ergibt sich zu

$$E = f \cdot \sin \alpha.$$

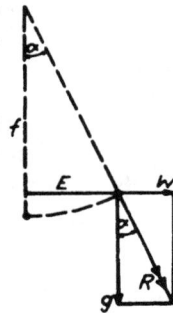

Abb. 347.

Die Resultierende aus Winddruck und Leitungsgewicht ermittelt sich zu

$$R = \sqrt{W^2 + g^2}$$

$$\sin a = \frac{W}{\sqrt{W^2 + g^2}}$$

folglich

$$E = \frac{f\,W}{\sqrt{W^2 + g^2}} \cdot$$

Die Schwingungen des Drahtes (Seiles) können jedoch durch die Resonanz der Windstöße größere Ablenkungen hervorrufen, als nach vorstehender Formel errechnet ist, die der Ausdruck des statischen Gleichgewichtes ist.

Nach den Normalien des V.D.E. ist bei zylindrischen Körpern die durch Wind gedrückte Fläche gleich dem 0,7fachen Durchmesser d mal der Länge anzunehmen.

Der Winddruck für 1 m Länge beträgt demnach

$$W = 0{,}7\,d \cdot 125 = 87{,}5\,d \text{ kg.}$$

Bei Seilen ist die dem Winddruck ausgesetzte Oberfläche größer als die des umschriebenen Kreiszylinders mit dem Durchmesser D. Dieselbe beträgt bei 7litzigen Seilen etwa $\frac{4}{3}$ und bei 19litzigen etwa $\frac{7}{5}$ der umschriebenen Kreiszylinderoberfläche.

Der Winddruck für 1 m langes 7litziges Seil

$$W = \frac{4}{3}\,0{,}7\,D \cdot 125 = 117\,D \text{ kg}$$

und für 1 m langes 19litziges Seil

$$W = \frac{7}{5} \cdot 0{,}7\,D \cdot 125 = 123\,D \text{ kg.}$$

Beispiel: Eine Bahnanlage, deren Fahrdraht (50 qmm Querschnitt, 8 mm Durchm.) in Abständen von 40 m aufgehängt ist, erhält ihren Strom durch eine Zuführungsleitung von 70 qmm Querschnitt (19drähtiges Kupferseil, $D = 11$ mm), die auf Holzmasten (20 cm Zopfstücke und 30 cm Durchm. an der Einspannstelle) in Abständen von 80 m und in Höhe von 8,5 m verlegt ist.

Es soll ermittelt werden:

1. Wie groß sind die Abweichungen des Fahrdrahtes und der Zuführungsleitung aus ihren senkrechten Ruhelagen, wenn die stärkste Windbelastung bei 10° C auftritt?

2. Welchen Winddruck nimmt der Holzmast der Zuführungsleitung auf?

Der Durchhang f bei 10° C beträgt nach den Kurventabellen unter „Beanspruchung der Leitungsdrähte"

a) für den Fahrdraht 37 cm bei $p_{max} = 10$ kg/qm,

b) für das Kupferseil 105 cm bei $p_{max} = 14$ kg/qm.

Zu 1. Der Winddruck auf den Fahrdraht beträgt

$$W = 87,5 \cdot 0,008 \cdot 40 = 28 \text{ kg.}$$

Das Eigengewicht des Fahrdrahtes beträgt

$$50 \cdot 0,009 \cdot 40 = 18 \text{ kg,}$$

die Resultierende aus Eigengewicht und Winddruck

$$R = \sqrt{W^2 + g^2} = \sqrt{28^2 + 18^2} = 33,4 \text{ kg}$$

$$\sin a = \frac{W}{R} = \frac{28}{33,4} = 0,838$$

$$a = 57^0$$

$$E = f \sin a = 37 \cdot 0,838 = 31 \text{ cm}$$

$$E = \frac{fW}{\sqrt{W^2 + g^2}} = \frac{37 \cdot 28}{33,4} = 31 \text{ cm.}$$

Der Winddruck auf das Seil beträgt

$$W = 123 \cdot 0,011 \cdot 80 = 108,3 \text{ kg,}$$

das Eigengewicht des Seiles

$$g = 70 \cdot 0,009 \cdot 80 \sim 51 \text{ kg,}$$

die Resultierende aus Eigengewicht und Winddruck

$$R = \sqrt{W^2 + g^2} = \sqrt{108,3^2 + 51^2} = 120 \text{ kg}$$

$$\sin a = \frac{W}{R} = \frac{108,3}{120} = 0,9025$$

$$a = 64^0\ 30'$$

$$E = f \sin a = 105 \cdot 0,9025 \sim 94,75 \text{ cm, oder}$$

$$E = \frac{f \cdot W}{\sqrt{W^2 + g^2}} = \frac{105 \cdot 108,3}{120} \sim 94,75 \text{ cm.}$$

Zu 2. Der Winddruck auf den Mast ist

$$W = 87,5\ d \cdot \text{Länge des Mastes}$$

$$= 87,5 \cdot \frac{0,2 + 0,3}{2} \cdot 9 \sim 197 \text{ kg.}$$

Der mittlere Durchmesser d beträgt

$$\frac{0,2 + 0,3}{2}.$$

Der Winddruck greift im Schwerpunkt der gedrückten Fläche (Trapez) an. Dieser Abstand liegt von der Erdoberfläche in $\sim \frac{1}{2} \times$ der über Erdboden befindlichen Mastlänge $= 4,5$ m.

Genauer gerechnet liegt der Schwerpunkt von Erde

$$\frac{D + 2d}{D + d} \cdot \frac{h}{3}$$

$$= \frac{0,3 + 2 \cdot 0,2}{0,3 + 0,2} \cdot \frac{9}{3} = 4,2 \text{ m}.$$

Es ergibt sich durch den Winddruck ein Moment von

$$M_w = P\,l = 4,2 \cdot 197 \text{ kg} = 827,4 \text{ mkg},$$

welches in Höhe von 8,5 m (Höhe der Leitungsaufhängung über Einspannstelle) eine Angriffskraft

$$P_w = \frac{827,4}{8,5} = 97,34 \sim 97,5 \text{ kg}$$

ergibt.

X. Maste.

1. Arten.

Für Bahnanlagen, gleichgültig, ob für die Fahr- oder Speiseleitungen, kommen hauptsächlich nachstehende Masten in Betracht:

1. Holzmaste,
2. Gittermaste,
3. Röhrenmaste und
4. Eisenbetonmaste.

Die Bestimmung, welche Art Masten für die betr. Anlage Verwendung finden soll, wird durchschnittlich von dem Auftraggeber festgelegt, so daß der projektierende Ingenieur nur Vorschläge machen kann.

Die auf die Leitungen einwirkenden Kräfte, wie Zuggewicht und Windbelastung, müssen von den Masten aufgenommen werden. Die Maste in gerader Strecke dienen nur als Stützpunkte und werden bei gleichen Spannweiten der Felder durch den Leitungszug nicht beansprucht, sondern nur durch den Winddruck auf die eigene Fläche und auf die Leitungen. Die Maste müssen in Richtung der Leitungen möglichst elastisch sein, damit beim Reißen der Drähte dieselben nachgeben, ohne beschädigt zu werden. Die Maste können also außer auf Zug, Druck und Biegung auch noch auf Verdrehung beansprucht werden. Bei Berechnungen der Freileitungsmasten sind unbedingt die Normalien des V.D.E. für Freileitungen zu berücksichtigen.

Die Ausführungsbedingungen und Berechnungsvorschriften für Bahnstromleitungen der deutschen Reichsbahn schreiben für Eisenmaste eine zulässige Beanspruchung zu 1500 kg/qcm vor.

a) Holzmaste.

Die Holzmaste sind am wenigsten teuer und ermöglichen daher eine billige Anlage. Ihre Verwendung kommt hauptsächlich in holzreichen Gegenden in Betracht. Ein Vorzug der Holzmaste ist ihr Isolationsvermögen. Bei Nässe und eintretender Fäulnis wird dasselbe jedoch bedeutend verringert, übertrifft aber stets das der Eisenmaste. Für Holzmaste kommen hauptsächlich in Betracht die Kiefer oder Föhre, die Lärche, die Tanne und die Fichte. In fremden Ländern benutzt man auch Zeder, Kastanie und Bambus. Harzreiche Hölzer (nicht imprägniert) weisen eine größere Haltbarkeit auf als harzarme Hölzer. Rasch gewachsene Baumstämme faulen schneller als solche mit langsamem Wuchs. Das für Maste zu verwendende Holz muß im November—März gefällt werden, da in diesem Zeitraum der Saft der Bäume zurückgetreten ist und dieselben der Fäulnis besser Widerstand leisten. Nach dem Fällen müssen die Stämme gut getrocknet werden.

Durch den natürlichen Wuchs entsteht eine Verjüngung, die durchschnittlich für den Durchmesser 1 cm für den lfd. m beträgt. Der Durchmesser an der Einspannstelle ist gleich dem 1,5 fachen des Zopfdurchmessers zu setzen.

Die Maststangen sollen wirkliche Stammenden von geradem, gesundem Wuchs sein, dürfen keine Ast- und Spaltlöcher haben und nicht schwammig oder kernrissig sein. Drehwüchsige (spiralförmig gedrehte) Maste dürfen nicht verwendet werden, da dieselben beim Austrocknen sich weiter verdrehen, die Leitungen verwerfen und unzulässig beanspruchen.

Um das Regenwasser vom Zopfende besser ablaufen zu lassen, genügt es, wenn man dasselbe kegelförmig zuschneidet und mit heißem Teer- oder Asphaltanstrich versieht.

Die Lebensdauer eines nicht imprägnierten Mastes beträgt 7 bis 8 Jahre, jedoch wird die Lebensdauer derselben durch Imprägnierung bedeutend erhöht. Die angewandten Konservierungsverfahren sind das Tränken mit Kupfervitriol, mit Zinkchlorid, mit Kreosotöl und mit Quecksilberchlorid (Kyanisieren). Nach einer Statistik des Reichspostamtes beträgt die durchschnittliche Lebensdauer der mit Kupfervitriol getränkten Maste 11,7 Jahre, diejenige der kyanisierten Maste nach den Veröffentlichungen der Bayerischen Telegraphenverwaltung 17,5 Jahre. Die mit Teeröl getränkten Maste dürften sogar die Lebensdauer der kyanisierten Maste etwas übertreffen, jedoch liegen hierüber genaue statistische Unterlagen nicht vor.

Da bei größeren Spannweiten durch den Winddruck größere Beanspruchungen auftreten als für die Festigkeit eines einzelnen Holzmastes zulässig ist, so hilft man sich dadurch, daß man zwei Maste in A-Form oder H-Form (Abb. 348 u. 349) zusammensetzt.

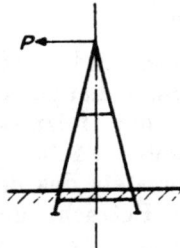 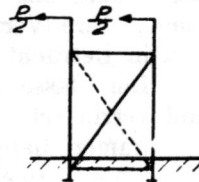

Abb. 348.   Abb. 349.

Die letztere Form wird weniger verwendet, während die gefällige Ausführung der A-Maste sogar für Spannweiten bis zu 150 m benutzt wird. Durch die Zusammensetzung zweier Maste zur A-Form ist die 4—5fache Sicherheit eines einzelnen Mastes gleicher Stärke erreicht, wenn die Mastfüße etwa 1 : 8 der Mastlänge gespreizt werden und die Zopfenden und Mastfüße so verbunden sind, daß ein Verschieben der einzelnen Mastteile ausgeschlossen ist. Will man die Festigkeit eines A-Mastes erhöhen, so ist in $\frac{1}{3}$ bis $\frac{1}{2}$ Masthöhe ein Querriegel dazwischen passend anzubringen.

Das Biegungsmoment ist $M = PL$, wenn L die Länge des Mastes über Erde bis zum Kraftangriffspunkt und P die am Hebelarm angreifende Kraft ist. Zwischen dem Widerstandsmoment W, der zulässigen Beanspruchung k_b und M besteht bekanntlich die Beziehung

$$M = W \cdot k_b.$$

Für den kreisrunden Querschnitt ist $W = \frac{\pi}{32} d^3$, also

$$M = P \cdot L = \frac{\pi}{32} d^3 k_b.$$

Der Durchmesser an der Einspannstelle D_u errechnet sich aus der vorstehenden Gleichung zu

$$D_u = 2{,}15 \sqrt[3]{\frac{PL}{k_b}}.$$

Da die Verjüngung eines Holzmastes durchschnittlich für 1 m Länge etwa 1 cm beträgt, so ergibt sich für den mittleren Durchmesser

$$\frac{D_u + D_0}{2} = D_u - \frac{L}{2},$$

wobei L in m.

Nach den Normalien für Freileitungen des V.D.E. müssen für Hochspannungsleitungen Maste mindestens eine Zopfstärke von 15 cm aufweisen. Bei A-Masten und gekuppelten Stangen ist eine Herabsetzung der Zopfstärke bis auf 12 cm zulässig. Ferner ist bei Berechnung der Holzmaste der Winddruck mit 125 kg/qm senkrecht getroffener Fläche der Leitungen und Konstruktionsteile anzunehmen. Bei Leitungen ist die Fläche gleich dem 0,5 fachen, bei Masten gleich dem 0,7 fachen des Durchmessers, multipliziert mit der Länge, in Rechnung zu setzen.

Weiter heißt es in den Normalien:

„An Stelle der Rechnung auf vorstehender Grundlage kann für gerade Strecken und einfache Holzmaste die Zopfstärke Z entsprechend der Formel

$$Z = 1{,}2 \sqrt{D \cdot H}$$

bestimmt werden, wobei für die Stangenabstände folgende Höchstwerte zulässig sind:

Für Linien mit einem Gesamtquerschnitt der Leitungsdrähte und Schutzdrähte:

a) bis 110 qmm . . . . . . 80 m
b) über 110 bis 210 qmm. . 60 m
c) über 210 bis 300 qmm. . 50 m
d) über 300 qmm . . . . . 40 m

In obiger Formel bedeutet D die Summe der Durchmesser aller an dem Mast verlegten Leitungen in mm und H die mittlere Höhe in m der Leitungen am Mast.“

Was nun die Beanspruchung der Maste betrifft, so lauten die Normalien für Freileitungen des V.D.E.:

„Die Beanspruchung der Maste darf bei imprägnierten oder gegen Fäulnis in anderer Weise geschützten Stangen oder bei solchen aus besonders widerstandsfähigen Holzgattungen (wie z. B. Lärche) 110 kg/qcm, bei nicht imprägnierten Weichholzstangen 80 kg/qcm nicht überschreiten. Die gleichen Werte sind auch der Berechnung zusammengesetzter Stützpunkte (A-Maste, Doppelmaste usw.) zugrunde zu legen.“

Ein Bahnmast ist häufig, wie Abb. 350 zeigt, belastet, und zwar durch das Gewicht der Fahrleitung G_f, des Auslegers G_a, durch den Kurvenzug in der Fahrleitung H_f und in der Speiseleitung H_s und durch den Winddruck auf die Fahrleitung W_f, auf die Speiseleitung W_s und auf den Mast W_m.

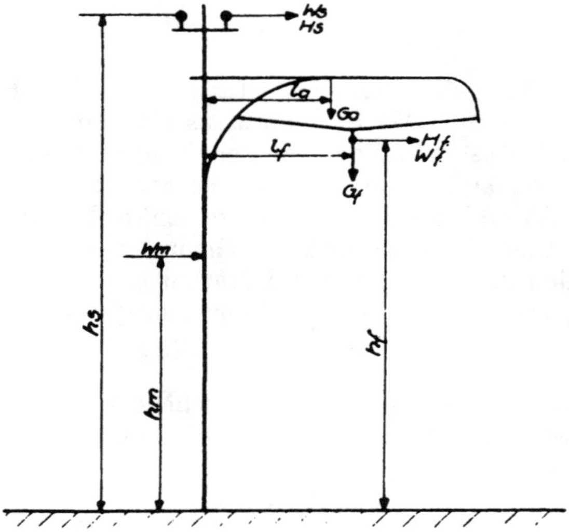

Abb. 350.

Das Gesamtbiegungsmoment ergibt sich zu:

$$M = G_f \cdot l_f + G_a \cdot l_a + H_f \cdot h_f + H_s \cdot h_s + W_f \cdot h_f + W_s \cdot h_s + W_m \cdot h_m.$$

b) Gittermaste.

Berechnungen von Gittermasten werden wohl selten zur Tätigkeit eines Projektepingenieurs oder Bauleiters gehören. Für die Gittermaste anfertigenden Werke genügt durchschnittlich die Angabe des Spitzenzuges, der Länge über Erde und der Einsatztiefe. Werden vom Kunden statische Berechnungen der Maste eingefordert, so wird man gut tun, dem heute in jeder Bahnabteilung beschäftigten Statiker diese Arbeit zu überlassen oder sich an den Lieferanten zu wenden. Über Maste gibt es genügend Literatur, so daß auch jeder Ingenieur in der Lage ist, sich mit derartigen Berechnungen vertraut zu machen. Hier sei auf das Werk „Freileitungsbau-Ortsnetz" von F. Kapper aufmerksam gemacht.

Alle Maste sind so zu konstruieren, daß bei den für die einzelnen Typen angegebenen Horizontalzügen die vorgeschriebene Sicherheit gegen Bruch an allen Stellen vorhanden ist.

Die Gittermaste sind aus Profileisen mit Flacheisenverstrebungen anzufertigen.

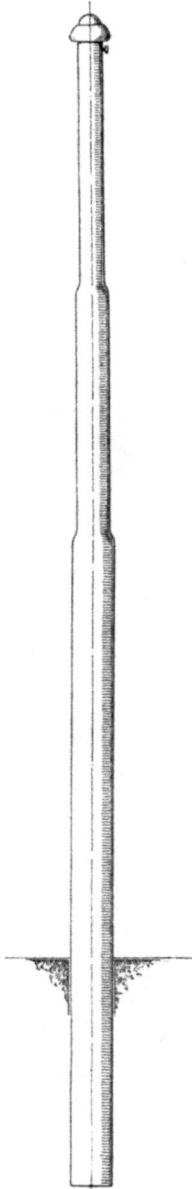

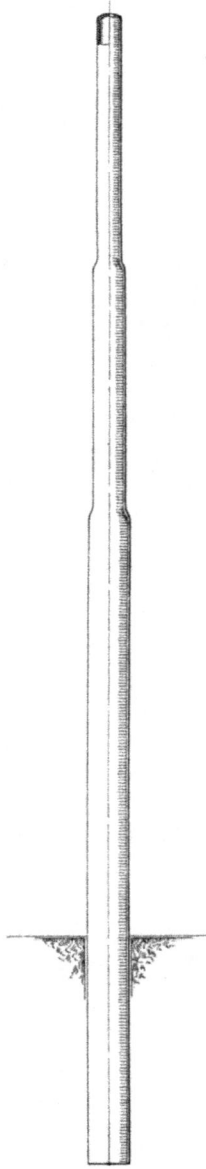

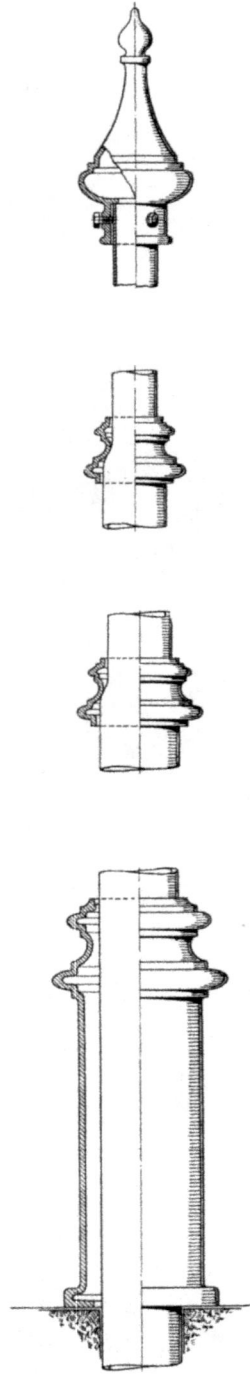

Abb.

A

Abb. 353.

Abb. 354.

Abb. 355.

Abb

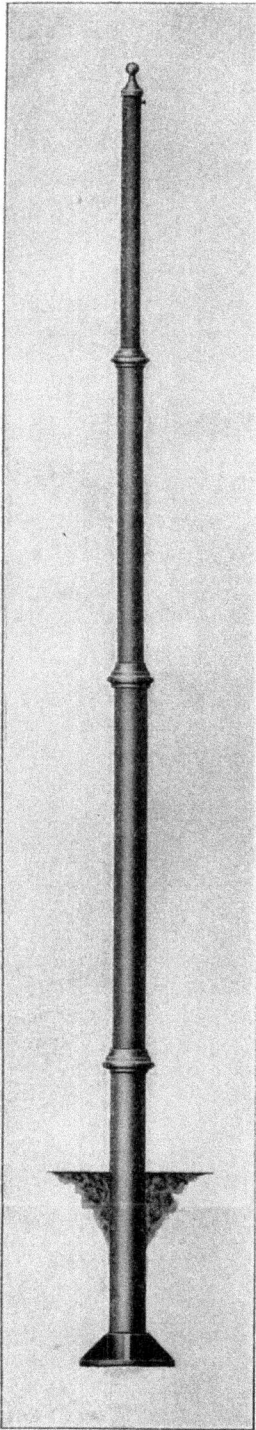

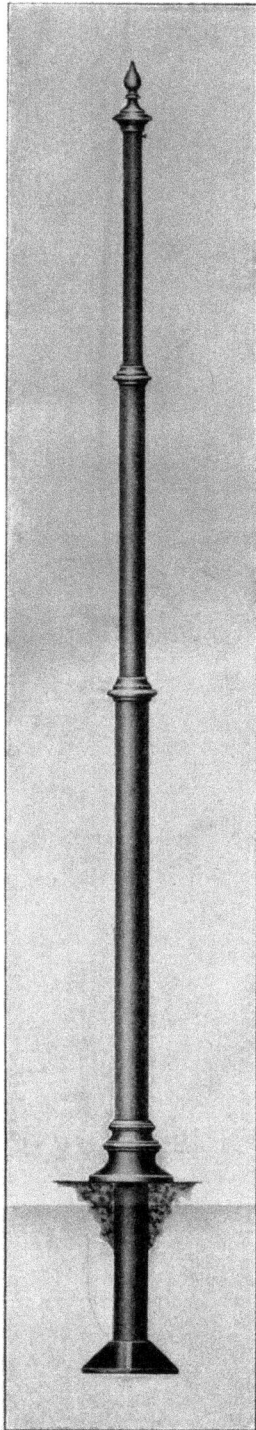

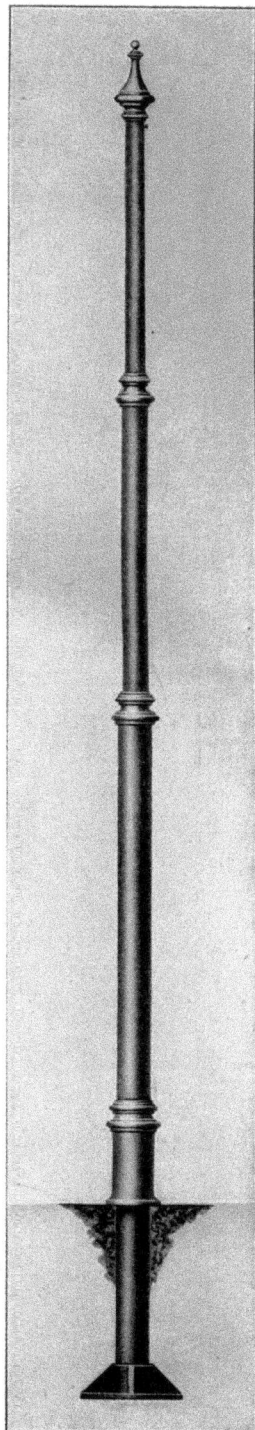

Abb. 359.   Abb. 360.   Abb. 361.

Das zur Verwendung kommende Material, Flußeisen, muß dicht, gut stauchbar, weder kalt- noch rotbrüchig, noch langrissig sein, eine glatte Oberfläche zeigen und darf weder Kantenrisse noch sonstige unganze Stellen haben.

Eine bleibende Formveränderung soll bei wiederholter Belastung bei den Masten nicht eintreten.

Die Maste sind innen und außen mit Mennige sorgfältig zu grundieren; bis an die Oberkante der Bodenbleche sind die Maste innen und außen mit einem heiß aufgebrachten Asphaltanstrich zu versehen.

Sollen die Gittermaste einen gußeisernen Kopf mit ornamentaler Ausführung erhalten, so müssen diese Köpfe in das entsprechende Mastende gut eingepaßt sein und dürfen nicht mit dem Hammer eingetrieben werden. Gesprungene oder sonst beschädigte Köpfe sind von der Verwendung auszuschließen.

c) Röhrenmaste.

Für einen Röhrenmast, dessen Querschnitt ein Kreisring ist, gilt

$$M = P l = \frac{\pi}{32} \frac{d^4 - d_1^4}{d} k_b,$$

wenn d den äußeren und d_1 den inneren Durchmesser bedeutet.

Die in der Praxis gebräuchlichsten Röhrenmaste für Bahnanlagen bestehen aus Stahlrohr mit einem Unter-, Mittel- und Oberschuß. Die einteilig nahtlos gewalzten Maste sind den mehrteilig zusammengesetzten vorzuziehen, da Fracht, Montage und Festigkeit (bei gleicher Wandstärke) zugunsten der ersteren sprechen.

Die Röhrenmaste müssen innen in ihrer ganzen Länge und an der Außenseite, soweit sie in den Erdboden gesetzt werden (Einsatztiefe), zuzüglich etwa 300 mm über Bodenlinie, heiß asphaltiert werden.

Von den Mannesmannröhren-Werken, Düsseldorf, wird ein einwandfreier guter Mast geliefert, der gut erprobt und weit verbreitet ist. Es ist dies der sog. „einteilige Straßenbahnmast aus nahtlos gewalztem Mannesmannstahlrohr" (Abb. 351 bis 354), der auch gleichzeitig für einfache Fernleitungen in Betracht kommt.

Für Hochspannungsleitungen fertigt diese Firma „zerlegbare Masten aus Mannesmann-Stahlrohr" an. Die Abb. 355 bis 361 zeigen deren Straßenbahnmaste mit einfachen Gußverzierungen.

In nachstehender Tabelle sind zu den vorgenannten Masten die gebräuchlichsten Abmessungen wiedergegeben.

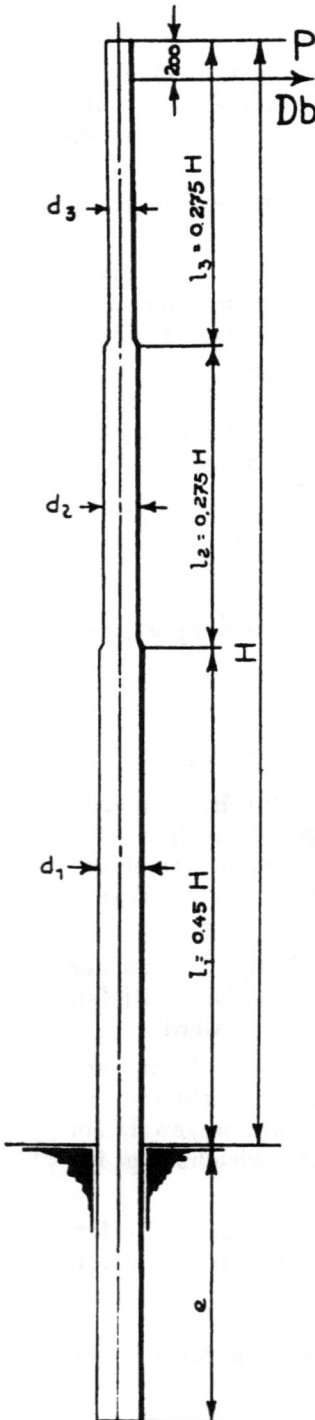

Abb. 351.

Einteilige Straßenbahnmasten

aus nahtlos gewalztem Mannesmannstahlrohr

in den gebräuchlichsten und bewährtesten
Abmessungen.

Mast	Horizontalzug	Bruchsicherheit	Durchbiegung am Angriffspunkt	Höhe über Erde	Erdstück	Durchmesser und Wandstärken				Stückgewicht	Je 100 mm Erdstück mehr oder weniger
	P	Si	Db	H	e	d_1	d_2	d_3	s		
Nr.	kg	ca.fach	mm	mm	mm	mm	mm	mm	mm	ca. kg	ca. kg
1	100	5,8	116	6000	1500	133	105	80	4	86	1,36
2	100	6	122	6500	1500	140	110	80	4,5	109	1,49
3	100	6,1	135	7000	1500	146	115	90	4,5	119	1,55
4	100	6,2	146	7500	1500	152	120	90	4,5	133	1,62
5	100	6,4	152	8000	1500	159	130	100	4,5	147	1,70
6	100	6,5	166	8500	1500	165	130	100	4,5	158	1,76
7	250	4,3	110	6000	1500	178	140	105	4,5	130	1,92
8	250	4,7	122	6500	1500	178	140	105	5,5	168	2,35
9	250	4,9	130	7000	1500	187	150	115	5,5	187	2,45
10	250	4,8	146	7500	1500	191	155	115	5,5	203	2,49
11	250	5	152	8000	1500	203	160	125	5,5	228	2,66
12	250	5,1	166	8500	1500	203	160	125	6	256	2,91
13	400	4,3	100	6000	1500	203	160	125	5,5	180	2,66
14	400	4,2	116	6500	1500	203	160	125	6	208	2,91
15	400	4,4	125	7000	1500	216	170	130	6	236	3,08
16	400	4,4	142	7500	1500	216	170	130	6,5	267	3,32
17	400	4,7	144	8000	1500	229	180	140	6,5	300	3,56
18	400	5	151	8500	1500	241	190	140	6,5	336	3,72
19	600	3,4	116	6000	1500	216	170	130	6	208	3,08
20	600	3,9	116	6500	1500	229	180	140	6,5	255	3,56
21	600	4	121	7000	1500	241	190	140	6,5	285	3,72
22	600	4,2	125	7500	1500	254	205	155	6,5	326	3,97
23	600	4	152	8000	1500	254	205	155	6,5	344	3,97
24	600	4,3	147	8500	1500	267	215	160	7	406	4,50
25	800	3,5	100	6000	1500	241	190	140	6,5	252	3,72
26	800	3,6	116	6500	1500	254	205	155	6,5	290	3,97
27	800	3,4	133	7000	1500	254	205	155	6,5	309	3,97
28	800	3,7	133	7500	1500	267	215	160	7	367	4,50
29	800	3,7	155	8000	1500	267	215	160	7,5	413	4,82
30	800	3,8	163	8500	1500	279	225	170	7,5	453	4,98

Material: Die Masten werden aus nahtlos gewalztem Stahlrohr von
55—65 kg/qmm Festigkeit bei ca. 15°/₀ Dehnung hergestellt.

Anstrich: Alle Masten werden innen in ganzer Länge, an der Außenseite bis 300 mm über der Bodenlinie heiß asphaltiert; der übrige Teil der Außenseite jedes Mastes ist mit einmaligem Grundanstrich versehen.

Toleranzen: ± 5°/₀ in der Durchbiegung ± 1°/₀ im äußeren Durchm.
± 10°/₀ auf das Stückgewicht ± 40 mm in den Schußlängen
± 5°/₀ auf das Totalgewicht ± 10 mm in den Totallängen.
± 10°/₀ in der Wandstärke

Einteilige Straßenbahnmasten

aus nahtlos gewalztem Mannesmannstahlrohr

in den gebräuchlichsten und bewährtesten Abmessungen.

Mast	Horizontaltzug	Bruchsicherheit	Durchbiegung am Angriffspunkt	Höhe über Erde	Erdstück	Durchmesser und Wandstärken				Stückgewicht	Je 100 mm Erdstück mehr oder weniger
	P	Si	Db	H	e	d_1	d_2	d_3	s		
Nr.	kg	ca. fach	mm	mm	mm	mm	mm	mm	mm	ca. kg	ca. kg
31	1000	3,1	108	6000	1500	254	205	155	6,5	273	3,97
32	1000	3,4	110	6500	1500	267	215	160	7	327	4,5
33	1000	3,2	135	7000	1500	267	215	160	7	348	4,5
34	1000	3,5	140	7500	1500	279	225	170	7,5	408	4,98
35	1000	3,6	151	8000	1500	292	230	170	7,5	446	5,22
36	1000	3,7	163	8500	1500	305	240	180	7,5	497	5,47
37	1300	3,1	110	6000	1500	267	215	160	7,5	329	4,82
38	1300	3,1	116	6500	1500	279	225	170	7,5	362	4,98
39	1300	3,2	129	7000	1500	292	230	170	7,5	401	5,22
40	1300	3,2	142	7500	1500	305	240	190	7,5	448	5,47
41	1300	3,2	154	8000	1500	318	250	190	7,5	491	5,65
42	1300	3,3	170	8500	1500	318	250	190	8	550	6,02
43	1600	3	100	6000	1500	292	230	170	7,5	355	5,22
44	1600	3	112	6500	1500	305	240	190	7,5	396	5,47
45	1600	3	127	7000	1500	318	250	190	7,5	441	5,65
46	1600	3	146	7500	1500	318	250	190	8	495	6,02
47	1600	3,2	154	8000	1500	318	250	190	9,5	612	7,12
48	1600	3,5	166	8500	1500	318	250	190	11	742	8,19
49	1900	3	92	6000	1500	318	250	190	7,5	390	5,65
50	1900	3	115	6500	1500	318	250	190	8	440	6,02
51	1900	3	130	7000	1500	318	250	190	9	523	6,75
52	1900	3	146	7500	1500	318	250	190	10	610	7,47
53	1900	3,2	156	8000	1500	318	250	190	11,5	731	8,55
54	1900	3,2	177	8500	1500	318	250	190	12	800	8,99

Material: Die Masten werden aus nahtlos gewalztem Stahlrohr von 55—65 kg/qmm Festigkeit bei ca. 15% Dehnung hergestellt.

Anstrich: Alle Masten werden innen in ganzer Länge, an der Außenseite bis 300 mm über der Bodenlinie heiß asphaltiert; der übrige Teil der Außenseite jedes Mastes ist mit einmaligem Grundanstrich versehen.

Toleranzen: ± 5% in der Durchbiegung ± 1% im äußeren Durchm.
± 10% auf das Stückgewicht ± 40 mm in den Schußlängen
± 5% auf das Totalgewicht ± 10 mm in den Totallängen.
± 10% in der Wandstärke

17*

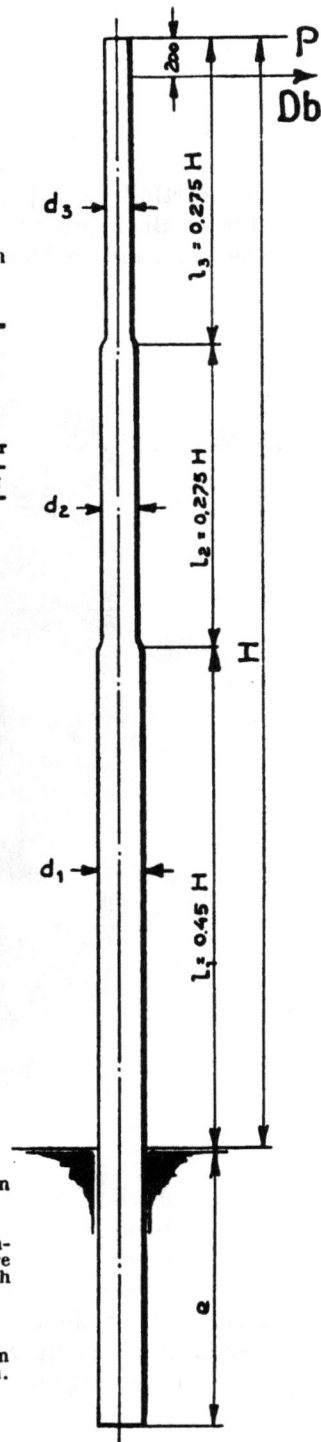

Abb. 352.

d) Eisenbetonmaste.

Diese Mastart hat heute bereits große Verwendung gefunden. Vorzüge der Betonmaste sind die praktisch unbegrenzte Lebensdauer, der Fortfall eines jeden Anstriches und des Fundamentes bei nicht zu starker Beanspruchung und der Widerstand gegen chemische Einflüsse, wie säurehaltige Dämpfe usw.

Abb. 362.

Nachteile derselben sind ihr schwereres Gewicht und ihre Empfindlichkeit beim Transport, da sie bei nicht sachgemäßer Behandlung leicht bestoßen werden.

Die Verwendungsmöglichkeit der Eisenbetonmaste dürfte unbegrenzt sein, technische Beschränkungen bestehen wohl kaum. Die Verwendung irgendeiner Mastart (aus Holz, Eisen oder Eisenbeton) ist jedoch eine Frage der Wirtschaftlichkeit und kann an dieser Stelle nicht

entschieden werden, da hierfür die Wirtschaftlichkeitsberechnung erforderlich ist. Eisenbetonmaste werden von mehreren Firmen nach
den verschiedensten Verfahren, z. B. durch Stampfen, Rütteln und
Schleudern hergestellt.

Abb. 363.

Da nicht alle Arten dieser Maste beschrieben werden können und
die fabrikmäßig hergestellten wohl die beste Gewähr für ein gutes Er-
zeugnis geben, so sollen hier in Wort und Bild die dem Verfasser von
seiner Bautätigkeit bekannten „geschleuderten Stahlbetonmaste" der

Biegungsversuche an runden geschleuderten Stahlbetonmasten.

Gesamte Mastlänge in m	Freie Mastlänge in m	Normale Belastung an d. Sp. in kg	Bruch-sicherheit	Abbiegung an der Spitze			Bleibende Aus-biegung mm
				bei einer Belastung von kg	in mm	in °/₀ der freien Mast-länge	
9,0	7,5	200	3-fach	200	22	0,33	0
				300	51	0,68	
				400	75	1,0	
9,0	7,5	500	3-fach	500	40	0,53	2
				750	70	0,93	
				1000	115	1,15	
9,0	7,5	1400	3-fach	1400	90	1,2	5
				1800	125	1,6	
				2100	150	2,0	
10,0	8,0	580	3-fach	580	80	1,0	6
				750	110	1,38	
				900	142	1,75	
11,0	9,0	600	3-fach	600	150	1,04	5
				750	195	1,66	
				900	228	2,5	
12,0	10,0	300	3-fach	300	52	0,52	0
				450	90	0,90	
				600	127	1,27	
13,0	11,0	500	3-fach	500	124	1,12	4
				625	169	1,53	
				750	218	2,0	
14,0	12,0	550	3-fach	550	60	0,5	0
				825	90	0,75	
				775	125	1,05	
18,5	16,5	515	3-fach	515	165	0,9	10
				575	294	1,7	
				1030	422	2,7	
18,6	16,6	530	4-fach	530	186	1,1	12
				700	245	1,5	
				800	325	2,0	
19,2	16,25	650	3-fach	650	110	0,66	25
				800	175	1,05	
				975	240	1,43	
20,45	17,7	660	2,6-fach	660	240	1,35	0
				850	285	1,60	
				1000	330	1,85	
21,5	19,0	610	3-fach	610	142	0,75	8
				900	258	1,36	
				1220	400	2,1	

Firma Dyckerhoff & Widmann A.-G., Cossebaude bei Dresden, beschrieben werden. Dieser geschleuderte Stahlbetonmast ist ein Hohlmast, der in der obengenannten Fabrik für alle erforderlichen Spitzenbelastungen und Längen maschinell hergestellt wird. Bis zu 24 m Länge wird er aus einem Stück, darüber hinaus durch Aneinanderkupplung zweier Schleuderstücke hergestellt. Soweit dem Verfasser bekannt ist, sind derartige Maste bis zu 33,3 m Länge angefertigt. Bei außergewöhnlich großer Belastung werden Doppelmastkonstruktionen ausgeführt (Abb. 346).

Die geschleuderten Betonmaste zeichnen sich durch ihre große Bruchsicherheit und durch gute Elastizität aus (Abb. 362). Beim Reißen der Leiter werden sie durch Überlastungen nicht umbrechen, sondern sich mehr oder weniger stark ausbiegen. Sie sind deshalb auch vom Reichsverkehrsministerium und Reichspostministerium für Kreuzungen von Hochspannungsleitungen mit Eisenbahngleisen und Telegraphenleitung zugelassen.

Das Schleuderverfahren gestattet eine vielseitige architektonische Formgebung der Maste. Abb. 363 gibt die Armierung des Schleuderbetonmastes in der Fabrik wieder.

Nebenstehende Tabelle gibt Angaben über Biegungsversuche an runden geschleuderten Stahlbetonmasten.

Nach den in Deutschland gültigen behördlichen Vorschriften ist bei der vorgeschriebenen Spitzenbelastung eine Abbiegung der Maste bis zu 2% der freien Länge zulässig.

Nach den vorstehenden Prüfungsergebnissen ist diese Forderung bei den Schleuderbetonmasten gewährleistet, zumal noch anzunehmen ist, daß auch bei längerer Ruhe die bleibende Ausbiegung auf 0 zurückgeht.

2. Standfestigkeit.

Die Berechnung der Standfestigkeit der Maste gehört zum Arbeitsfeld des Statikers. Da jedoch der Bauleiter oft in die Lage kommt, selbst die Größe des Fundamentes bestimmen zu müssen, so soll das nachstehende Beispiel einen Anhalt für eine derartige Berechnung geben.

Für einen Mast aus ⊏-Eisen Profil Nr. 12 mit einem Spitzenzug von 500 kg ist das Fundament zu bestimmen. Das Gewicht der Leitungen einschließlich Zusatzlast beträgt 120 kg.

Die Gesamtlänge des Mastes beträgt 12 m, die Einsatztiefe 2 m und das Gewicht 500 kg.

Die zulässige Bodenpressung darf 4 kg/qcm nicht überschreiten.

Die Fundamentmaße werden zu 0,84 · 0,8 · 2,0 m angenommen (Abb. 364). Im nachstehenden soll nun untersucht werden, ob diese

Maße für die Standfestigkeit des Mastes genügen. Das aus Beton hergestellte Fundament wiegt bei einem spez. Gewicht des Betons von 2,2

$$0,84 \cdot 0,8 \cdot 2 \cdot 2200 = 2957 \text{ kg.}$$

Durch das Gesamtgewicht des Mastes, der Leitungen und des Fundamentkörpers entsteht eine symmetrische Bodenpressung. Bezeichnet man mit:

σ die Druckspannung,
ΣG die Summe aller lotrechten Kräfte (Gewichte),
F die Fundamentfläche,

so erhält man folgende Gleichung:

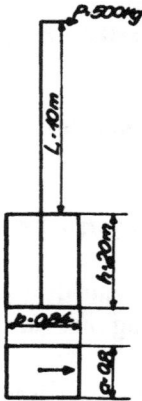

Abb. 364.

$$\sigma_s = \frac{120 + 500 + 2975}{84 \cdot 80} = 0,53 \text{ kg.}$$

Denkt man sich nun auf dem Betonsockel mit den Grundrißabmessungen a und b (Abb. 365) eine Last Q außerhalb der Mitte von b im Abstand x angreifend, so entsteht eine unsymmetrische Bodenpressung.

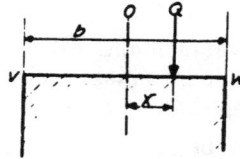

Abb. 365.

Setzt man die Bodenpressung σ_v im Punkte $v = 0$, so ist der Abstand

$$x = \frac{b}{6} \quad \text{und} \quad \sigma_w = \frac{2Q}{ab}.$$

Hierbei wird vorausgesetzt, daß Q symmetrisch auf Seite a wirkt.

Eine derartige unsymmetrische Bodenpressung entsteht nun durch den einseitigen Spitzenzug $P = 500$ kg.

Für dies Beispiel $\sigma_v = 0$ gesetzt, ergibt für $x = \dfrac{84}{6}$.

Die für den Boden zulässige Bodenpressung ist in der Aufgabe mit 4 kg/qcm angegeben. Zieht man von diesem Wert die errechnete symmetrische Bodenpressung ab, so verbleibt für die unsymmetrische Bodenpressung σ_w der sich ergebende Rest

$$4,0 - 0,53 = 3,47 \text{ kg/qcm.}$$

Die unsymmetrische Bodenpressung darf also eine Größe bis zu 3,47 kg/qcm erreichen.

Abb. 366 zeigt die symmetrischen und unsymmetrischen Bodenpressungen als Diagramm aufgezeichnet.

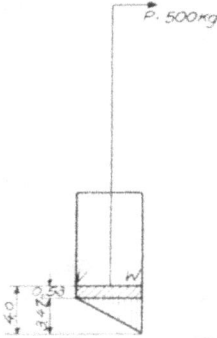 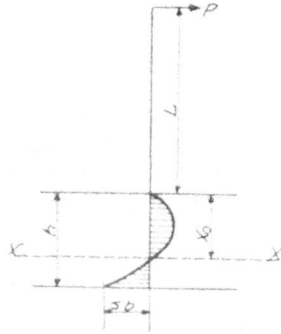

Abb. 366.   Abb. 367.

Das Moment, das die Grundfläche bei einer zulässigen Bodenpressung von 4 kg/qcm aufnimmt, ist

$$M = 84 \cdot 80 \cdot \frac{84}{6} \cdot \frac{3,47}{2} = 163\,228 \text{ cmkg.}$$

Wird ein im Erdreich eingespannter Mast durch ein Biegungsmoment beansprucht, so entstehen im Erdreich Spannungen (Abb. 367).

Die Einspannpressung beträgt

$$\sigma_b = \frac{12\,M}{a\,h^2}$$

(a ist die Breite des Fundamentes normal zur Bildebene, siehe Abb. 364).

Die Entfernung von Oberkante Erde bis zur x-x-Achse

$$x_0 = \frac{2}{3}\,h.$$

Das den Fundamentkörper angreifende Moment ergibt sich zu

$$M_F = P\left(L + \frac{2}{3}\,h\right) = 500\left(1000 + \frac{2}{3}\,200\right) = 566\,500 \text{ cmkg.}$$

Da nun aber von der Grundfläche nur ein Moment $M = 163\,228$ cmkg aufgenommen, aber durch die Kraft P ein Moment $M_F = 566\,500$ cmkg bedingt wird, so muß die Differenz zwischen M und $M_F = 566\,500$ — $163\,228 = 403\,272$ cmkg von der Einspannpressung aufgenommen werden.

Diesem Moment entspricht eine Einspannpressung

$$\sigma_b = \frac{12\,M}{a\,h^2} = \frac{12 \cdot 403\,272}{80 \cdot 200^2} = 1,51 \text{ kg/qcm.}$$

Der dieser Einspannpressung entgegenwirkende passive Erddruck ermittelt sich nach Gleichung

$$\sigma_p = \gamma \cdot h\,\text{tg}^2\left(45 + \frac{\varphi}{2}\right).$$

Hierin bedeutet:

γ = Gewicht der Hinterfüllungserde in kg/cm,
h = Höhe der Erdschicht in cm,
φ = natürlicher Böschungswinkel.

In der nachstehenden Tabelle sind Mittelwerte des Böschungswinkels φ und verschiedener Erdarten und deren Gewichte angegeben.

Erdart	Natürlicher Böschungswinkel in °	Gewicht γ kg/cbm	$\text{tg}^2\left(45 + \frac{\varphi}{2}\right)$
Trockener Lehmboden	43	1500	4,972
Nasser Lehmboden	25	2000	2,465
Trockene Tonerde	45	1600	5,808
Nasse Tonerde	25	2000	2,465
Nasser Kies	30	1850	2,992
Feuchtes Gerölle	40	1700	4,579

Besteht der Boden aus feuchtem Gerölle, so ergibt sich der passive Widerstand zu

$$\sigma_p = \frac{1700 \cdot 200 \cdot 4,58}{100 \cdot 100 \cdot 100} = 1,56 \text{ kg/cm.}$$

Da der Wert des passiven Erddrucks σ_p grösser ist als der, der durch die Erdeinspannung σ_b bedingt ist, so genügen die angenommenen Fundamentmasse $2,0 \cdot 0,84 \cdot 0,8$.

Bei Masten, die nicht in der Kurve stehen, also nicht durch Kurvenzug, sondern nur durch den Winddruck auf die Leitungen beansprucht werden, wird ein kleinerer Betonsockel genügen. Wenn die Mastlöcher sehr eng ausfallen, so ist zu berücksichtigen, daß der Arbeiter in dem engen Loch, weil er sich darin schlecht bewegen kann, weniger schnell vorankommt als in einem groß bemessenen. Es ist deshalb genau zu erwägen, ob die Ersparnis an Beton das Mehr an Löhnen aufwiegt.

Durch die Kraft P am Mast wird auch der Fundamentkörper selbst beansprucht. Ist a die Breite der drückenden Fläche (in diesem Fall der Mast; = 120 mm), so ist (Abb. 368)

$$\sigma_e = \frac{6\,M}{a\,h^2}\,;$$

das angreifende Moment ist

$$M = P\left(L + \frac{h}{2}\right) = 500\left(1000 + \frac{200}{2}\right) = 550\,000 \text{ cmkg}$$

$$\sigma_e = \frac{6\,M}{a\,h^2} = \frac{6 \cdot 550\,000}{12 \cdot 200^2} = 6{,}88 \text{ kg/qcm.}$$

Der Betonsockel wird also mit ~ 7 kg/qcm beansprucht. Aus der nachstehenden Talle („Statische Tabellen" von Franz Boerner) läßt sich für diese Beanspruchung die Betonmischung entnehmen.

Kiesbeton nach 28 Tagen	Druckfestigkeit kg/qcm
Mischung 1:2	400
,, 1:2½	350
,, 1:3	250
,, 1:4	230
,, 1:5	200
,, 1:6 .	150
,, 1:7	120
,, 1:8	100
,, 1:10	80
,, 1:12	60

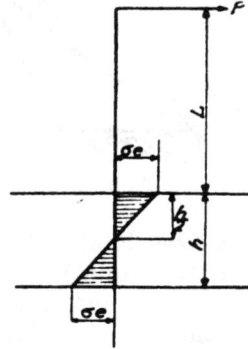

Abb. 368.

Bei einer vierfachen Sicherheit $(4 \cdot 7 = 28$ kg/qcm) würde bereits eine Mischung 1 : 12 genügen.

3. Bestimmung der Spitzenzüge.

Der Spitzenzug eines Mastes wird in den Geraden (von der Fahrdrahtverschiebung abgesehen) durch den Winddruck und in den Kurven und Winkelpunkten durch Kurvenzüge und Winddruck bedingt. In beiden Fällen wird in einer Richtung der Mast beansprucht.

Sobald nun noch zu diesem Zuge eine weitere Belastung in einer anderen Richtung tritt (Abb. 369), wird die Resultierende der beiden Kräfte die Richtung und die Größe der Belastung angeben. Dasselbe ist natürlich der Fall, wenn mehr als zwei Kräfte auf einen Mast einwirken.

Abb. 369.

Die Ermittlung der Richtung und der Größe der Resultierenden läßt sich sowohl rechnerisch (s. Rechnungsgang unter Winddruck), als auch zeichnerisch (graphisch) ermitteln. Das graphische Verfahren ist wegen seiner Einfachheit dem rechnerischen vorzuziehen und führt bedeutend schneller zum Ziel.

Da bei der Bestimmung eines Mastes 10 oder 20 kg Mehr- oder Min-
derbelastung gar nicht in Frage kommen, so spielen die durch das Auf-
zeichnen oder Ablesen entstehenden kleinen Fehler gar keine Rolle.

Die Errechnung der durch die Leitungen bedingten Kurvenzüge
ist bereits unter „Kurvenzüge" gezeigt. Nachstehend soll graphisch die
Ermittlung der Mittelkraft (Resultierende) von den in derselben Ebene,
aber in verschiedenen Richtungen angreifenden Kräften dargestellt
werden.

1. 2 Kräfte $P_1 = 350$ kg und $P_2 = 250$ kg beanspruchen einen
Mast in derselben Ebene (Abb. 370). Wie groß ist die Resultierende R?

Abb. 370.

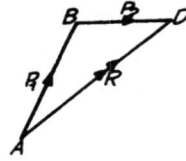

Abb. 371.

Wirken zwei Kräfte P_1 und P_2, die in derselben Ebene, aber nicht
in derselben Richtung liegen, sondern einen Winkel miteinander bilden
und ihrer Größe und Richtung nach durch die Linien AB und AC
bestimmt sind, auf den Punkt A, so stellt nach dem Parallelogramm-
gesetz die Diagonale AD des aus den beiden Kräften konstruierten
Parallelogramms ihrer Größe und Richtung nach die Mittelkraft R dar.

Zur Bestimmung von R braucht man nun nicht das ganze Paral-
lelogramm $ABCD$ zu konstruieren, sondern es genügt die Hälfte desselben, das Dreieck ABD (Abb. 371).

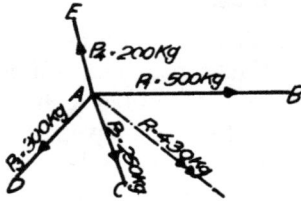

Abb. 372.

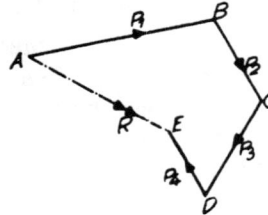

Abb. 373.

Man trägt zu dem Zweck in einer besonderen Zeichnung die Kraft P_1
in Größe und Richtung nach auf und zeichnet die Kraft P_2 von Punkt B
aus so ein, daß die Pfeilrichtung sich nicht ändert. Der Linienzug ABD
wird durch die Gerade AD zu einer geschlossenen Figur, dem sog.
Kräftedreieck. Die Gerade heißt deshalb die Schlußlinie, sie stellt
ihrer Größe und Richtung nach die Mittelkraft der Kräfte P_1 und P_2

dar. Die Pfeilrichtung der Mittelkraft geht immer vom Anfangspunkt A nach dem Endpunkt D des Kräftezuges. Mit andern Worten ausgedrückt: Die Kräfte werden mit schwimmenden Pfeilen aneinandergereiht, während die Mittelkraft stets entgegengesetzte Pfeilrichtung hat.

2. 4 Kräfte $P_1 = 500$ kg, $P_2 = 250$ kg, $P_3 = 300$ kg und $P_4 = 200$ kg greifen einen Mast in derselben Ebene an (Abb. 372 u. 373). Wie groß ist die Resultierende R?

Hat man drei oder mehrere Kräfte, die auf denselben Punkt A wirken, so bildet man, wie eben beschrieben, einen Linienzug mit demselben Umfahrungssinn und zieht die Schlußlinien. Die Schlußlinie stellt die Mittelkraft sämtlicher Einzelkräfte dar.

4. Betonarbeiten.

Zu den Betonarbeiten darf nur frischer und guter Zement verwendet werden. Für die Mastfundamente empfiehlt es sich, langsambindenden Zement zu nehmen. Sobald unter Wasser betoniert wird, ist jedoch schnellbindender Zement zweckdienlicher.

Langsam bindender Zement fängt etwa 1 Stunde nach dem Anmachen an zu binden. Die Erhärtung des Zementes beginnt nach dem Abbinden und geht bei langsam bindendem Zement schneller als bei schnell bindendem vonstatten. Die Zementarbeiten müssen während des Erhärtens vor Sonne, Wind und besonders starkem Frost (über —4° C) geschützt werden. Sonne und Wind entziehen dem Zement zu rasch das Wasser, während durch starken Frost das Wasser gefriert und somit das Erhärten des Betonsockels verhindert.

Der Zement, mit Sand vermischt, gibt den Zementmörtel; mit Sand, kleinen Steinstücken und Kies verarbeitet, den Beton. Erdige Bestandteile sind bei der Mischung zu vermeiden. Der zur Verwendung gelangende Sand muß scharfkörnig, nicht zu feinkörnig, aber rein von erdigen Bestandteilen sein. Die Festigkeit der einzelnen Betonmischungen ist im vorhergehenden Abschnitt angegeben. Die Festigkeit des Betons ist abgesehen vom Mischungsverhältnis abhängig von der Verarbeitung, der Güte der Materialien, dem Wasserzusatz usw. Das zum Anmachen dienende Wasser muß unbedingt rein sein. Große Steine, die häufig beim Einfüllen des Betons mit in die Mastgrube hineingeworfen werden, sind vorher anzufeuchten. Mürbe Steine sind zu vermeiden, da ihre Festigkeit geringer ist als die des Betonsockels.

Die Zubereitung des Betons erfolgt sachgemäßerweise auf einer Mischbühne, damit erdige Bestandteile usw. nicht in denselben kommen. Zuerst breitet man den Kies aus, hierüber den Sand und dann möglichst gleichmäßig den Zement darüber. Nun wird das Ganze tüchtig trocken gemischt. Hierauf wird unter ständigem Mischen die Masse so lange angefeuchtet, bis sie erdfeucht wird. Je sorgfältiger die Masse gemischt wird, desto besser wird der Beton. Ein wirklich gut vermischter Beton wird besser erhärten als ein weniger gut verarbeiteter, auch wenn der Zementzusatz bedeutend größer ist. Der Beton muß fest in das Mastloch eingestampft werden, denn nur so erhält der Beton seine Dichte und die dadurch bedingte Festigkeit. Am besten verfährt man, wenn man nur Schichten von 20 cm Höhe in das Mastloch einfüllt und diese jedes Mal so lange stampft, bis an der Schichtoberfläche Wasser hervortritt.

Kommt es vor, daß ein Mastloch nicht sofort ununterbrochen fertiggestellt werden kann und infolgedessen der bereits eingestampfte Beton abbindet, so muß man später, wenn der Betonsockel vollendet wird, die ältere Schicht zuerst anfeuchten und dann mit einer dünnen Schicht reinen Zement übergießen. Die Verbindung der beiden Schichten wird dann einwandfrei vor sich gehen.

Wird unter Wasser betoniert, dann müssen die Maßteile von Sand und Kies gleich sein. Es ist aber zu berücksichtigen, daß die Festigkeit des eingeschütteten Betons gegenüber dem eingestampften Beton bedeutend niedriger ist.

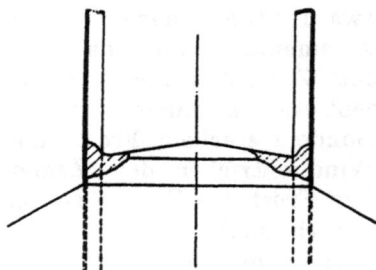

Abb. 374.

Im bewegten, fließenden Wasser darf nicht betoniert werden, weil durch die Bewegung des Wassers der Zement sich ungleichmäßig verteilen kann und dann eine Abbindung nicht erfolgt. Das Wasser muß für derartige Fälle abgeleitet werden.

Es empfiehlt sich, bevor der Beton trocken ist, die Oberfläche des Sockels mit einer feinen Masse aus Zement und Sand durch einen Glattstrich zu verputzen. Bei dem Verputzen ist darauf zu achten, daß in den Ecken der ⎡- und ⎿-Eisen der Beton (Abb. 374) etwas hochgezogen wird, damit sich dort kein Regenwasser ansammelt und Rostbildungen vermieden werden.

5. Mastsetzen.

Maste für Bahn- oder Hochspannungsleitungen sollten, soweit nicht Holz- oder Eisenbeton hierzu Verwendung findet, stets einbetoniert werden. Holzmaste dürfen nicht einbetoniert werden, weil das Holz, bald trocken, bald naß, anfängt zu arbeiten. Hierdurch entstehen Risse zwischen Mast und Sockel, in die naturgemäß Wasser eindringt, das bei Frost gefriert und den Betonsockel beschädigt und schließlich zersprengt.

Im Acker- und Lehmboden, der steinfrei ist, werden für leichte Holzmaste mit dem Erdbohrer Löcher hergestellt. Bei diesen gebohrten

Erdlöchern haben die Maste, da sie ringsum von gewachsenem Erdboden umgeben sind, einen festen Stand. Besteht der Boden aus Sand oder anderer nicht fester Muttererde, so müssen Schwellen an den stark beanspruchten Stellen gelegt werden (Abb. 375) oder wenn Platz vorhanden ist, ein Drahtanker (Abb. 376) bzw. eine Holzstütze zu Hilfe genommen oder Doppelmaste A- oder H-Form verwendet werden.

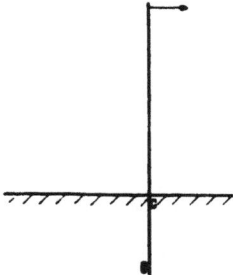
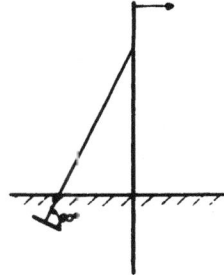

Abb. 375.   Abb. 376.

In der Fundierung hat der Eisenbetonmast gegenüber dem Eisenmast, der wegen der Rostgefahr mit einem Betonsockel umgeben sein muß, den Vorteil, daß er bei kleineren Spitzenzügen ohne weiteres (wie ein Holzmast) in ein mit einem Erdbohrer angefertigtes Loch in den Erdboden gesteckt wird. Bei mittleren Spitzenzügen kommen bei den Fabrikaten der Firma Dyckerhoff & Widmann A.-G. besonders konstruierte Schwellen und Flügel zur Verwendung, die in der betr. Fabrik hergestellt werden. Es entfällt somit jede Ausführung von Betonarbeiten an der Baustrecke (Abb. 377), was eine wesentliche Ersparnis bedeutet, da erfahrungsgemäß das Heranschaffen von Zement, Kies und vor allem Wasser häufig ganz bedeutende Kosten verursacht, die für die Erstellungskosten der Leitungsanlage von ausschlaggebender Bedeutung sein können.

Bei höheren Spitzenzügen wird für den Betonmast ein Blockfundament erforderlich.

Die Abb. 378 bis 381 geben ein anschauliches Bild von dem Setzen eines Hochspannungsmastes mit Hilfe eines fahrbaren hölzernen Stellgerätes. Für schwerere Maste kommt ein fahrbarer eiserner Stellbock zur Anwendung, mit dem auch fertig zusammengesetzte Doppelmaste aufgerichtet werden können. Wie aus den Abbildungen ersichtlich, werden die Isolatoren zweckmäßig vor dem Aufrichten der Maste angebracht.

Gitter- und Rohrmaste erhalten durchschnittlich ein Betonfundament, welches etwa 1,5 bis 2,2 m und noch tiefer, je nach Höhe und Spitzenzug des Mastes in die Erde reicht. Das Anlegen der Mastgruben im gewachsenen Erdboden verursacht keine großen Schwierigkeiten. Bei felsigem Boden muß mit Spitzhacke und Brecheisen oder mit Sprengmitteln gearbeitet werden. Zu den Sprengarbeiten ist ein sog. Sprengmeister zuzuziehen, der mit derartigen gefährlichen Arbeiten vertraut ist und für seine Tätigkeit auch die Verantwortung übernimmt.

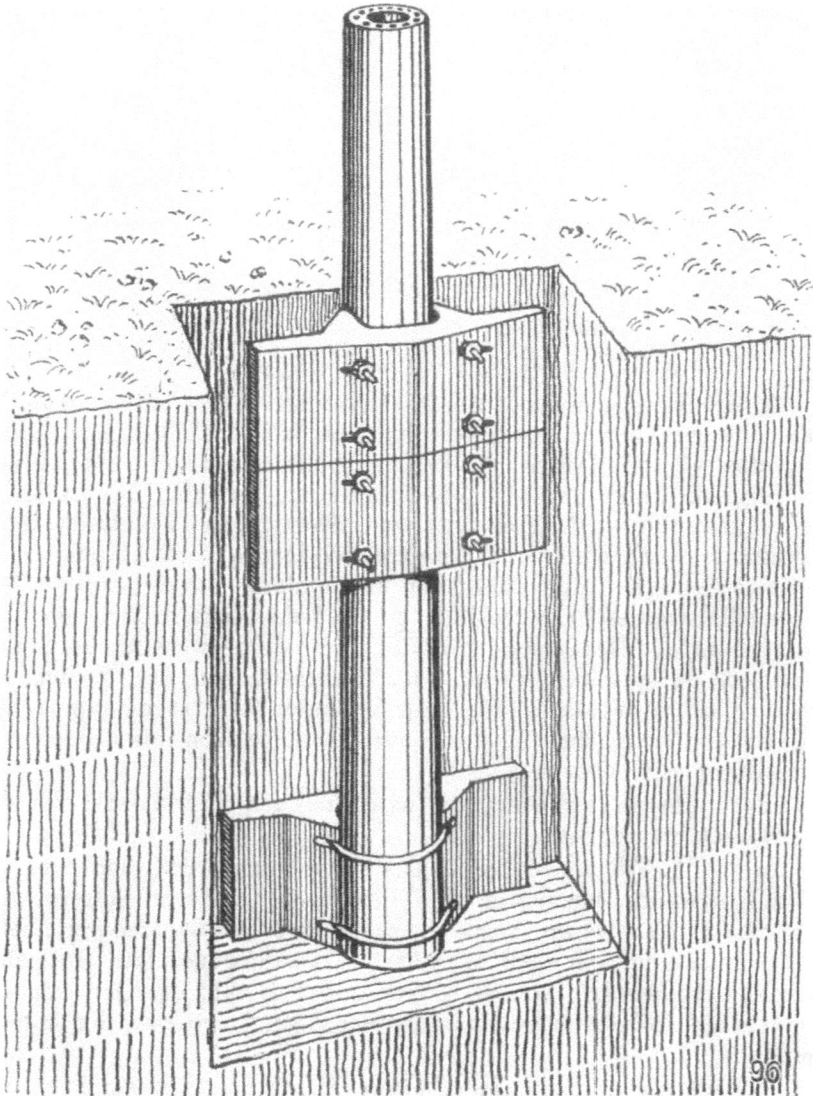

Abb. 377.

Abb. 378.

Abb. 379.

Ausschachtarbeiten bei Wasserandrang (Grundwasser) können ebenso wie bei Fließsand nur durch Verschalung der Grube oder mit Senkkästen ausgeführt werden. Es kann vorkommen, um das Einfallen der

Abb. 380.

Mastgruben zu verhindern, zuerst eine etwas größere Grube auszuschachten und dann den Senkkasten einzutreiben (Abb. 382).

Das Setzen eines Gittermastes stellt die Abb. 383 dar.

Beim Setzen der Bahnmaste und der Freileitungsmaste in den Winkelpunkten ist darauf zu achten, daß sie eine rückwärtige Neigung (entsprechend der Zugstärke und Zugrichtung) erhalten. Die Neigung

18*

Abb. 381.

ist entsprechend der von der Lieferfirma angegebenen Durchbiegung (am besten etwas größer) vorzusehen. Sobald die Maste belastet werden, werden sie infolge ihrer Durchbiegung dann annähernd eine lotrechte

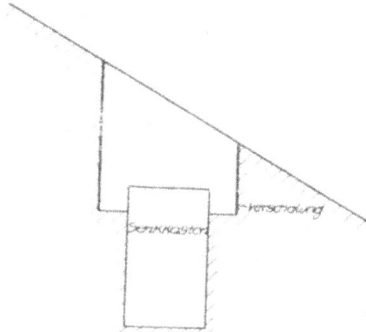

Abb. 382.

Stellung annehmen. Jedenfalls ist das Aussehen rückwärts geneigter Bahnmaste schöner als dasjenige nach vornüber stehender. Durch die Ausleger und Querdrähte wird das Auge sofort auf die nach vorn überstehenden Maste gelenkt.

Abb. 383.

XI. Ausleger.

Der Fahrdraht wird entweder an Querdrähten oder Auslegern (Joche vermeidet man neuerdings) aufgehängt. Die Wahl, ob Ausleger oder Querdraht zu verwenden ist, hängt in erster Linie von den örtlichen Verhältnissen ab. Bei eingleisigen Bahnen, deren Maste unmittelbar am Gleis (natürlich unter Berücksichtigung des Wagenprofiles) gesetzt werden, wird man Maste mit Ausleger verwenden. Bei zweigleisigen Strecken wird man in diesen Fällen nach technischen und wirtschaftlichen Gründen entscheiden, ob Maste mit Ausleger oder je zwei Maste mit Querdraht zu verwenden sind. Wo Maste sich durch Wandrosetten ersetzen lassen, ist der Querdraht der billigen Erstellung wegen trotz der vielen Scherereien, die die Genehmigung zum Anbringen von Wandrosetten mit sich bringt, vorzuziehen.

Abb. 384.

Wie aus den verschiedenen Abbildungen ersichtlich ist, werden die Ausleger größtenteils aus Profileisen hergestellt. Abb. 384 u. 385 zeigen Ausführungsformen der von den Mannesmannröhren-Werken angefertigten verzierten Ausleger für Straßenbahnen.

Die Ausführungsart der Ausleger ist je nach ihrer Verwendung und Bestimmung verschieden (s. Abbildungen Absatz „Einfach- und Vielfachaufhängung").

Den Auslegern sollte man stets eine geschmackvolle Form geben, denn die Ausleger fallen am meisten von der Oberleitungsanlage auf. Eine gefällige Ausführung derselben wird die Anlage nicht verteuern.

Eine Formveränderung darf auch bei wiederholter Belastung nicht eintreten.

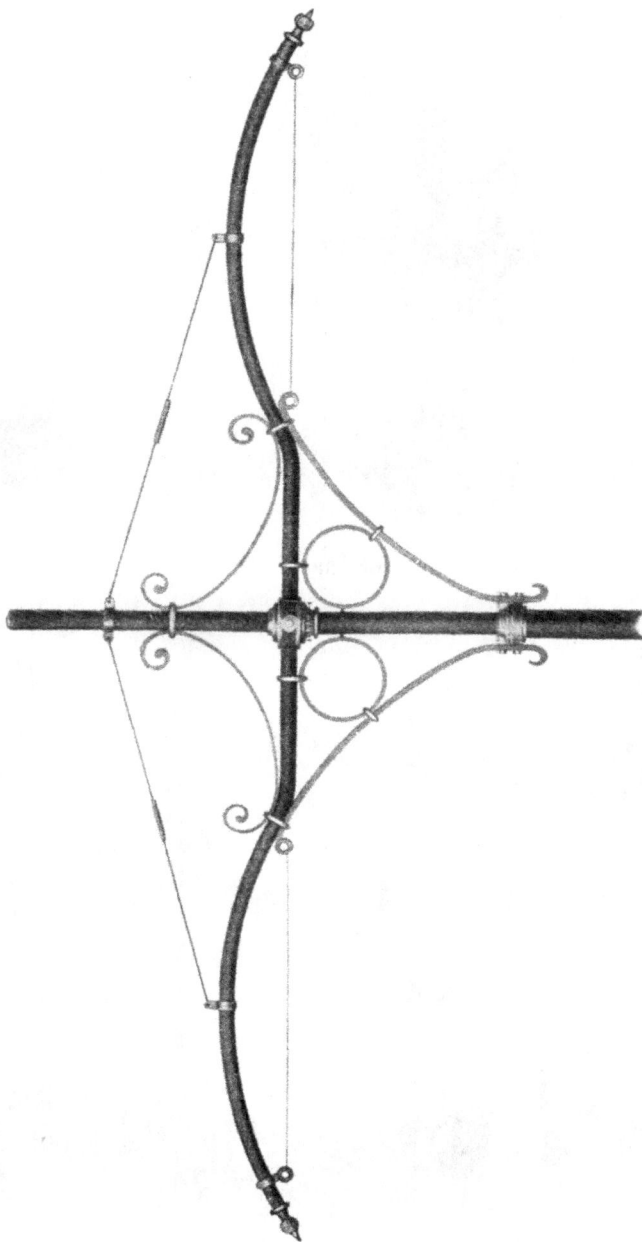

Abb. 385.

Abb 386.

Abb. 387.

Auf der geraden Strecke wird bei Verwendung von Auslegern der Mast durch das Gewicht der Fahrleitung und des Auslegers belastet; bei Verwendung von Querdrähten wird der betr. Mast durch das Gewicht der Fahrleitung und durch den durch die Neigung des Querdrahtes bedingten Zug beansprucht. Eine Prüfung der beiden Fälle ergibt eine stärkere Belastung der Maste durch den Querdraht (s. Absatz Quer-, Spann- und Abspanndrähte).

Die Montage der Ausleger zeigen die Abb. 386 bis 388.

Abb. 388.

XII. Elektrische Weichenstellvorrichtung für Straßenbahnen.

An Abzweigungen, die von zahlreichen Straßenbahnwagen passiert werden, entsteht durch das Stellen der Weichen ein unliebsamer Aufenthalt. Um diese unliebsamen Verzögerungen zu vermeiden, hat man an diesen Stellen Weichensteller postiert oder in die Abzweigung eine Weichenstellvorrichtung eingebaut.

Nachstehend sollen einige sich in den Straßenbahnbetrieben gut bewährte derartige Anlagen (die von S.S.W. ausgeführt wurden) beschrieben werden.

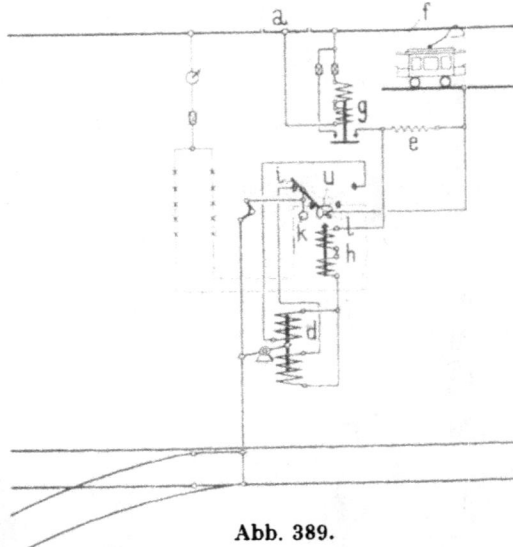

Abb. 389.

a) Isolierter Kontakt,
d) Doppelkernzugmagnet,
e) Parallelwiderstand zu dem Doppelkernzugmagneten,
f) Oberleitung,
g) Einschalter,
h) Verriegelspule des Umschalters,
i) Kontakthebel,
k) Gewichtshebel,
l) Umschalterwelle,
u) Umschalter.

1. Schaltbild Abb. 389 für Wagen mit einem Stromabnehmer:

Die Bedienungsvorschrift für eine derartige Anlage lautet:

„Soll die Weiche gestellt werden, so ist der Oberleitungskontakt mit eingeschaltetem Fahrschalter zu befahren. Soll die Weiche nicht gestellt werden, so ist der Oberleitungskontakt mit ausgeschaltetem Fahrschalter zu befahren."

Nach diesen Bedienungsvorschriften ist also der Führer gezwungen, sich vor Befahren des Oberleitungskontaktes zu überzeugen, wie sich die Stellung der Weiche zu seiner einzuschlagenden Fahrtrichtung verhält. Bei ungünstigem Wetter und bei Nacht muß durch mit der Weiche zu kuppelnde Lichtsignale die Stellung der Weichenzunge ersichtlich sein.

Diese Stellvorrichtung besteht aus dem isolierten Kontakt a in der Oberleitung f, dem Einschalter g, dem Umschalter u mit Verriegelspule h, dem Kontakthebel i, dem Gewichtshebel k und dem Doppelkernzugmagneten d, welcher mit dem Weichengestänge gekuppelt ist. Der Gewichtshebel k schwingt um den Zapfen eines Hebels, welcher mit dem Kontakthebel i fest auf der Umschalterwelle l sitzt, und ist in geeigneter Weise zwangläufig mit dem Doppelkernzugmagneten und der Weiche verbunden.

Die Wirkungsweise dieser Stellvorrichtung ist folgende: Beim Befahren des isolierten Oberleitungskontaktes a mit eingeschaltetem Fahrschalter wird der Einschalter g erregt und der Stromkreis für die Erregung der Verriegelspule h des Umschalters u und der unteren Spule des Doppelkernzugmagneten d wird an den Kontakten des Einschalters durch den angezogenen Kern desselben geschlossen. Nun wird der Kontakthebel i durch den Kern des Umschalters u in seiner Endlage verriegelt, und die Weiche wird durch Anziehen des Kernes des Doppelkernzugmagneten gestellt. Der mit dem Kernzugmagneten gekuppelte, freischwingende Gewichtshebel k folgt der Bewegung der Weiche und nimmt die im Schaltbild einpunktierte Lage ein. Nach Überfahren des isolierten Kontaktes wird der Einschalter g stromlos, sein Kern fällt ab, und der Stromkreis für die Verriegelspule h des Umschalters u und der unteren Spule des Doppelkernzugmagneten d wird unterbrochen; durch Abfallen des Kernes des Umschalters wird die Verriegelung des Kontakthebels i aufgehoben und derselbe wird durch Einwirkung des Momentes des Gewichthebels k, der das Bestreben hat, sich senkrecht einzustellen, ebenfalls umgelegt und bereitet den Stromkreis für die Betätigung der Stellvorrichtung von einem nachfolgenden Wagen vor. Durch Verriegelung des Kontakthebels i in seiner Endlage während des Befahrens des isolierten Oberleitungskontaktes mit eingeschaltetem Fahrschalter ist ein zweimaliges Stellen der Weichen verhindert und ein stromloses Umschalten erreicht. Der Kontakthebel i kann gemäß vorstehendem erst nach Stromloswerden des Einschalters und der hierdurch bedingten Aufhebung der Verriegelung der Bewegung der Weiche folgen. Die Weichenzunge bleibt also in ihrer Lage, bis ein anderer

Wagen den isolierten Oberleitungskontakt mit eingeschaltetem Fahr-schalter befährt.

Beim Befahren des isolierten Oberleitungskontaktes mit aus-geschaltetem Fahrschalter wird der Einschalter nicht erregt und die Weiche wird nicht gestellt.

Abb. 390.

Abb. 390 stellt den isolierten Oberleitungskontakt für Bügel und Abb. 391 denjenigen für Rolle dar.

Abb. 391.

Je nach den örtlichen Verhältnissen kann die Stellvorrichtung in einem Schalthäuschen (Abb. 392) oder unterirdisch in einem wasser-dichten Kasten (Abb. 393) untergebracht werden.

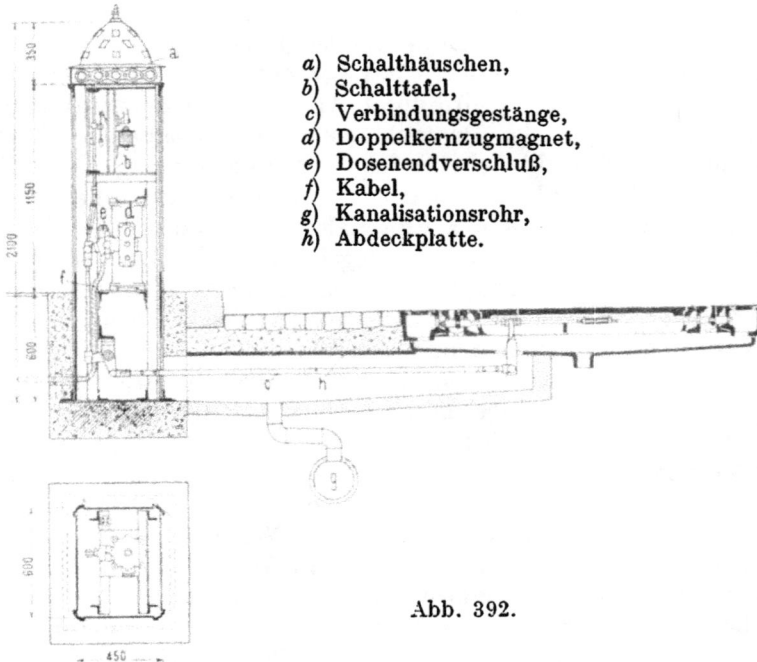

a) Schalthäuschen,
b) Schalttafel,
c) Verbindungsgestänge,
d) Doppelkernzugmagnet,
e) Dosenendverschluß,
f) Kabel,
g) Kanalisationsrohr,
h) Abdeckplatte.

Abb. 392.

Wird die Weichenstellvorrichtung unterirdisch verlegt, so wird der Einschalter (Abb. 394) in einem besonderen Kasten am Haus oder Mast befestigt.

a) Kasten,
b) Deckel,
c) Druckschrauben,
d) Doppelkernzug-
   magnet,
e) Dosenendver-
   schluß,

f) Kabel,
g) Kanalisations-
   rohr,
i) Spannschloß,
u) Umschalter.

Abb. 393.

Abb. 394.

Abb. 395 zeigt das Gesamtbild einer wie vor beschriebenen Weichenstellvorrichtung mit Schalthäuschen.

Abb. 395.

2. Schaltbild Abb. 396 für Wagen mit einem Stromabnehmer. Die Bedienungsvorschrift für diese Bauart lautet:
„Für die Fahrtrichtung in der Geraden ist der Oberleitungskontakt mit eingeschaltetem Fahrschalter zu befahren. Für die Fahrtrichtung in der Abzweigung ist der Oberleitungskontakt mit ausgeschaltetem Fahrschalter zu befahren.“

Bei dieser Ausführung ist der Führer ganz unabhängig von der Stellung der Weiche.

Für diese Stellvorrichtung sind ein Oberleitungskontakt *A*, ein Einschalter *g* und ein Doppelkernzugmagnet *d* erforderlich.

Der in die Fahrleitung eingebaute Oberleitungskontakt besteht aus einer festen Kontaktschiene *a*, durch welche der Stromabnehmer

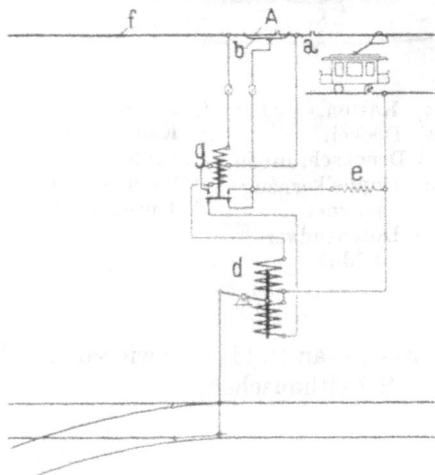

Abb. 396.

A) Oberleitungskontakt,
a) feste Kontaktschiene,
b) federnde Kontaktschiene,
d) Doppelkernzugmagnet,

e) Parallelwiderstand zu dem Doppelkernzugmagneten,
f) Oberleitung,
g) Einschalter.

von der Oberleitung abgehoben wird, und aus einer leicht federnden Kontaktschiene *b*.

Abb. 397 zeigt den Oberleitungskontakt für Bügel und Abb. 398 denjenigen für Rolle.

Abb. 397.

Abb. 398.

Der Einschalter (Abb. 399) besteht aus zwei Spulen mit einem gemeinsamen Kern, von denen die obere Spule zwischen der Oberleitung und der festen Kontaktschiene *a* liegt, und die untere Spule zwischen der federnden Kontaktschiene *b* und der oberen Spule des Doppelkernzugmagneten d und Erde. Die Spulen des Einschalters g sind so gewickelt, daß die obere den Kern bei Erregung durch den Fahrstrom, d. h. bei Befahren der festen Kontaktschiene a mit eingeschaltetem Fahrschalter anzieht, während die Zugkraft der unteren Spule genügt, den angezogenen Kern festzuhalten, wenn sie unmittelbar aus der Oberleitung gespeist wird, d. h. wenn die federnde Kontaktschiene b durch den Stromabnehmer mit der Oberleitung überbrückt wird. Der Kern des Doppelkernzugmagneten ist durch ein Gestänge mit der Weiche verbunden.

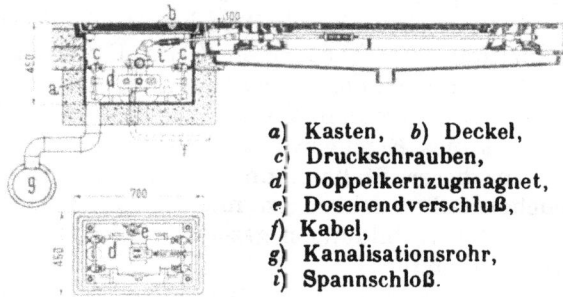

a) Kasten,   b) Deckel,
c) Druckschrauben,
d) Doppelkernzugmagnet,
e) Dosenendverschluß,
f) Kabel,
g) Kanalisationsrohr,
i) Spannschloß.

Abb. 399.   Abb. 400.

Die Wirkungsweise dieser Stellvorrichtung ist folgende:

Bei Überfahren der festen Kontaktschiene a mit eingeschaltetem Fahrschalter wird die obere Spule des Einschalters g erregt, der Kern wird angezogen und die oberen Kontakte werden geschlossen. Bei Überbrückung der festen Kontaktschiene a mit der federnden Kontaktschiene b durch den Stromabnehmer werden die untere Spule des Einschalters g und die obere Spule des Doppelkernzugmagneten d über die durch den Kern des Einschalters geschlossenen oberen Kontakte gespeist. Verläßt der Stromabnehmer die feste Kontaktschiene a, so bleibt der Kern des Einschalters in seiner angezogenen Lage, und zwar unabhängig davon, ob der Führer den Fahrschalter ausgeschaltet hat oder nicht, da nun durch die Überbrückung der federnden Kontaktschiene b mit der Oberleitung die Speisung der unteren Spule des Einschalters g und der oberen Spule des Doppelkernzugmagneten d unmittelbar aus der Oberleitung erfolgt. Der Kern des Doppelkernzugmagneten wird angezogen, und die Weiche wird für die Fahrtrichtung in der Geraden gestellt.

Die Weiche verharrt in ihrer Stellung, bis ein nachfolgender Wagen den Oberleitungskontakt mit ausgeschaltetem Fahrschalter passiert. Es kann dann die obere Spule des Einschalters g nicht erregt werden und der Einschaltkern nicht angezogen werden. Wird die federnde Kontaktschiene b von dem Stromabnehmer mit der Oberleitung überbrückt, so wird die untere Spule des Doppelkernzugmagneten d über die durch den Einschalterkern geschlossenen unteren Kontakte erregt und der Magnetkern angezogen. Die Weiche wird für die Fahrtrichtung in der Abzweigung gestellt.

Nach Überfahren des Oberleitungskontaktes bleibt die Lage der Weichenzunge so lange unverändert, bis ein in einer anderen Richtung fahrender Wagen die Stellvorrichtung betätigt.

Abb. 400 zeigt den Bau einer unterirdisch verlegten elektr. Weichenstellvorrichtung. Der Einschalter wird am Haus oder Mast befestigt.

Außer den vorstehend beschriebenen elektrischen Weichenstellvorrichtungen gibt es auch andere Ausführungen, bei denen an Stelle des magnetischen Einschalters bewegliche Kontakte als Schalter in die Oberleitung eingebaut sind. Beim Befahren der Weiche wird durch den Stromabnehmer dieser Kontakt geschlossen und nach Vorübergleiten des Stromabnehmers schaltet sich der bewegliche Kontakt infolge seines Eigengewichtes oder Federkraft selbsttätig aus.

An dieser Stelle kann nur erwähnt werden, daß die elektrische Weichenstellvorrichtungen mit isoliertem Oberleitungkontakt, wie sie hier in den Abbildungen gezeigt wurden, sich gut in den Betrieben bewährt haben.

Von den S.S.W. werden außer den beschriebenen Weichenstellvorrichtungen auch solche für Wagen mit zwei Stromabnehmern erbaut.

XIII. Quellenangabe.

Herzog-Feldmann, „Die Berechnung elektrischer Leitungsnetze".

Phil. Häfner, „Stromverteilungssysteme und Berechnung elektrischer Leitungen".

Robert Weil, „Beanspruchung und Durchhang von Freileitungen".

F. Niethammer, „Die elektrischen Bahnsysteme der Gegenwart".

P. Poschenrieder, „Bau und Instandhaltung der Oberleitungen elektrischer Bahnen".

F. Kapper, „Freileitungsbau — Ortsnetzbau".

Dr.-Ing. Fritz Steiner, Vermessungskunde.

Bergmann-Elektricitäts-Werke A.-G., Berlin, Abbildungen.

Dyckerhoff & Widmann A.-G., Cossebaude b. Dresden, Abbildungen.

Mannesmann-Röhrenwerke, Düsseldorf, Abbildungen.

Porzellanfabrik Ph. Rosenthal & Co., A.-G., Berlin, Abbildungen.

Siemens-Schuckert-Werke, G. m. b. H., Siemensstadt b. Berlin, Abbildungen.

Gebr. Wichmann, Berlin, Abbildungen.

Sachregister.